交通运输行业高层次人才培养项目著作书系

张留俊　尹利华　张　兵　著

王晓谋　主审

内陆河湖相软弱地基处理及监测技术

Technologies of Treatment and Monitoring for Soft Ground in the Inland Fluvial-Lacustrine Sediments

人民交通出版社股份有限公司

北京

内 容 提 要

本书以交通运输部公路工程建设标准规范编制配套科研项目"内陆河湖相软弱地基处理技术研究"和"路基沉降自动监测系统研究"研究成果为基础,结合国家重点研发计划项目"高陡边坡、高填及特殊路基的健康监测、全生命期安全评价和预警平台"(项目编号:2016YFC0802203)实施进一步深化,系统阐述了内陆河湖相软弱地基处理所涉及的工程地质勘察、地基工程特性、地基变形计算、地基处理方法、沉降与稳定性监测、施工控制技术等方面的理论与实践。本书不仅为内陆河湖相软弱地基处理的设计、施工和监测提供了技术基础,而且为相关技术规范的编制提供了科学依据。

本书可作为公路工程及相关专业的科研、设计、施工与建设管理技术人员的参考书,亦可供高等院校相关专业师生学习参考。

图书在版编目(CIP)数据

内陆河湖相软弱地基处理及监测技术 / 张留俊等著
. — 北京 : 人民交通出版社股份有限公司,2021.6
ISBN 978-7-114-16893-2

Ⅰ.①内… Ⅱ.①张… Ⅲ.①内陆河—软土地基—地基处理②内陆湖—软土地基—地基处理③内陆河—软土地基—监测④内陆湖—软土地基—监测 Ⅳ.①TU471

中国版本图书馆 CIP 数据核字(2020)第 197533 号

交通运输行业高层次人才培养项目著作书系
Neilu Hehuxiang Ruanruo Diji Chuli ji Jiance Jishu

书　　　名:	内陆河湖相软弱地基处理及监测技术
著 作 者:	张留俊　尹利华　张　兵
责 任 编 辑:	潘艳霞
责 任 校 对:	赵媛媛
责 任 印 制:	张　凯
出 版 发 行:	人民交通出版社股份有限公司
地　　　址:	(100011)北京市朝阳区安定门外外馆斜街 3 号
网　　　址:	http://www.ccpcl.com.cn
销 售 电 话:	(010)59757973
总 经 销:	人民交通出版社股份有限公司发行部
经　　　销:	各地新华书店
印　　　刷:	北京交通印务有限公司
开　　　本:	787×1092　1/16
印　　　张:	12.5
字　　　数:	280 千
版　　　次:	2021 年 6 月　第 1 版
印　　　次:	2021 年 6 月　第 1 次印刷
书　　　号:	ISBN 978-7-114-16893-2
定　　　价:	70.00 元

(有印刷、装订质量问题的图书由本公司负责调换)

书系前言
Preface of Series

进入 21 世纪以来,党中央、国务院高度重视人才工作,提出人才资源是第一资源的战略思想,先后两次召开全国人才工作会议,围绕人才强国战略实施做出一系列重大决策部署。党的十八大着眼于全面建成小康社会的奋斗目标,提出要进一步深入实践人才强国战略,加快推动我国由人才大国迈向人才强国,将人才工作作为"全面提高党的建设科学化水平"八项任务之一。十八届三中全会强调指出,全面深化改革,需要有力的组织保证和人才支撑。要建立集聚人才体制机制,择天下英才而用之。这些都充分体现了党中央、国务院对人才工作的高度重视,为人才成长发展进一步营造出良好的政策和舆论环境,极大激发了人才干事创业的积极性。

国以才立,业以才兴。面对风云变幻的国际形势,综合国力竞争日趋激烈,我国在全面建成社会主义小康社会的历史进程中机遇和挑战并存,人才作为第一资源的特征和作用日益凸显。只有深入实施人才强国战略,确立国家人才竞争优势,充分发挥人才对国民经济和社会发展的重要支撑作用,才能在国际形势、国内条件深刻变化中赢得主动、赢得优势、赢得未来。

近年来,交通运输行业深入贯彻落实人才强交战略,围绕建设综合交通、智慧交通、绿色交通、平安交通的战略部署和中心任务,加大人才发展体制机制改革与政策创新力度,行业人才工作不断取得新进展,逐步形成了一支专业结构日趋合理、整体素质基本适应的人才队伍,为交通运输事业全面、协调、可持续发展提供了有力的人才保障与智力支持。

"交通青年科技英才"是交通运输行业优秀青年科技人才的代表群体,培养选拔"交通青年科技英才"是交通运输行业实施人才强交战略的"品牌工程"之一,1999 年至今已培养选拔 282 人。他们活跃在科研、生产、教学一线,奋发有为、锐意进取,取得了突出业绩,创造了显著效益,形成了一系列较高水平的科研成果。为加大行业高层次人才培养力度,"十二五"期间,交通运输部设立人才培养专项经费,重点资助包含"交通青年科技英才"在内的高层次人才。

人民交通出版社以服务交通运输行业改革创新、促进交通科技成果推广应用、支持交通行业高端人才发展为目的,配合人才强交战略设立"交通运输行业高层次人才培养项目著作书系"(以下简称"著作书系")。该书系面向包括"交通青年科技英才"在内的交通运输行业高层次人才,旨在为行业人才培养搭建一个学术交流、成果展示和技术积累的平台,是推动加强交通运输人才队伍建设的重要载体,在推动科技创新、技术交流、加强高层次人才培养力度等方面均将起到积极作用。凡在"交通青年科技英才培养项目"和"交通运输部新世纪十百千人才培养项目"申请中获得资助的出版项目,均可列入"著作书系"。对于虽然未列入培养项目,但同样能代表行业水平的著作,经申请、评审后,也可酌情纳入"著作书系"。

　　高层次人才是创新驱动的核心要素,创新驱动是推动科学发展的不懈动力。希望"著作书系"能够充分发挥服务行业、服务社会、服务国家的积极作用,助力科技创新步伐,促进行业高层次人才特别是中青年人才健康快速成长,为建设综合交通、智慧交通、绿色交通、平安交通做出不懈努力和突出贡献。

交通运输行业高层次人才培养项目
著作书系编审委员会
2014 年 3 月

作者简介

Author Introduction

　　张留俊,博士,正高级工程师,注册土木(岩土)工程师,国务院政府特殊津贴专家。现任陕西省公路交通防灾减灾重点实验室执行主任,中国土木工程学会港口工程分会常务理事,中国土工合成材料工程协会理事,陕西省岩土力学与工程学会常务理事。

　　长期从事软土、湿陷性黄土、盐渍土等特殊地基处理与路基路面科研与设计工作,先后主持或参加的科研、工程设计项目30多项,获得国家技术发明奖二等奖1项,国家优秀工程设计银质奖1项,省部级科技进步奖12项,省级优秀软件奖3项,国家发明专利8项。主持或参加制修订各类标准规范16项,出版专著6部,发表学术论文120余篇。先后获得"共和国重点工程建设青年功臣""全国交通系统优秀科技工作者""交通青年科技英才""中交股份'三优'人才""中国公路百名优秀工程师""国务院政府特殊津贴"等多项荣誉。

前言

Foreword

    我国软土的分布区域从地貌特征上划分，主要有滨海平原、湖积平原、河流冲积平原、山间谷地、泥炭沼泽地等，其中滨海平原软土的成因类型较多，包括滨海相、潟湖相、溺谷相、三角洲相等；其余分布区域的软土成因主要是河湖相和谷地相，其中河湖相软土主要集中在内陆，可以将其称为内陆河湖相软土。这类软土的特点是物理指标接近一般软土，力学指标偏高，在工程上通常称为软弱土。由于我国早期的高速公路多集中在沿海和南方经济发达的地区，所以我国对于软土地基的研究也集中于沿海的软土，而对内陆软土的系统研究开展得较少。

    随着西部公路建设的发展，越来越多的高速公路涉及内陆河湖相软土，由于该类软土力学指标比一般软土稍微偏好，因此在工程中往往被忽视，导致路堤出现沉降与稳定问题。目前，我国对于内陆河湖相软弱地基处理技术缺乏系统研究，地基处理广泛使用滨海相软土的处理方法，没有重视这类软土的性质与滨海相软土的差异，不少地方动辄采取粉喷桩、管桩等处理措施，处理方案缺乏针对性，投入大而收效差。针对这种现状，作者结合多年的工程实践，对内陆河湖相软弱地基处理及监测技术进行了较深入的研究，研究内容包括工程地质勘察、地基变形计算、沉降与稳定性监测等方面，在研究成果的基础上编写了此书，期望为相关技术的进步起到一定的推动作用。本书受国家重点研发计划项目"高陡边坡、高填及特殊路基的健康监测、全生命期安全评价和预警平台"（项目编号：2016YFC0802203）资金资助。

    在本书编写过程中，参阅了国内外大量文献资料，谨向这些文献资料的作者表示衷心的感谢！在研究过程中，作者课题组刘军勇、张发如、沈鹏、寇博等成员以及研究生丁彪、张微、王超、刘冰宇等做了大量的工作，在此一并向他们的辛勤工作表示诚挚的谢意！此外，感谢西北工业大学何建华副教授在路基沉降自动监测系统研究方面给予的支持。

    由于作者水平有限，书中难免有疏漏或不当之处，欢迎读者批评指正。

作　者

2020 年 7 月于西安

目　录
Contents

第1章　绪论 …………………………………………………………………………… 1

1.1　内陆河湖相软土成因及分布 …………………………………………………… 1

1.2　内陆河湖相软土物理力学性质 ………………………………………………… 4

1.3　内陆河湖相软土物理力学指标统计特征 ……………………………………… 12

第2章　内陆河湖相软弱地基工程地质勘察 ……………………………………… 21

2.1　勘察方法 ………………………………………………………………………… 21

2.2　静力触探参数与物理力学指标的相互关系 …………………………………… 25

2.3　取样扰动对强度的影响 ………………………………………………………… 29

第3章　内陆河湖相软弱地基工程特性及地基处理 …………………………… 35

3.1　地基工程特性 …………………………………………………………………… 35

3.2　硬壳层的作用机理及利用 ……………………………………………………… 39

3.3　地基处理 ………………………………………………………………………… 44

第4章　内陆河湖相软弱地基变形特性及计算理论 …………………………… 67

4.1　地基变形特性 …………………………………………………………………… 67

4.2　地基沉降计算 …………………………………………………………………… 76

4.3　基于多相模型均匀化理论的公路复合地基力学性质 ………………………… 83

4.4　基于多相模型均匀化理论的公路加筋路堤力学性质 ………………………… 102

第5章　内陆河湖相软弱地基路堤沉降与稳定监测 …………………………… 121

5.1　沉降与稳定监测方法 …………………………………………………………… 121

5.2　沉降自动监测系统开发 ………………………………………………………… 132

5.3　沉降与稳定监测数据分析与评价 ……………………………………………… 143

第6章　内陆河湖相软弱地基路堤沉降与稳定控制 …………………………… 153

6.1　沉降预测 ………………………………………………………………………… 153

6.2　超载预压机理及其卸载控制方法 ……………………………………………… 165

6.3　路堤稳定控制 …………………………………………………………………… 174

参考文献 …………………………………………………………………………………… 181

第1章 绪 论

1.1 内陆河湖相软土成因及分布

1.1.1 软土定义

从一般概念讲,软土主要由天然含水率高、天然孔隙比大、抗剪强度低、压缩性高的淤泥沉积物及少量腐殖质组成。但是,国内各行业对软土的判定标准是有所差异的,而且就算是同一部门,在不同时期对软土的判定标准也是不尽相同的。以公路行业为例,1985 年颁布的《公路土工试验规程》(JTJ 051—1985)对软土的划分规定了 5 条标准,即含水率、孔隙比、压缩系数、饱和度和快剪内摩擦角,见表 1-1。

《公路土工试验规程》(JTJ 051—1985)软土划分表   表 1-1

土 类	指 标				
	天然含水率（%）	天然孔隙比	压缩系数（MPa^{-1}）	饱和度（%）	快剪内摩擦角（°）
黏土	>40	>1.20	>0.50	>95	<5
中、低液限黏土	>30	>0.95	>0.30	>95	<5

1993 年颁布的《公路土工试验规程》(JTJ 051—1993)取消了这一划分表,因为规程对扰动样进行的试验无法对软土进行判断。

1997 年颁布的《公路软土地基路堤设计与施工技术规范》(JTJ 017—1996)(以下简称 96 公软规),从方便实用且能代表软土主要物理力学特征的角度考虑,用天然含水率、天然孔隙比和十字板剪切强度三个指标划分软土,见表 1-2。

《公路软土地基路堤设计与施工技术规范》(JTJ 017—1996)软土鉴别表   表 1-2

特征指标名称	天然含水率（%）	天然孔隙比	十字板抗剪强度（kPa）
指标值	≥35 与液限	≥1.0	<35

1994 年颁布的《岩土工程勘察规范》(GB 50021—1994)(以下简称 94 国标)第 5.3.1 条对软土的定义为:天然孔隙比大于或等于 1.0,且天然含水率大于液限的细粒土,包括淤泥、淤泥质土、泥炭、泥炭质土等,其压缩系数宜大于 0.5 MPa^{-1},不排水抗剪强度宜小于 30kPa。94 国标在这里用了 3 项"硬指标"(含水率、孔隙比、细粒土),另外还用了 2 项"软指标",之所以称其为"软指标",是因为这里用了"宜",表示压缩系数和不排水抗剪强度两项指标在特殊情况下可以稍有选择和松动。

1998 年颁布的《公路工程地质勘察规范》(JTJ 064—1998)(以下简称 98 公勘规范)第 2.0.16 条对软土的定义为:滨海、湖沼、谷地、河滩沉积的天然含水率大于液限,天然孔隙比大于或等于 1.0,压缩系数不小于 0.5 MPa^{-1},不排水抗剪强度小于 30kPa 的细粒土。98 公勘规范在这里用了 5 项"硬指标"（含水率、孔隙比、细粒土、压缩系数、不排水抗剪强度），这与 94 国标是有很大差别的。

2001 年颁布的《岩土工程勘察规范》（GB 50021—2001）（以下简称 2001 国标）第 6.3.1 对软土的定义为：天然孔隙比大于或等于 1.0，且天然含水率大于液限的细粒土应判为软土，包括淤泥、淤泥质土、泥炭、泥炭质土等。这里又取消了原有的 2 个"软指标"，剩下 3 项"硬指标"，且是物理指标。

从以上情况可以看出，2001 国标对软土的判别最简单，这实际上是将软土的限界放宽了，以免遗漏具有软土性质的土。

综合以上软土判定标准的变化过程，94 国标的处理显得既全面又灵活。《公路软土地基路堤设计与施工技术细则》（JTG/T D31-02—2013）对软土的鉴别标准靠近 94 国标，用了"软指标"和"硬指标"，详见表 1-3。这里还增加了国内软土地基勘探中最常用的静力触探锥尖阻力的指标，以方便现场鉴别。

《公路软土地基路堤设计与施工技术细则》（JTG/T D31-02—2013）软土鉴别表　　表 1-3

特征指标名称	天然含水率（%）		天然孔隙比	快剪内摩擦角（°）	十字板抗剪强度（kPa）	静力触探锥尖阻力（MPa）	压缩系数 $a_{0.1-0.2}$（MPa^{-1}）
黏质土、有机质土	≥35	≥液限	≥1.0	宜小于 5	宜小于 35	宜小于 0.75	宜大于 0.5
粉质土	≥30		≥0.9	宜小于 8			宜大于 0.3

表 1-3 中的粉质土一般作为软弱土，其特点是物理指标接近软土，力学指标偏高。长江三角洲相、内陆河湖相软土中常见这类软弱土。

1.1.2　内陆河湖相软土成因

软土是在静水或缓慢水流、缺氧、多有机质的条件下沉积而成的。软土可以通过海岸沉积（包括滨海相、潟湖相、溺谷相和三角洲相）、浅海沉积、湖泊沉积、河滩沉积（包括河漫滩相和牛轭湖相）、丘陵谷地沉积、沼泽沉积以及人工吹填等形成。内陆河湖相软土的成因主要包括河滩沉积、湖泊沉积及谷地沉积三种类型。

1）河滩沉积

在河流下游靠近河口处，冲积物厚度和范围都很大，被称为冲积平原，其大部分沉积物由高洪水位期间的泛滥平原堆积物组成，并逐渐过渡到河流三角洲（海相）沉积。河滩沉积主要包括河漫滩相和牛轭湖相。成层情况较为复杂，成分不均一，走向和厚度变化大，平面分布不规则。一般常呈带状或透镜状，其厚度不大，一般小于 10m。

河漫滩相沉积典型的粒径分布为：砂粒 5%～10%，粉粒 20%～40%，黏粒 35%～60%，有机质含量为 1%～10%（主要由含黏粒的悬液沉积的碎屑带来），其中间粒径 M_d 在 0.005～0.06mm 之间。河流漫滩相沉积的工程地质特征是具有层理和纹理特性，有时夹细砂层，不会遇到很厚的均匀沉积，有明显的二元结构。上部为粉质黏土、砂质粉土，具微层理，但比滨海相的间隔厚些，一般层厚为 3～5cm，甚至超过 10cm；下部为粉砂、细砂。由于河流的复杂作用，常夹有各种成分的透镜体（淤泥、粗砂、砂卵石等），特别是局部淤泥透镜体的存在，造成地基不匀一、强度小、承载力变化大（变化幅度可达 60～150kPa）。

废河道牛轭湖相沉积物一般由淤泥、淤泥质黏性土及泥炭层组成,处于流动或潜流状态。它是由河道淤塞沉积而成,通常处于正常固结状态,液性指数接近1。牛轭湖沉积物只是表面变干,硬壳层下的黏土依然很软。

2)湖泊沉积

湖泊沉积软土是由淡水湖盆沉积物在稳定的湖水期逐渐沉积而形成的。湖泊沉积软土中粉土颗粒较多,表层一般具有0~5m厚的硬壳层,沉积物中夹有粉砂颗粒,呈现明显的层理,淤泥结构松软,呈暗灰、灰绿或暗黑色,软土淤积厚度一般为5~25m。如滇池东部及其周围地区,洞庭湖、洪泽湖盆地,太湖流域的杭嘉湖地区等。

3)谷地沉积

谷地沉积软土是在山区或丘陵区,地表水携带的含有机质的黏土,汇积于平缓谷地之后,流速减缓,淤积而成。一般呈零星"鸡窝状"分布,多呈片状、带状,成分和厚度变化大,不连续,多数厚度小于5m。上覆硬壳厚度不一,底部具有明显的横向坡。

内陆河湖相软土的特征见表1-4。

内陆河湖相软土特征　　　　　　　　　　　　　　　　　　　　　表1-4

类型	成　因	沉积特征
河滩沉积	河漫滩相、牛轭湖相	因平原河流流速较小,水中夹带的黏土颗粒缓慢沉积而成,成层情况不均匀,以有机质及黏土为主,含有砂夹层,厚度一般小于20m
湖泊沉积	湖相	淡水湖盆沉积物在稳定的湖水期逐渐沉积,沉积相带有季节性,粉土颗粒占较多,表层硬壳层0~5m,软土淤积厚度一般为5~25m,泥炭质或腐殖质多呈透镜体状,但不多见
谷地沉积	丘陵谷地相	在山区或丘陵地带有大量含有机质的黏性土,汇集于平缓沟谷后,淤积成软土;不连续,厚度小于5m的居多

1.1.3　内陆河湖相软土分布

我国内陆河湖相软土分布零星,不成片,主要分布在内陆平原、湖盆地周围(长江中下游、淮河平原、松辽平原等,洞庭湖、洪泽湖、太湖、鄱阳湖四周,昆明滇池地区,贵州六盘水地区等)和山间谷地等。《软土地区岩土工程地质勘察规范》(JGJ 83—2011)按照工程性质并结合自然地质地理环境,将我国软土的分布划分为三个区,即:Ⅰ—北方地区;Ⅱ—中部地区;Ⅲ—南方地区(表1-5)。具体划分是:沿秦岭走向向东至连云港以北的海边一线,作为Ⅰ、Ⅱ地区的界限;沿苗岭、南岭走向向东至莆田的海边一线,作为Ⅱ、Ⅲ地区的界限。

内陆河湖相软土分布区划　　　　　　　　　　　　　　　　　　　表1-5

分区名称	一级区划分依据	二级区划分依据	区域范围
Ⅰ—北方地区	工程性质 自然地质地理环境	地形地貌 气候 工程地质 水文地质	Ⅰ₁鲁西平原软土亚区 Ⅰ₂海河平原软土亚区
Ⅱ—中部地区	工程性质 自然地质地理环境	地形地貌 气候 工程地质 水文地质	Ⅱ₁苏北平原软土亚区 Ⅱ₂苏浙长江下游平原软土亚区 Ⅱ₃湖北江汉平原软土亚区 Ⅱ₄安徽长江冲积平原软土亚区 Ⅱ₅湖南洞庭湖平原软土亚区

分区名称	一级区划分依据	二级区划分依据	区域范围
Ⅲ—南方地区	工程性质 自然地质地理环境	地形地貌 气候 工程地质 水文地质	Ⅲ₁云南昆明滇池软土亚区 Ⅲ₂贵州西部软土亚区

根据地形地貌、气候、工程地质与水文地质特征,对内陆河湖相软土进行划分,具体细化为9个二级区。

1.2 内陆河湖相软土物理力学性质

1.2.1 软土结构和工程特性

1)软土结构

软土在外界环境影响下所表现出的各种特性,是与其结构相联系的。所谓土的结构,它包含两层意思,一是指土体中的颗粒、粒团和孔隙的排列与分布,通常称其为组构;二是指组构、成分和颗粒间作用力三者的综合效应。组成软土的矿物除少量原生矿物石英、方解石、长石、云母、角闪石外,大量的是次生黏土矿物。黏土矿物的成分主要是高岭石、伊利石,其次是蒙脱石、绿泥石等。黏土矿物呈片状、板状、卷曲状等;高岭石单晶形态为六角形鳞片状,集合体有卷曲状、蠕虫状等;单晶的蒙脱石形态为薄片状,无一定轮廓,集合体呈花絮状、羽毛状等;伊利石单晶形态为弯曲薄片状,集合体呈片状排列或小片杂乱堆积;绿泥石单晶为页片状,集合体呈花朵状。

用电子显微镜对软土的结构进行观测,可以看出,它是由单粒和大小不同的团粒组成的组构单元按一定方式排列而成。各团粒内部更小一级的团粒和颗粒也有一定的排列方式,骨架间的大小孔隙的总体积很大,即颗粒的比表面积很大,大小孔隙绝大部分都被水充满。对于孔隙比大于1.5的软土,黏土的片状颗粒彼此轻度黏结,构成细胞(蜂窝)状,通常情况下还有絮状、非均质细胞状(图1-1),所以其形状是不规则的和易于变形的;对于孔隙比小于1的软土,黏土是如同将蜂窝"压扁"的平行结构或平行结构破坏后形成的团状结构。由于软土的特殊结构形式,造成了软土大孔隙比、高含水率、高压缩性、高灵敏度及低强度的特性。

a)细胞状结构　　　　　　　b)絮状结构　　　　　　　c)非均质细胞状结构

图1-1　软土的结构

2)软土工程特性

(1)含水率高、孔隙比大。

软土含水率在35%~80%之间,孔隙比一般在1.0~2.0之间。软土的这一特性反映了土中矿物成分与介质相互作用的性质。在软土中,黏土粒组和粉土粒组的含量相对较高,黏土矿物颗粒加剧了土粒与水的作用,易形成具有较大孔隙的各种絮状结构。高含水率、大孔隙比是软土的基本物理特征,直接影响到土体的压缩性和抗剪强度,含水率越大,土体的抗剪强度越小、压缩性越大。

(2)压缩性高、抗剪强度低。

一般正常固结软土的压缩系数为 $0.5 \sim 1.5 MPa^{-1}$。软土的天然不排水抗剪强度一般为 $5 \sim 25 kPa$,且正常固结软土的不排水抗剪强度,往往随距地表深度的增加而增大,一般每增加 1m 深度,增长 $1 \sim 2 kPa$。在外荷载作用下,软土的渗透固结,将使其强度得以增长。

(3)渗透性小。

软土的渗透系数一般为 $1 \times 10^{-6} \sim 1 \times 10^{-8} cm/s$,当有机质含量较高时,渗透系数还会减小。软土在附加应力作用下的渗透固结速率很慢,如 10m 厚的软土层,要达到 90% 左右的固结度,往往需要数年或更长的时间。此外,一般软土层的渗透性具有明显的各向异性,水平向渗透系数往往大于竖向渗透系数,尤其是存在水平砂夹层时更为明显。

(4)结构性明显、灵敏度高。

软土属于结构性强的土,一旦其结构受到扰动或破坏,土体强度将明显降低,甚至呈现流动状态。软土的灵敏度一般在 4 以上,并将灵敏度在 $4 \sim 8$ 之间的软土归为灵敏土;灵敏度在 $8 \sim 16$ 之间的软土归为很灵敏土;灵敏度大于 16 的软土归为流敏土。被扰动的软土随静置时间的增长,其强度能有所恢复,但极缓慢且一般不能恢复到原有结构的强度。因此,在软土取样、运输、试验等过程中,应尽量减小对其扰动,以免试验结果失真。

(5)次固结。

次固结是软土在恒定外荷载作用下,主固结已经完成(土中超静孔隙水压力消散为零),但土体变形随时间仍在发展的部分。一般认为,次固结是软土中的结合水以黏滞流动的形态缓慢移动,水膜厚度相应发生变化,使土骨架出现蠕变所产生的。土中黏土颗粒含量越高,这种特性越明显。蠕变的速率一般都很小,随土中剪应力值而变化,有试验表明:当应力值低于不排水抗剪强度 5% 时,蠕变最后将趋于稳定;当应力值高于不排水抗剪强度的 70% 时,蠕变速率保持不变,持续产生可观的次固结甚至渐增至土体破坏。

表 1-6 所示为内陆河湖相软土与滨海相软土工程性质的对比,前者工程性质总体情况比后者为好。

不同成因软土主要工程性质对比 表 1-6

工 程 性 质	内陆河湖相软土	滨海相软土
压缩性	中~高	高
强度	较低	低
渗透性	小	小
灵敏度	中~灵敏	灵敏及以上
次固结	小	较大
均匀性	不均匀	较均匀

1.2.2　内陆河湖相软土物理力学指标

1)Ⅰ—北方地区

(1)鲁西平原软土。

以济宁至徐州高速公路济宁南四湖近百公里湖相软土为代表,统计得到鲁西平原软土物理力学指标,见表1-7。该区域软土湖沼相成因为:在近代不久,湖泊干枯消失表层,并被废黄河冲洪积物砂性土所掩盖,形成了软土上覆硬壳层。软土层主要为 Q_4 冲湖相或冲积、洪积相黏性土。

鲁西平原软土物理力学指标　　　　　　　　　　表 1-7

物理力学指标		参 数 范 围				
		试样数	最大值	最小值	平均值	标准差
天然含水率 w (%)		228	58.0	25.6	40.2939	8.0469
密度 ρ (g/cm³)		228	1.97	1.62	1.7867	0.8880
天然孔隙比 e		228	1.633	0.75	1.1475	0.2237
液限 w_L (%)		228	73.3	28.7	39.8697	10.4274
塑限 w_p (%)		228	29.8	18.6	22.0070	2.7382
塑性指数 I_p		228	43.5	9.1	18.2744	8.0632
液性指数 I_L		228	2.78	0.31	1.3334	0.5381
压缩系数 $a_{0.1-0.2}$ (MPa⁻¹)		203	1.71	0.3	0.7501	0.3240
压缩模量 E_s (MPa)		203	7.1	1.5	3.3413	1.2621
快剪	c (kPa)	178	29	5	11.4551	6.1332
	φ (°)	178	14.8	2	6.7472	3.2524
固结快剪	c (kPa)	62	28	8	18.3064	4.4743
	φ (°)	62	15.5	5	9.2677	3.0796

(2)海河平原软土。

①天津软土。

以京津塘高速公路天津段软土为代表,其中天津东郊军粮城附近软土为河、湖相交替沉积,统计得到其物理力学指标,见表1-8。

天津软土物理力学指标　　　　　　　　　　表 1-8

物理力学指标	参 数 范 围				
	样本数	最大值	最小值	平均值	标准差
天然含水率 w (%)	189	58.8	23	36.8767	6.6432
密度 ρ (g/cm³)	186	2.06	1.64	1.8516	0.0730
天然孔隙比 e	186	1.508	0.618	1.0166	0.1751
液限 w_L (%)	189	50.5	27.7	37.8651	4.5797
塑限 w_p (%)	189	26.5	16.6	21.1487	1.9247
塑性指数 I_p	189	24	10.6	16.7164	2.6918

续上表

物理力学指标		参 数 范 围				
		样本数	最大值	最小值	平均值	标准差
液性指数 I_L		190	1.39	0.41	0.9358	0.2276
压缩系数 $a_{0.1-0.2}$（MPa^{-1}）		184	1.161	0.305	0.6088	0.1873
压缩模量 E_s（MPa）		187	5.251	1.57	3.2957	0.8269
快剪	c（kPa）	63	39.5	7.4	18.4494	7.4441
	φ（°）	67	13.9	2.9	6.73643	2.5358
固结快剪	c（kPa）	56	59.5	6.6	39.8179	9.8767
	φ（°）	53	11.1	3.5	7.2113	1.7804

②邯郸软土。

以石家庄至安阳高速公路邯郸段河相软土为代表，统计得到邯郸软土物理力学指标，见表1-9。全段软土为灰黑色淤泥质亚黏土（Q_4^{al+pl}、Q_4^{al+l}），局部为高液限黏土或低液限黏土（亚砂土），含腐殖质，有臭味。质地均匀，软塑～流塑状。

邯郸软土物理力学指标 表 1-9

物理力学指标		参 数 范 围				
		样本数	最大值	最小值	平均值	标准差
天然含水率 w（%）		152	47.3	24.7	34.6086	4.3153
密度 ρ（g/cm^3）		155	1.98	1.75	1.8677	0.0450
天然孔隙比 e		151	1.248	0.7	0.9559	0.0951
液限 w_L（%）		142	61.6	21.7	39.9852	8.7053
塑限 w_p（%）		141	31.9	16.2	22.3227	3.3762
塑性指数 I_p		145	34.6	1.98	17.7564	6.5116
液性指数 I_L		70	1.92	0.37	0.9669	0.3938
压缩系数 $a_{0.1-0.2}$（MPa^{-1}）		94	0.82	0.21	0.425	0.1132
压缩模量 E_s（MPa）		90	8.29	2.25	4.8194	1.2551
快剪	c（kPa）	70	40	10	21.4571	9.0836
	φ（°）	68	27.4	6.5	12.6706	4.9252
固结快剪	c（kPa）	53	50	12	27.5849	10.7497
	φ（°）	70	29.6	11	17.5686	4.0752

2）Ⅱ—中部地区

（1）苏北平原软土。

以淮安至盐城高速公路和徐州至连云港高速公路吴邵段软土为代表，统计得到苏北平原软土物理力学指标，见表1-10。该区域软土厚度较小，一般为1.5～2.3m，最大厚度3.5m。基本连续分布，以淤泥质土为主，局部段为淤泥，夹有黏性土及粉质透镜体，软塑～流塑状。

（2）苏浙长江下游平原软土。

以沪苏浙高速公路软土为代表，统计得到苏浙长江下游平原软土物理力学指标，见表1-11。

苏北平原软土物理力学指标　　　　　　　　　　表 1-10

物理力学指标		参 数 范 围			
		试样数	最大值	最小值	平均值
天然含水率 $w(\%)$		284	63.7	34.0	41.812
密度 $\rho(g/cm^3)$		284	1.85	1.58	1.772
相对密度 G		284	2.75	2.70	2.734
天然孔隙比 e		284	1.839	0.956	1.190
饱和度 $S_r(\%)$		284	100	91	96.000
液限 $w_L(\%)$		284	54.5	29.1	40.230
塑限 $w_p(\%)$		284	27.5	18.5	21.533
塑性指数 I_p		284	27.8	8.3	18.696
液性指数 I_L		284	2.47	0.22	1.145
压缩系数 $a_{0.1-0.2}(MPa^{-1})$		284	2.95	0.36	0.922
压缩模量 $E_s(MPa)$		284	5.2	0.9	2.527
快剪	$c(kPa)$	283	44	4	13.892
	$\varphi(°)$	283	15	0	4.981
固结快剪	$c(kPa)$	249	33	10	20.245
	$\varphi(°)$	249	17	2	8.535
无侧限抗压强度	原状土 $q_u(kPa)$	226	67	15	35.692
	重塑土 $q_u'(kPa)$	218	45	3	11.778
	灵敏度 S_t	218	11.3	1.2	4.633
<0.005mm 黏粒含量 $P_c(\%)$		216	50.4	16	25.975
标准贯入试验 $N_{63.5}$(击)		251	8.2	1	3.3

苏浙长江下游平原软土物理力学指标　　　　　　表 1-11

物理力学指标	参 数 范 围			
	试样数	最大值	最小值	平均值
天然含水率 $w(\%)$	255	68	35.4	49.869
密度 $\rho(g/cm^3)$	255	1.84	1.52	1.743
相对密度 G	255	2.75	2.69	2.781
天然孔隙比 e	255	1.952	1.002	1.416
饱和度 $S_r(\%)$	255	100	86	98.018
液限 $w_L(\%)$	255	50.5	27.8	39.351
塑限 $w_p(\%)$	255	26.7	18	21.875
塑性指数 I_p	255	23.8	9.4	17.471
液性指数 I_L	255	2.35	0.67	1.625
压缩系数 $a_{0.1-0.2}(MPa^{-1})$	252	2.06	0.2	1.206
压缩模量 $E_s(MPa)$	252	3.86	0.99	2.34

续上表

物理力学指标		参数范围			
		试样数	最大值	最小值	平均值
快剪	c(kPa)	243	16	2	6.723
	φ(°)	243	13.2	0.9	3.993
固结快剪	c(kPa)	224	24	5	12.417
	φ(°)	224	42	1.95	6.755
无侧限抗压强度	原状土 q_u(kPa)	25	32.1	12.1	20.44
	重塑土 q_u'(kPa)	24	13.8	2.8	6.6
	灵敏度 S_t	22	4.3	2.3	3.3

（3）湖北江汉平原软土。

湖北武汉一带自古湖泊云集,形成了各种湖相软土。以武昌至沙河街铁路阳新湖软土为代表,统计得到湖北江汉平原软土物理力学指标,见表1-12。该区域软土位于剥蚀丘陵围成的地势低洼平坦的盆地内,盆地为第四系湖泊淤积地层,成层复杂,多透镜体。

湖北江汉平原软土物理力学指标

表 1-12

土 层 名 称		棕黄色黏土	浅黄色黏土	淤泥质黏土与砂质黏土互层	淤泥质黏土	砂质黏土
深度(m)		0~2.6	2.6~6.1	6.1~14.3	13.0~14.7	14.5~17.0
天然含水率 w(%)		28.7~42.7	22.2~38.4	29.9~51.8	22.4~63.8	20.7~28.6
重度(kN/m³)		17.4~18.4	17.2~20.5	17.2~19.1	16.0~19.4	19.2~20.0
天然孔隙比 e		0.89~1.17	0.64~1.07	0.89~1.05	0.75~1.80	0.63~0.74
塑性指数 I_p		20.3~22.9	13.0~26.3	10.2~20.6	15.6~38.1	11.3
快剪	c(kPa)	7~27	27~58	6~23	25~30	28~46
	φ(°)	6~24	2.3~20.3	0~7.4	2.9~8.5	8~14
固结快剪	c(kPa)	28~43	20~45	14~37	47	—
	φ(°)	12.7~19.3	17.6~24.9	9.9~16.2	5.1	—
无侧限抗压强度 q_u(kPa)		20~28	42~207	26~52	54~86	83
压缩系数 $a_{0.1-0.2}$(MPa⁻¹)		0.39	0.21	0.57	0.35	
固结系数 C_v(cm²/s)		3.2×10^{-3}	2.6×10^{-3}	7.2×10^{-4}	3.1×10^{-3}	—
渗透系数 K(cm/s)		5.1×10^{-8}	2.7×10^{-8}	2.01×10^{-8}	5.8×10^{-8}	—

（4）安徽长江冲积平原软土。

以安徽宣城至浙江长兴和安徽庐江至铜陵高速公路软土为代表,统计得到安徽长江冲积平原软土物理力学指标,见表1-13、表1-14。该区域软土厚度15~25m,分布不均匀,土层中夹条带状或透镜体状的粉砂,厚度为1.5~3.5m,属高灵敏度软黏土。

安徽宣城至浙江长兴软土物理力学指标 表 1-13

土　名	天然含水率 $w(\%)$	天然重度 $\gamma(kN/m^3)$	天然孔隙比 e	塑性指数 I_p	液性指数 I_L	压缩系数 $a_{0.1-0.2}$（MPa^{-1}）	压缩模量 E_s（MPa）
淤泥质粉质黏土	49.7	17.8	1.42	15.7	1.92	1.48	1.48
淤泥	57.1	16.5	1.59	28.9	1.57	2.07	1.14
粉质黏土	25.9	19.6	0.95	14.4	0.61	0.26	6.57

安徽铜陵大桥北岸长江下游河漫滩软土物理力学指标 表 1-14

含水率 w（%）	孔隙比 e	液性指数	压缩指数	直剪快剪 c（kPa）	直剪快剪 φ（°）	直剪固快 c（kPa）	直剪固快 φ（°）	三轴固结快剪 c_{cu}（kPa）	三轴固结快剪 φ_{cu}（°）	三轴固结快剪 c'_{cu}（kPa）	三轴固结快剪 φ'_{cu}（°）	无侧限 q_u（kPa）	无侧限 S_t
41.2	1.13	1.57	0.64	17	2.9	18	10.2	36.9	17.1	14.9	30.9	54	6.2

（5）湖南洞庭湖平原软土。

以岳阳港城陵矶港区（松阳湖）软土为代表，统计得到湖南洞庭湖平原软土物理力学指标，见表 1-15。

湖南洞庭湖平原软土物理力学指标 表 1-15

岩土名称	重度 γ（kN/m^3）	天然含水率 w（%）	天然孔隙比 e	液限 w_L（%）	塑限 w_p（%）	塑性指数 I_p	液性指数 I_L	压缩系数 $\alpha_{0.1-0.2}$（MPa^{-1}）	内摩擦角 φ（°）	黏聚力 c（kPa）	压缩模量 E_s（MPa）
可塑状粉质黏土	18.9	31.7	0.88			12	0.34		15	25	5.0
软塑状粉质黏土	18.2	42.8	1.208	47.6	23.5	13.49	1.024		8~10	10~15	6.08
淤泥质黏土	18.6	38.1	1.029	49.4	27.8	13.47	0.854	0.86	2.5~8.0	22~28	2.5
淤泥质粉质黏土夹粉细砂层	18.7	34.2	0.91			10.24	1.011		0~8.5	7~23	4.0~4.5

3）Ⅲ—南方地区

（1）云南昆明滇池软土。

以昆（明）安（宁）高速公路、昆（明）石（林）高速公路和昆明市广福路软土为代表，统计得到云南昆明滇池软土物理力学指标，见表 1-16、表 1-17。该区域内软土以亚黏土、黏土、泥炭质土、淤泥为主。

昆明滇池软土物理力学指标(一) 表 1-16

土名	亚黏土			黏土		
物理力学指标	参数范围					
	最大值	最小值	平均值	最大值	最小值	平均值
天然含水率 w (%)	41	21	31.90	68	27	43.13
密度 ρ (g/cm³)	2.04	1.70	1.86	1.95	1.53	1.75
天然孔隙比 e	1.28	0.64	0.91	1.83	0.76	1.19
液限 w_L (%)	50	26	35.5	79	33	53.87
塑限 w_p (%)	31	15	21.93	49	21	30.86
塑性指数 I_p	19	9	13.43	33	11	21.67
液性指数 I_L	1.27	0.21	0.73	1.27	0.13	0.59
压缩模量 E_s (MPa)	7.1	2.2	4.38	9.2	2.2	4.19
快剪 c (kPa)	49.8	10.2	27.30	68.2	10.8	32.72
快剪 φ (°)	10.3	2.2	4.46	7.5	2.3	4.10

昆明滇池软土物理力学指标(二) 表 1-17

土名	泥炭质土、淤泥			泥炭质土		
物理力学指标	参数范围					
	最大值	最小值	平均值	最大值	最小值	平均值
天然含水率 w (%)	166	30	76.84	300	50	103
密度 ρ (g/cm³)	1.79	1.14	1.52	1.67	1.04	1.42
天然孔隙比 e	3.68	0.93	1.90	6.24	1.14	2.43
液限 w_L (%)	220	38	87.47	273	46	95.875
塑限 w_p (%)	130	22	54.47	182	28	57.946
塑性指数 I_p	90	16	33.07	102	18	37.91
液性指数 I_L	1.06	0.2	0.70	1.61	1.0	1.17
有机质含量 (%)	43.5	3.2	14.1	48.4	0.3	15.8
压缩模量 E_s (MPa)	7.7	1.5	3.2	4.7	1.0	2.0
快剪 c (kPa)	88.6	11.5	33.4	71.2	3.4	14.1
快剪 φ (°)	10.6	1.2	4.1	4.6	1.0	2.9

(2)贵州西部软土。

以贵(阳)毕(节)公路和省道 S201 软土为代表,统计得到贵州西部软土物理力学指标,见表 1-18。该区域软土主要由淤泥、软塑~可塑状软黏土、软塑~可塑状红黏土组成。云贵高原地区的软土,反映了湿润气候条件下形成的特点,夹有泥炭和泥炭质土。其中,泥炭呈纤维状,褐色、黄褐色,可清楚见到未完全分解的植物根、茎、叶;泥炭质土,呈黑泥状,植物残体大部分完全分解。

贵州西部软土物理力学性质指标   表1-18

稠度状态	重度 γ（kN/m^3）	天然含水率 w（%）	天然孔隙比 e	液限 w_L（%）	塑限 w_p（%）	塑性指数 I_p	液性指数 I_L	内摩擦角 φ（°）	黏聚力 c（kPa）	压缩系数 $a_{0.1-0.2}$（MPa^{-1}）
淤泥	16.14	67.68	1.87	55.69	39.01	19.41	1.52	2.95	14.05	2.08
软黏土	17.09	48.05	1.39	53.91	33.05	20.85	0.76	4.69	26.24	0.69
红黏土	17.63	43.53	1.26	51.89	31.64	20.24	0.65	6.95	42.75	0.43

1.3 内陆河湖相软土物理力学指标统计特征

1.3.1 物理力学指标的均值和变异系数

1）物理力学指标均值

我国北方地区、中部地区和南方地区内陆河湖相软土物理力学指标范围值和均值，见表1-19。由此表可以看出，北方地区和中部地区软土物理力学指标的范围和均值基本相似，而南方地区软土的物理力学性质相对较差。

我国内陆河湖相软土物理力学指标范围值和均值   表1-19

分区		北方地区		中部地区		南方地区	
		参数					
物理力学指标		范围值	均值	范围值	均值	范围值	均值
天然含水率 w（%）		24.4～58.1	37.52	21.2～51.2	33.28	21～87	45.31
密度 ρ（g/cm^3）		1.62～2.04	1.83	1.62～2.06	1.86	1.14～2.04	1.69
天然孔隙比 e		0.618～1.633	1.05	0.62～1.43	0.95	0.32～2.25	1.24
液限 w_L（%）		21.7～60.3	28.65	22.5～48.5	35.15	26～96	52.65
塑限 w_p（%）		16.2～29.8	21.83	16.5～24.9	20.44	15～59	31.58
塑性指数 I_p		5.8～30.7	16.63	5.5～24.4	14.66	9～43	22.01
液性指数 I_L		0.29～2.36	1.05	0.29～2.3	1.05	0.21～1.61	0.73
压缩系数 $a_{0.1-0.2}$（MPa^{-1}）		0.24～1.32	0.60	0.21～0.93	0.44		
压缩模量 E_s（MPa）		1.0～7.4	3.60	1.4～10.3	4.70	1.2～8	3.63
快剪	c（kPa）	6～30	14.55	8～40	19.46	7～50	26.51
	φ（°）	4～22	8.98	4～24	12.54	1～7	3.79
固结快剪	c（kPa）	10～48	26.57	7～40	19.71		
	φ（°）	6～26	13.18	5～34	16.79		

2）物理力学指标变异系数

对北方地区、中部地区、南方地区内陆河湖相软土物理力学指标变异系数进行统计评价，见表1-20和表1-21。从表可以看出，北方地区和中部地区软土各指标变异性基本相似，而南方地区软土除密度变异性较小，天然孔隙比、液限和塑限属中等变异性之外，其他指标变异性均处于较大水平。

三大软土区软土物理力学指标变异系数 表1-20

物理力学指标		变异系数		
		北方地区	中部地区	南方地区
天然含水率 $w(\%)$		0.198	0.180	0.314
密度 $\rho(g/cm^3)$		0.046	0.043	0.110
天然孔隙比 e		0.196	0.170	0.283
液限 $w_L(\%)$		0.192	0.128	0.284
塑限 $w_p(\%)$		0.124	0.073	0.298
塑性指数 I_p		0.284	0.223	0.332
液性指数 I_L		0.424	0.426	0.406
压缩系数 $a_{0.1-0.2}(MPa^{-1})$		0.407	0.370	—
压缩模量 $E_s(MPa)$		0.354	0.399	0.415
快剪	$c(kPa)$	0.453	0.453	0.407
	$\varphi(°)$	0.474	0.447	0.324
固结快剪	$c(kPa)$	0.393	0.422	—
	$\varphi(°)$	0.392	0.351	—

三大软土区软土物理力学指标变异性 表1-21

物理力学指标		变异性		
		北方地区	中部地区	南方地区
天然含水率 $w(\%)$		小	小	大
密度 $\rho(g/cm^3)$		很小	很小	小
天然孔隙比 e		小	小	中等
液限 $w_L(\%)$		小	小	中等
塑限 $w_p(\%)$		小	很小	中等
塑性指数 I_p		中等	中等	大
液性指数 I_L		很大	很大	很大
压缩系数 $a_{0.1-0.2}(MPa^{-1})$		很大	大	—
压缩模量 $E_s(MPa)$		大	大	很大
快剪	$c(kPa)$	很大	很大	很大
	$\varphi(°)$	很大	很大	很大
固结快剪	$c(kPa)$	大	很大	—
	$\varphi(°)$	大	大	—

1.3.2 物理力学指标的统计分布

将全国各内陆河湖相2500余组软土的物理力学指标汇总,建立统计表和直方图,整体分析各指标的概率分布,见表1-22。从表中可以看出,内陆河湖相软土和其他类型的软土一样,都有一定的特殊性,但其中最基本的特性还是"三高三低",即高含水率、高压缩性、高孔隙比,低固结系数、低强度、低渗透性。通过统计分析,得到内陆河湖相软土总体特征如下:

（1）内陆河湖相沉积软土的天然含水率和孔隙比与海相沉积软土的相应指标存在一定的差异，其中海相沉积软土含水率大都在40%~50%之间，而内陆河湖相沉积软土含水率在35%左右，比海相沉积软土含水率小得多，另外海相沉积软土孔隙比e一般大于1.1，而内陆河湖相沉积软土孔隙比e接近于1，比海相沉积软土孔隙比e要小。但两者的压缩系数值接近，说明都具有较高的压缩性。

（2）内陆河湖相软土物理指标变异性较小，力学指标的变异系数大，并明显大于物理指标的变异系数，工程中必须考虑土的力学指标变异性的影响。

内陆河湖相软土物理力学指标统计值 表1-22

物理力学指标		参 数 范 围					
		样本数	最大值	最小值	平均值	标准差	变异系数
天然含水率w(%)		2674	55.3	21	34.76	6.64	0.191
密度ρ(g/cm³)		2983	2.06	1.58	1.84	0.09	0.049
天然孔隙比e		2732	1.541	0.618	0.98	0.17	0.173
液限w_L(%)		2784	52.5	25.4	36.26	5.46	0.151
塑限w_p(%)		2700	26.3	17.4	20.83	1.84	0.088
塑性指数I_p		2874	27	6.8	15.49	3.90	0.251
液性指数I_L		2709	1.97	0.27	0.97	0.41	0.420
压缩系数$a_{0.1-0.2}$(MPa⁻¹)		2234	1.08	0.14	0.47	0.20	0.430
压缩模量E_s(MPa)		2635	9.7	1.1	4.35	1.80	0.415
快剪	c(kPa)	2214	70	2	22	15.15	0.688
	φ(°)	2266	30	1	10	6.71	0.689
固结快剪	c(kPa)	535	52	2	22	11.84	0.523
	φ(°)	567	35.7	2	15	7.34	0.503

内陆河湖相软土各物理力学指标直方图见图1-2~图1-14。其中，天然含水率均值为35%，主要分布在区间25.5%~41%之内，约占总体的76%。密度均值为1.84g/cm³，主要分布在区间1.74~1.94g/cm³之内，约占总体的75.5%。天然孔隙比均值为0.99，主要分布在区间0.76~1.20之内，约占总体的78.5%。液限均值为36.26%，主要分布在区间28.0%~42.0%之内，约占总体的84%。塑限均值为20.83%，主要分布在区间18.2%~22.2%之内，约占总体的76.7%。塑性指数均值为15.49，主要分布在区间11.4~18.8之内，约占总体的79%。液性指数均值为0.97，主要分布在区间0.45~1.45之内，约占总体的76%。压缩系数均值为0.47MPa⁻¹，主要分布在区间0.2~0.6MPa⁻¹之内，约占总体的80%。压缩模量均值为4.35MPa，主要分布在区间2.0~5.5MPa之内，约占总体的73%。快剪黏聚力主要分布在区间5~30kPa之内，约占总体的72%。快剪内摩擦角主要分布在区间2°~20°之内，约占总体的87%，其中3°~10°相对集中，约占总体的50%。区间10°~20°呈均匀分布。固结快剪黏聚力主要分布在区间4~36kPa之内，约占总体的85%，其中8~24kPa相对集中，约占总体的55.5%。固结快剪内摩擦角主要分布在区间3°~24°之内，约占总体的87%，其中6°~18°相对集中，约占总体的59.4%。

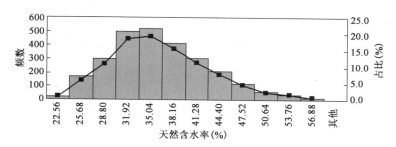

图 1-2　天然含水率直方图

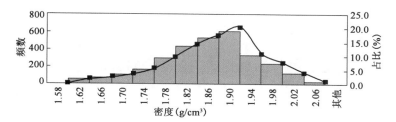

图 1-3　密度直方图

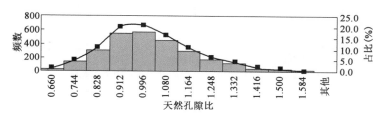

图 1-4　天然孔隙比直方图

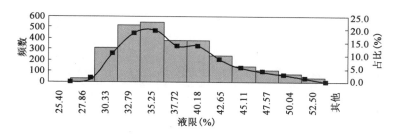

图 1-5　液限直方图

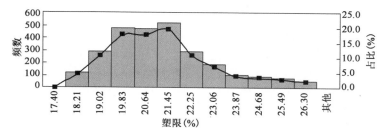

图 1-6　塑限直方图

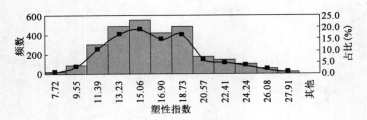

图 1-7 塑性指数直方图

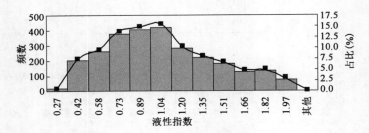

图 1-8 液性指数直方图

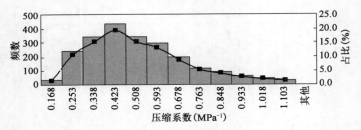

图 1-9 压缩系数直方图

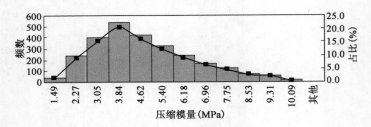

图 1-10 压缩模量直方图

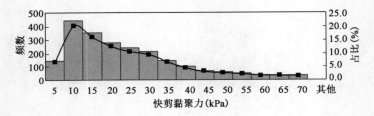

图 1-11 快剪黏聚力直方图

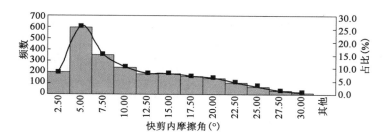

图 1-12 快剪内摩擦角直方图

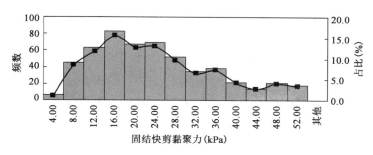

图 1-13 固结快剪黏聚力直方图

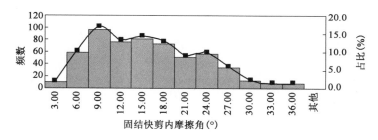

图 1-14 固结快剪内摩擦角直方图

1.3.3 内陆河湖相软土鉴别指标

通过对天然含水率、天然密度、天然孔隙比、液限、塑限、塑性指数、液性指数、压缩系数、压缩模量、快剪黏聚力、快剪内摩擦角、固结快剪黏聚力、固结快剪内摩擦角 13 项指标的概率统计分析，结合各指标获取的难易程度，选取天然含水率、天然孔隙比、塑性指数、压缩系数和压缩模量 5 项指标作为我国内陆河湖相软土的鉴别指标。经 χ^2 法检验（大样本适宜采用该检验方法），这 5 项指标均符合对数正态分布（表 1-23）。各指标直方图与对数正态图，如图 1-15 ~ 图 1-19 所示。

χ^2 检验计算值 表 1-23

指 标	样 本 数 n	χ^2	$\chi^2_{0.05}(9)$	分 布 类 型
天然含水率 $w(\%)$	2674	7.77	16.919	对数正态分布
天然孔隙比 e	2732	14.21	16.919	对数正态分布

指 标	样 本 数 n	χ^2	$\chi^2_{0.05}(9)$	分 布 类 型
塑性指数 I_p	2913	8.43	16.919	对数正态分布
压缩系数 $a_{0.1-0.2}$（MPa^{-1}）	2355	10.63	16.919	对数正态分布
压缩模量 E_s（MPa）	2683	13.29	16.919	对数正态分布

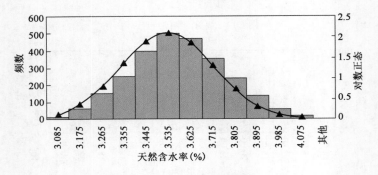

图 1-15　天然含水率直方图与对数正态图

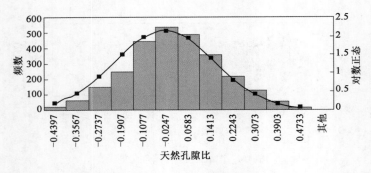

图 1-16　天然孔隙比直方图与对数正态图

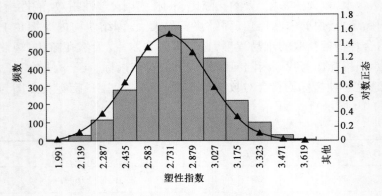

图 1-17　塑性指数直方图与对数正态图

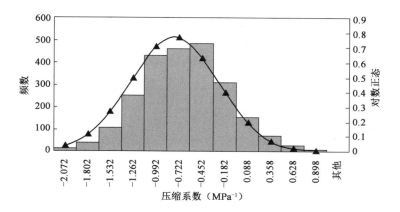

图 1-18 压缩系数直方图与对数正态图

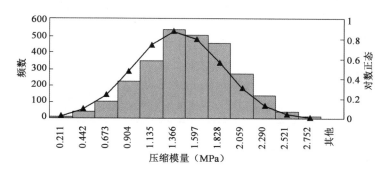

图 1-19 压缩模量直方图与对数正态图

天然含水率的对数正态分布：

$$F(x) = F_0(x) = \int_{-\infty}^{x} \frac{1}{0.19\sqrt{2\pi}} \exp\left[-\left(\frac{\ln t - 3.53}{0.19}\right)^2 \right] \mathrm{d}t$$

天然孔隙比的对数正态分布：

$$F(x) = F_0(x) = \int_{-\infty}^{x} \frac{1}{-0.035\sqrt{2\pi}} \exp\left[-\left(\frac{\ln t - (-0.035)}{0.17}\right)^2 \right] \mathrm{d}t$$

塑性指数的对数正态分布：

$$F(x) = F_0(x) = \int_{-\infty}^{x} \frac{1}{2.72\sqrt{2\pi}} \exp\left[-\left(\frac{\ln t - 2.72}{0.26}\right)^2 \right] \mathrm{d}t$$

压缩系数的对数正态分布：

$$F(x) = F_0(x) = \int_{-\infty}^{x} \frac{1}{-0.79\sqrt{2\pi}} \exp\left[-\left(\frac{\ln t - (-0.79)}{0.50}\right)^2 \right] \mathrm{d}t$$

压缩模量的对数正态分布：

$$F(x) = F_0(x) = \int_{-\infty}^{x} \frac{1}{1.40\sqrt{2\pi}} \exp\left[-\left(\frac{\ln t - 1.40}{0.45}\right)^2 \right] \mathrm{d}t$$

在已知以上 5 项物理力学指标的分布类型的基础上，计算其数字特征，列于表 1-24 中。

指标的计算数字特征   表 1-24

指　标	均值 μ	标准差 σ	$\alpha = 0.05$ 置信区间	变异系数 c_v			分 布 类 型
				本书	国外报道	国外建议	
天然含水率	34.76	6.64	[34.51, 35.01]	0.19	0.06 ~ 0.63	0.15	对数正态分布
天然孔隙比	0.98	0.17	[0.973, 0.986]	0.17	0.13 ~ 0.42	0.25	对数正态分布
塑性指数	15.69	4.23	[15.534, 15.841]	0.27	0.07 ~ 0.79	0.30	对数正态分布
压缩系数	0.51	0.28	[0.502, 0.524]	0.54	0.18 ~ 0.73	0.30	对数正态分布
压缩模量	4.47	2.03	[4.398, 4.551]	0.45	—	—	对数正态分布

对压缩模量采用小于或等于 μ-σ 作为范围值鉴别指标,其余指标采用大于或等于 μ-σ 作为范围值鉴别指标,得到内陆河湖相软土鉴别指标,见表 1-25。表中的鉴别指标更适合于内陆河湖相软土工程性质偏好的特点,这将会避免在实际勘察设计工作中,采用一般软土鉴别指标造成将部分需要处理的内陆河湖相软土排除在外的现象,有利于工程安全。

内陆河湖相软土鉴别指标表   表 1-25

土　类	指　标				
	天然含水率 w （%）	天然孔隙比 e	塑性指数 I_p	压缩系数 $a_{0.1-0.2}$ （MPa^{-1}）	压缩模量 E_s （MPa）
内陆河湖相软土	≥28.1	≥0.81	≥11.5	≥0.23	≤6.5

第 2 章　内陆河湖相软弱地基工程地质勘察

2.1　勘察方法

内陆河湖相软弱地基勘察方法以钻探、原位测试和室内试验为主。钻探是工程地质勘察的主要手段,它能直接观察鉴别岩性和划分地层,并可沿孔深进行原位测试和取原状土样,是获得地质资料的主要渠道。原位测试是勘察的辅助手段,原位测试资料可用于对钻孔资料的补充,判断和分析层位及界限的变化;对于局部的重点地段,原位测试资料可补充原状土样间断部位的资料空白。室内试验是通过对现场采取的原状样测试,获得设计计算参数,为使结果能更好地代表天然土层的性状,减小对土样的扰动是至关重要的。原位测试资料和钻探、土工试验资料的对比可以相互印证,提高勘察资料的精确度。

2.1.1　钻探

1)勘探点的布置

内陆河湖相软土分布范围和分布厚度小,变化大,成层情况不均匀,如果按滨海软土勘探相关规定布置勘探点,分布范围小的软土层有可能就会被漏探,不能真实反映内陆河湖相软土的分布情况,所以在该类软土地区勘探点应加密布置。例如,在傍山路段等复杂场地增布纵横向勘探孔,以查明软土层厚度在纵横方向的变化;在垂直河谷方向加密勘探点,以查明软土层的厚度和性质的变化等。

2)钻探及取样

由于内陆河湖相软土具有层理和纹理的特征并含有夹细砂层,所以在钻探及取样时应采取必要的技术措施,以保证钻探及取样的质量。

(1)应优先采用泥浆护壁回转钻进,这种钻进方式对土层的扰动破坏最小。泥浆柱的压力可以阻止塌孔、缩孔以及孔底的隆起变形。泥浆的另一个作用是提升时对土样底部能产生一定的浮托力,减小掉样的可能性。

(2)清水冲洗钻探也是可以使用的钻探方法,但应注意采用侧喷式冲洗钻头,不能采用底喷式钻头,否则对孔底冲蚀剧烈,对取样不利。

(3)螺旋钻头干钻虽是常用方法,但螺旋钻头提升时难免引起孔底缩孔、隆起或管涌。因此,采用螺旋钻头钻进时,钻头中间应设有水、气通道,以使水、气能及时通达钻头底部,消除真空负压。

(4)强制挤入的大尺寸钻具(如厚壁套管、大直径空心机械螺旋钻)、冲击、振动均不利于取样。如果采用这类方法钻进,必须在预计取样位置以上一定距离停止钻进,改用对土层扰动小的钻进方法,以利于取样。

(5)应选择薄壁固定活塞取土器或水压薄壁固定活塞取土器取样,并以快速、均匀、连续的静压方法压入取土器。对夹砂层应采用双管单动回转取土器取样。

3）取样间距

根据《公路软土地基路堤设计与施工技术细则》（JTG/T D31-02—2013）的规定（详勘阶段），在地面以下 10m 内，应沿深度每 1m 取一组样；在地面以下 10～20m，应沿深度每 1.5m 取一组样；20m 以下可每 2.0m 取一组样。但由于内陆河湖相软土具层理，土质不均匀且软土层厚度变化比较大，为避免取样遗漏土层，不能确切反映土层变化情况，可适当减小取样间距。通过统计不同深度内陆河湖相软土物理力学指标的变异性发现，在 3～20m 深度范围，内陆河湖相软土物理力学指标的变异性比 1～3m 和 20～30m 深度范围的要大。因此，在 1～3m 和 20～30m 深度范围，取样间距可以按照现行技术标准的规定执行，而在 3～20m 深度范围内，要适当减小取样间距。

2.1.2 原位测试

原位测试是在现场直接对岩、土、水进行测试，取得有关物理、力学和水理性质的数据或指标，其测试结果具有较好的可靠性及代表性。原位测试在测定土体的原位力学参数、划定土层方面比钻探方法准确、直接，另外在土层连续性状变化不大的同一个地质单元内，可以用原位测试孔代替钻探加密孔，工作简单快捷；在初步勘察阶段，由于地质钻孔的间距较大，为减少人为推断出的地质界限和参数的误差，用原位测试资料补充钻探资料，可以收到事半功倍的效果；原位测试方法从使用的边界条件分析，其测试的结果是土体真实的天然性状的反映，没有受到扰动影响，用于工程设计相对更科学合理。

由于内陆河湖相软土具有触变性和流变性等不良工程性状，其土样很容易被扰动，而且内陆河湖相软土分布范围和分布厚度小，变化大，成层情况不均匀，含有砂夹层和少量的有机质，因此采用单一的钻探取样很难准确地获得内陆河湖相软土物理力学指标。原位测试技术较好地保持了土的天然状态和应力状态，原位测试试验结果的变异性要小于室内土工试验所测的结果（表 2-1），测定结果的代表性好，能起到与室内土工试验相互补充的作用，内陆河湖相软土勘察中要大力提倡应用原位测试技术。

内陆河湖相软土强度指标的变异性分析统计表 表 2-1

指 标		子 样	平 均 值	标 准 差	变 异 系 数
直剪快剪	黏聚力 c_q（kPa）	1305	19.028	11.875	0.624
	内摩擦角 φ_q（°）	1307	10.138	6.494	0.641
固结快剪	黏聚力 c_q（kPa）	460	24.170	12.780	0.529
	内摩擦角 φ_q（°）	460	14.737	7.261	0.493
无侧限抗压强度 q_u（kPa）		193	37.399	17.429	0.366
双桥静探	锥尖阻力 P_s（MPa）	201	1.159	0.437	0.377
	侧壁摩阻力 f_s（MPa）	175	1.769	0.605	0.342
十字板剪切强度 C_u（kPa）		142	48.380	15.288	0.316

1）静力触探试验

静力触探试验（Cone Penetration Test, CPT）是用静力将圆锤形探头以一定的速率压入土中，利用探头内的压力传感器，量测其贯入阻力（锥尖阻力、侧壁摩阻力）的过程称为静力触探试验，由于贯入阻力的大小与土层性质有关，因此通过贯入阻力的变化情况，可以达到了解土层工程性质的目的。孔压静力触探试验（Piezocone Penetration Test）除静力触探原有功能外，在探头上附加孔隙水压力量测装置，用于量测孔隙水压力增长与消散。静力触探具有明显的优点：连续、快速、灵敏、简便。静力触探的不足之处在于：不能对土进行直接的观察和描述；测试深度不能太深（一般不大于 50m，个别情况当采取一些辅助手段时，可达 70m）。静力触探试验是可以可靠地取得软土土工参数的原位测试方法，并通过贯入阻力与土的工程地质特征之间的定性关系和统计相关关系，来实现力学分层，估算土的强度、地基承载力、沉桩阻力等。

静力触探试验用于内陆河湖相软弱地基勘察时需满足以下要求：

（1）对于静力触探孔深度，应达到河湖相软土分布下的底层。

（2）其圆锥探头底面积宜采用 $10cm^2$ 或 $15cm^2$。侧壁面积宜为 $150 \sim 300cm^2$，锥尖角为 $60°$。

（3）探头应匀速、垂直地压入土中，贯入速率以 $1.2m/min \pm 0.3m/min$ 为宜。

（4）贯入深度超过 50m 时，应量测触探孔偏斜度，校正土的分层界限。

（5）静力触探孔作为参数孔，主要用来起对照与印证其物理、力学与土名、土层厚度等指标是否符合实际的作用，应设置于钻探孔点附近 5m 以内；而作为技术孔点（指已经过与钻孔印证过的孔点），应设置于钻孔之间和路线横断面线上。

静力触探划分土层和判别土类的过程如下：

（1）利用双桥静力触探曲线形态特征初步对土层进行分层。

（2）以双桥静力触探曲线线形标准进行土层初步定名，依据各层 P_c、f_s 和 R_f 的平均值进行数据辅助判别修正，以此综合判别出土类。

（3）一项工程或一个地貌单元，有多孔双桥曲线资料，可按剖面孔位互相对照比较将一个工程或地貌单元判别成标准剖面，以此进行土层分类定名，使土层分类统一。

（4）对一项工程，应根据路基的复杂程度、类别和技术要求等综合确定布置一定数量的钻探孔，分层时和静力触探相互对照互为参考，综合划分土层。

2）十字板剪切试验

十字板剪切试验（Vane Shear Test，VST）是用插入软黏土的十字板头，以一定的速度旋转，将土体破坏，测出土的抗扭力矩，通过换算得到的土体的抗剪强度，它相当于内擦角 $\varphi_u = 0$ 时的黏聚力。目前，常用的十字板剪切仪器主要有两种，一种是电测式十字板剪切仪，另一种是开口钢环式十字板剪切仪。电测式十字板剪切仪是近 20 年来发展较快的一种设备，它是在十字板头上端连接一个有电阻应变片的扭力传感器，通过电缆将传感器信号传到地面的数字测力仪表或电阻应变仪，然后换算出扭力的大小。传感器只反映十字板头位置的受力情况，受到的干扰因素较少。在软土地区现场测试可以不预先钻孔，具有轻便灵活、连续测试、成果稳定可靠的特点，被广泛运用。

十字板剪切试验是一种原位测定饱和软黏土的不排水总强度和残余强度的方法，由于它避免了钻进时对土的扰动以及采取土样时的扰动，而直接在原位条件下测定土的抗剪强度，所以是一种有效的原位测试方法。但是十字板剪切试验的成果并不是无条件适用的，主要原因是：

（1）在钻孔、设置套管和压入十字板时，会改变土中的初始应力状态，也不可避免地会使土体发生一定程度地扰动,然而一般都假设它们没有影响。此外,这种试验的应力条件十分复杂,难以对它进行严格的理论分析。通常只能假设破坏发生于十字板转动时所形成的圆柱面上,并且假设在此面的各点上,强度同时达到峰值而逐步破损。

(2)天然沉积的黏土层往往是各向异性的,垂直方向的强度不同于水平方向的强度。因此,土体的强度与滑动面的主要方向有关,而不是某种规定尺寸的十字板所能反映的。换句话说,如果用不同 H/D 值(H 为十字板高度,D 为直径)的十字板,则在各向异性土中可以测得不同的十字板强度值。

(3)十字板插入土中后,到开始剪切,中间的间隔时间愈长,则强度愈大。Torstensson 发现,如果中间的间隔时间为 1d,则强度比标准间隔时间给出的强度大 10% ~20%。

(4)十字板的剪切速率愈高,则抗剪强度愈大。由于常用的十字板试验的剪切速率远远大于实际土体的剪切速率,所以试验测定值是不同于实际强度的。试验表明,土的塑性指数愈大,则剪切速率对不排水总强度的影响也愈大。

十字板剪切试验用于内陆河湖相软弱地基勘察时需满足以下要求:

(1)为保证十字板头旋转时不发生摆动,试验所用探杆必须平直,前 5m 的探杆要求更高些。对于钢环式十字板试验,探杆上应装导轮,在上、下部各装一导轮,试验深度较大时,导轮间距不宜大于 10m。

(2)在钻孔十字板剪切试验时,为保证试验在不扰动土中进行,十字板头插入深度应大于孔径的 5 倍。一般来说,试验间距应不小于 0.75 ~1.0m。

(3)十字板插入土中静置 5min 开始扭剪。因为插入时在十字板头四周产生超孔隙压力,静置时间过长,孔隙压力消散,会使有效应力增长,使不排水抗剪强度增大。

(4)扭剪速率应力求均匀。剪切速率过慢,由于排水导致强度增长;剪切速率过快,由于黏滞效应也使强度增长。一般剪切速率为 1°/10s,当扭矩出现峰值或稳定值后,要继续测读 1min,以便确认峰值或稳定值。试验时应由技术熟练的人员操作旋转手柄,以保证试验质量。

(5)在测出峰值后,顺时针快速连续转动 6 圈,使十字板头周围土体充分扰动,然后测重塑土的强度。

(6)扭力传感器应定期标定,一般应三个月标定一次,如使用过程中出现异常,也应重新标定。标定时所用的传感器、导线和测量仪器应与试验时相同。

2.1.3 室内试验

室内试验是通过对现场采取的原状样进行室内土工试验,从而得到土样的物理、化学、力学指标的一种方法。试验所得数据只代表取样地点的土样性质特征,由于受试样尺寸大小、数量、条件、方法等限制,使用这些成果时,应结合工程地质条件和原位测试结果,以保证最终所提供成果的可靠性。由于室内试验仪器和操作都相对简单,又可以大量进行,从统计学的角度来说,试验数量越多,越能保证测试指标的可靠性。然而,要使室内试验结果能够代表现场情况,一般应满足下述两方面的要求。

1)试样的代表性

首先是代表性试样的选择问题,就是要使试验所用的少量试样能够分别代表其所在土层的平均情况;其次是取土的质量问题,即尽量避免或减少取土、运输、储藏和制备试样过程中的扰动。从钻孔方法、取样方法、样品保存运输以及开样方法等每个环节严格要求操作。采用薄壁取土器、人工静压取样、避免长距离运输和长时间存放土样等措施,都有利于减小对土样的扰动。

2)试验方法

首先要使试样在开始试验前或试验中尽可能恢复其原位的初始状态,包括物理、结构和应力状态;其次试验时的应力路径、加荷速率以及其他环境条件(水介质、温度等)均应尽可能模拟现场的实际情况;最后,所用的仪器应尽可能避免系统误差。

室内土工试验的主要内容包括:天然含水率、重度、颗粒组成、液限、塑限、有机质含量、酸碱度、易溶盐含量、无侧限抗压强度、抗剪强度、压缩模量、压缩系数等。

2.2　静力触探参数与物理力学指标的相互关系

静力触探参数包括锥尖阻力 P_c 或 P_s、侧壁摩阻力 f_s、摩阻比 R_f 等参数。土的物理力学指标包括土的密度、含水率、界限含水率、压缩系数和强度等指标。目前,国内外一些学者结合工程情况对静力触探参数与其物理力学指标相关性进行了一定的研究,并得到了一些实用性的经验公式,但是这些经验公式对锥尖阻力 P_c 或侧壁摩阻力 f_s 都有一个限定范围,而内陆河湖相软土的锥尖阻力 P_c 或 P_s、侧壁摩阻力 f_s 往往都超出了该限定范围,因此,需要建立内陆河湖相软弱地基静力触探参数与其物理力学指标之间的相互关系经验公式。

2.2.1　静力触探参数与天然重度之间的关系

1)静探参数与土的天然重度之间的关系

土的天然重度 γ 是土的基本的物理指标,是土的天然含水率 w 和干重度 γ_d 的相关函数。中南大学、西南交通大学以及国外科研单位研究发现,砂土的锥尖阻力 P_s 和干重度 γ_d 的相关性很好;而正常固结的饱和黏性土,其强度与土的天然含水率 w 有着一定的关系。这便为锥尖阻力 P_s 与土的天然重度 γ 的经验关系的建立提供了依据。根据理论公式:

$$\gamma = \gamma_d + nS_r\gamma_w \tag{2-1}$$

式中:n——土的孔隙率;

S_r——土的饱和度;

γ_w——水的重度。

饱和土的 $S_r \approx 1$,所以上式可变为:

$$\gamma = \gamma_w + \left(1 - \frac{\gamma_w}{10G_s}\right)\gamma_w \tag{2-2}$$

黏性土的相对密度 G_s 差别不大,一般均在 2.7 左右;水的重度 γ_w 为 $10kN/m^3$。所以饱和土的重度 γ 可用下面公式近似表达:

$$\gamma \approx 0.63\gamma_d + 10 \tag{2-3}$$

在一定条件下,锥尖阻力 P_s 和土的干重度 γ_d 有着良好的关系,所以锥尖阻力 P_s 和土的重度 γ 也存在一定的经验关系。有关规范规定的 P_s-γ 的经验公式为:

(1)当 $P_s < 400kPa$ 时,经验公式为 $\gamma = 8.23P_s^{0.12}$。

（2）当 $400\mathrm{kPa} \leqslant P_s < 4500\mathrm{kPa}$ 时，经验公式为 $\gamma = 9.56P_s^{0.095}$。

（3）当 $P_s \geqslant 4500\mathrm{kPa}$ 时，经验公式为 $\gamma = 21.3$。

2）静探参数与土的天然重度相关性分析

内陆河湖相软弱地基的静力触探锥尖阻力 P_s 与土的天然重度 γ 相关性如图 2-1 所示，从中可以看出，锥尖阻力 P_s 随着天然重度 γ 的增加而不断增加，内陆河湖相软土锥尖阻力 P_s 与土的天然重度 γ 呈线性变化关系，两者之间的回归方程为：

$$\gamma = 0.592P_s + 17.83 \tag{2-4}$$

其中，相关系数 $R = 0.742$，利用相关系数来检验该回归方程的可靠性，令回归方程置信度 $P = 0.98$，即显著性水平 $\lambda = 0.01$，通过查表可得相关系数的临界值 $r_0 = 0.181$。因为 $r > r_0$，所以该回归方程的相关性显著。

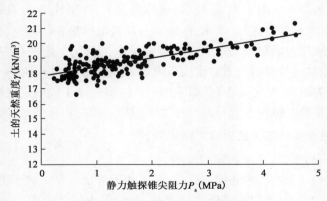

图 2-1　内陆河湖相软土 P-γ_s 关系图

2.2.2　静力触探参数与液性指数之间的关系

1）静探参数与土的液性指数之间的关系

土的液性指数 I_L 反映了土的软硬度，所以土的液性指数 I_L 与静探参数存在一定的经验关系。国内外有关部门总结出的锥尖阻力 P_s 与土的液性指数 I_L 之间的经验公式，如表 2-2 所示。

用 P_s 值判定液性指数状态的经验公式　　　　　　　　　　表 2-2

来　　源	经 验 公 式	适 应 条 件
苏联	$I_L = 0.63 - 0.00013P_s$	硬塑～坚硬黏性土
北京勘察院	$I_L = 0.374 + 287/P_s$	$P_s < 2000\mathrm{kPa}$ 黏性土
武汉冶勘公司	$I_L = 1.58 - 0.934\log P_s/100$	黏土、亚黏土
铁四院	$I_L = (0.462 + 0.0011P_s) - 1$	$P_s < 3000\mathrm{kPa}$ 黏土
	$P_s = 503I_L - 1.06$	$P_s < 1500\mathrm{kPa}$ 黏性土

《铁路工程地质原位测试规程》（TB 10018—2003）规定了黏性土的塑性状态，可按表 2-3、表 2-4 进行判定。

孔压触探参数判别黏性土的塑性状态　　表 2-3

分　　级	液 性 指 数	主　判　别	辅 助 判 别
坚硬	$I_L \leqslant 0$	$P_T > 5$	$B_q < 0.2$
硬塑	$0 < I_L \leqslant 0.5$	$P_T \leqslant 5$ $3.12 B_q - 2.77 P_T < -2.21$	$B_q < 0.3$
软塑	$0.5 < I_L \leqslant 1$	$3.12 B_q - 2.77 P_T \geqslant -2.21$ $11.2 B_q - 21.3 P_T < -2.56$	$B_q \geqslant 0.2$
流塑	$I_L > 1$	$11.2 B_q - 21.3 P_T \geqslant -2.56$	$B_q \geqslant 0.42$

注：P_T 为探头总锥尖阻力（MPa）；B_q 为超孔隙压力比（简称超孔压比）。

单桥触探参数判别黏性土的塑性状态　　表 2-4

I_L	0	0.25	0.5	0.75	1
P_s（MPa）	(5~6)	(2.7~3.3)	1.2~1.5	0.7~0.9	<0.5

注：括号内数值为参考值。

2）静探参数与土的液性指数相关性分析

内陆河湖相软弱地基静力触探锥尖阻力 P_s 与土的液性指数 I_L 相关性如图 2-2 所示，从中可以看出，锥尖阻力 P_s 与液性指数 I_L 的关系总体上呈线性递减关系，两者之间的回归方程为：

$$I_L = -0.290 P_s + 1.687 \tag{2-5}$$

其中，相关系数 $R = 0.736$，利用相关系数来检验该回归方程的可靠性，令回归方程置信度 $P = 0.98$，即显著性水平 $\lambda = 0.01$，相关系数临界值 $r_0 = 0.181$，因为 $r > r_0$，所以该回归方程的相关性显著。

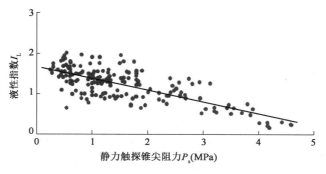

图 2-2　内陆河湖相软土 I_L-P_s 散点图

2.2.3　静力触探参数与不排水抗剪强度之间的关系

1）静探参数与土的不排水抗剪强度之间的关系

静力触探的探头在饱和软黏土下压过程中，饱和软黏土是不进行排水的。土的不排水抗剪强度 C_u 是锥尖阻力 P_s、原位总上覆应力 σ_0 和锥头系数 N_k 的关系式，其表达式为：

$$C_u = \frac{P_s - \sigma_0}{N_k} \tag{2-6}$$

式中：σ_0——原位总上覆应力；

  N_k——锥头系数（由经验取得）。

国内有关部门总结出的锥尖阻力 P_s 与土的不排水抗剪强度 C_u 之间的经验公式，如表2-5所示。

用静力触探估算黏性土的不排水抗剪强度   表2-5

序号	关 系 式	土 类	条 件	建 议 者
1	$C_u = 0.0696P_s - 2.7$	$P_s = 300 \sim 1200\text{kPa}$ 饱和软土	C_u 由十字板试验获得（未修正）	武汉联合研究组四川建研所
2	$C_u = 0.0534P_s$	—	理论	华东电力设计院
3	$C_u = 0.0308P_s + 4$	$P_s = 100 \sim 1500\text{kPa}$	—	交通部一航院
4	$C_u = 0.04P_s + 2$	$S_t = 2 \sim 7, I_p = 12 \sim 40$ 的软土	—	《铁路工程地质原位测试规程》（TB 10018—2003）

2）静探参数与土的快剪强度 C_q 相关性分析

内陆河湖相软弱地基静力触探锥尖阻力 P_s 与土的快剪强度 C_q 相互关系如图2-3所示，从中可以看出，锥尖阻力 P_s 与土的快剪强度 C_q 的关系总体呈线性递增的关系，两者之间的回归方程为：

$$C_q = 10.05P_s + 5.447 \tag{2-7}$$

其中，相关系数 $R = 0.813$，利用相关系数来检验该回归方程的可靠性，令回归方程置信度 $P = 0.98$，即取显著性水平 $\lambda = 0.01$ 并查表可得相关系数临界值 $r_0 = 0.181$，因为 $r > r_0$，所以该回归方程的相关性显著。

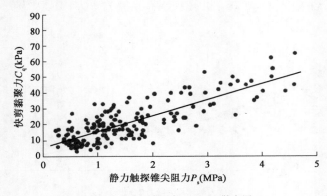

图2-3 内陆河湖相软土 C_q-P_s 散点图

3）静探参数与其十字板剪切强度之间的关系

内陆河湖相软弱地基十字板剪切强度 C_u 与静力触探锥尖阻力 P_s 相互关系如图2-4所示，从中可以看出，锥尖阻力 P_s 与十字板剪切强度 C_u 呈线性递增的关系，两者之间的回归方程为：

$$C_q = 13.67P_s + 27.21 \tag{2-8}$$

其中，相关系数 $r = 0.851$，利用相关系数来检验该回归方程的可靠性，令回归方程置信度 $P = 0.98$ 即显著性水平 $\lambda = 0.01$，通过查表可得相关系数临界值 $r_0 = 0.384$，因为 $r > r_0$，所以该回归方程的相关性显著。

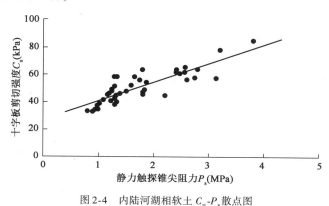

图 2-4　内陆河湖相软土 C_u-P_s 散点图

2.3　取样扰动对强度的影响

2.3.1　取样扰动的影响因素

国外一些研究学者认为,土体扰动是由土结构的破坏、孔隙比与含水率的改变和应力状态的改变等过程组成的。软土在取样过程中强度会有一定的损失,土样周围的土体会产生剪切破坏,并且土样内部的水会从土样中心向边缘迁移,使其含水率减少,这一过程是不可避免的。胡中雄发现,土样扰动是由应力释放、人工扰动(钻探取样、运输和土样制备过程中产生的扰动等)、环境扰动(试验室的环境、湿度和温度以及土样储藏环境等)、生物扰动等组成。内陆河湖相软弱地基取样扰动主要的影响因素有:

(1)土样取出后的应力解除和重新分布造成的扰动:土样取出后,土体由原来不等向的天然应力状态变成了各向应力相等的应力状况,且各向应力都为 0,并且土体的平均有效应力也发生了改变,土样产生扰动。

(2)土样中气体的逸出产生的扰动:土样取出后,一部分释放的应力是由土样孔隙水的表面张力补充,使其孔隙水承受负压,这样便使溶于水的气体一部分逸出,降低了土样的有效残余应力,并稍微使其体积变大,土样产生扰动。

(3)机械扰动:影响最大且扰动因素比较复杂。从土样取出至室内试验的每个过程都会受到不同程度的机械扰动。其表现为土样变形,以使其结构发生破坏。在这过程中,取土器的选用最为关键,钻探和取样方法、土样的运输和保管和试件的制备安装都会产生机械扰动。

2.3.2　扰动度的定义

土样扰动后,其结构会发生破坏,从而土样的物理力学性质会发生变化。常把土样受到的扰动程度称之为扰动度,用 D 表示。

土体扰动理论研究主要在于创建能正确反映扰动度与土体物理力学指标之间关系的函数(也称之为扰动函数)。国内外一些研究学者根据工程实践或室内试验,得出了一些扰动函数,其中,Schmertmann 建立了一种反映扰动程度的定量评价方法。取样扰动指数 D 如下式所示:

$$D = \frac{e_0 - e}{e_0 - e_1} = \frac{\Delta e}{\Delta e_0} \qquad (2\text{-}9)$$

式中:e_0——原状土样的初始孔隙比;

$\quad e$——实际土样的前期固结压力 P_c 所对应的孔隙比;

$\quad e_1$——完全重塑土样的前期固结压力 P_c 所对应的孔隙比;

$\quad \Delta e$——前期固结压力 P_c 下原状土样与实际土样的孔隙比之差;

$\quad \Delta e_0$——前期固结压力 P_c 下原状土样与完全扰动土样的孔隙比之差。

扰动指标 D 越大,土样所受的扰动程度就越大。根据扰动指标 D,可对土样的扰动程度进行评价,如表 2-6 所示。

扰动指标分类评价标准 表2-6

扰动指标 D	扰 动 程 度	扰动指标 D	扰 动 程 度
<0.15	几乎未受扰动	0.50~0.70	很大扰动
0.15~0.30	轻微扰动	>0.70	重塑
0.30~0.50	中等扰动		

Ladd 认为,饱和土样对扰动最为敏感的是不排水剪切模量,并根据此因素提出了扰动指标 D 的表达式:

$$D = \frac{[E_u] - E_{50}}{[E_u] - [E_{50}]} \qquad (2\text{-}10)$$

式中:E_{50}——原状土样 50% 应变时的不排水剪切模量;

$\quad [E_{50}]$——重塑土样 50% 应变时的不排水剪切模量;

$\quad [E_u]$——理想土样的不排水剪切模量。

张孟喜根据 $p\text{-}q\text{-}e$ 空间中类似于土体的破坏面,提出了施工扰动函数:

$$D = \frac{\sqrt{\Delta p^2 + \Delta q^2 + \Delta e^2}}{\sqrt{p_f^2 + q_f^2 + e_f^2}} \qquad (2\text{-}11)$$

式中:p_f——土体破坏时的平均应力;

$\quad q_f$——土体破坏时的偏应力;

$\quad e_f$——土体破坏时孔隙比。

Δq、Δp、Δe 应进行无量纲化,可利用先期固结压力对其进行无量纲化。

徐永福把扰动分为应力和应变两种扰动形式,并根据工程实践结果,建立了扰动函数:

$$D = 1 - \frac{M_d}{M_0} \qquad (2\text{-}12)$$

式中:M_d——土体受施工扰动影响的力学参数;

$\quad M_0$——土体未受施工扰动影响的力学参数。

上述几种确定土体扰动度的方法只能反映取样扰动引起的土体孔隙比的变化情况,但是对于土体扰动度与其强度和屈服应力之间的关系没有进行细致的研究。

Hong 利用 Butterfield 的体系(在固结压力 p 和比容 $v = 1 + e$ 的双对数坐标中,土体的固结压缩曲线为双直线线性,有明显的拐点,该拐点为固结屈服压力 p'_y),修改了传统的体积压缩法,并提出了扰动度函数:

$$D = \frac{C_{CLB}}{C_{CLR}} \times 100\% \qquad (2-13)$$

式中:C_{CLB}——扰动土样屈服前在双对数坐标中固结压缩曲线的斜率;

$\quad\quad C_{CLR}$——重塑土样屈服前在双对数坐标中固结压缩曲线的斜率。

在图 2-5 中,原位压缩曲线为理想不扰动土样的压缩曲线,重塑土样的压缩曲线为重塑土的室内压缩曲线,扰动土样的压缩曲线介于原位压缩曲线与重塑土的压缩曲线之间,C_{CLA} 为扰动土样屈服后在双对数坐标中固结压缩曲线的斜率,p'_0 为土样的上覆有效应力,p'_y 为土样的屈服应力。

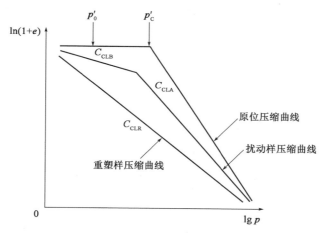

图 2-5　修正体积压缩法扰动度定义

当 $D = 100\%$ 时,表示土样完全扰动,此时的压缩曲线为图 2-5 中的重塑样压缩曲线;当 $D = 0$ 时,表示土样未扰动,此时的压缩曲线为图 2-5 中的原位压缩曲线。Hong 和 Onitsuka 还通过大量的试验,分析指出 C_{CLR} 为液限 w_L 的函数表达式,其函数表达式为:

$$C_{CLR} = -0.39 + 0.332 \lg w_L \qquad (2-14)$$

2.3.3　扰动与土体强度的关系

1)扰动与土体强度参数的关系

取样和工程施工过程中的土体扰动是不可避免的,扰动后土体的强度会随着扰动度的变化而不断变化。M. Nagaraj 和 S. G. Chung 研究分析了扰动对土体强度和屈服应力的影响,并发现不同扰动度土样的屈服应力点 $\left[\lg p'_y, \ln(1 + e_y)\right]$ 在 $\ln(1 + e) - \lg p$ 双对数坐标中是在同一直线上的,其中 p'_y 为土体的屈服应力;e_y 为土体屈服时的孔隙比,如图 2-6 所示。这条直线的延伸线和重塑土样压缩曲线的交点坐标为 $\left[\lg(p'_{yr}), \ln(1 + e_r)\right]$。$p'_{yr}$ 可近似认为是重塑土残余强度的等效屈服应力。

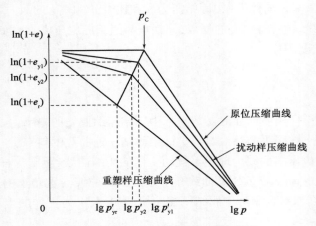

图 2-6　不同扰动度土体屈服应力之间关系

根据内陆河湖相软弱地基的勘察资料,可得出软土的重塑土样十字板抗剪强度与液限指数之间的关系如图 2-7 所示,关系式为:

$$C_u = 39.86 e^{-1.69 I_L} \quad (0.3 < I_L < 1.4) \tag{2-15}$$

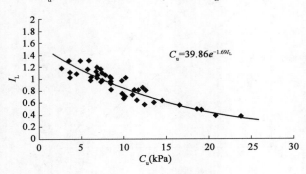

图 2-7　C_u 与 I_L 关系曲线

国外学者 S. Leroueil 分析得出,软土的前期屈服应力 p'_y 和十字板抗剪强度 C_u 具有一定的关系,其比值 $\dfrac{C_u}{p'_y}$ 是塑性指数 I_p 的函数:

$$f(I_p) = \frac{C_u}{p'_y} = 0.71 + 0.0045 I_p \tag{2-16}$$

那么,重塑土残余强度的等效屈服应力 p'_{yr} 的表达式为:

$$p'_{yr} = \frac{C_u}{0.71 + 0.0045 I_p} = \frac{39.86 e^{-1.69 I_L}}{0.71 + 0.0045 I_p} \tag{2-17}$$

重塑土相对应的孔隙比 e_r 为:

$$\frac{\ln(1 + e_0) - \ln(1 + e_r)}{\lg p'_{yr}} = C_{CLR} \tag{2-18}$$

假设原状土的前期屈服应力所对应点的坐标为 $[\lg p'_c, \ln(1 + e_0)]$;不同扰动度时,土体的前期屈服应力所对应点的坐标为 $[\lg p'_y, \ln(1 + e_y)]$;完全扰动土的前期屈服应力所对应点的坐标为 $[\lg p'_{yr}, \ln(1 + e_r)]$。根据不同扰动度时的前期屈服应力点在 $\ln(1 + e) - \lg p$ 双对数坐标中在一条直线上的结论和上面公式可得出：

$$\lg p'_c = \dfrac{\dfrac{\ln(1+e_0)-\ln(1+e_r)}{\lg p'_c - \lg p'_{yr}} + DC_{CLR}}{\dfrac{\ln(1+e_0)-\ln(1+e_r)}{\lg p'_c - \lg p'_{yr}}} \lg p'_y = \dfrac{M + DC_{CLR}}{M} \lg p'_y \qquad (2\text{-}19)$$

上式中 $M = \dfrac{\ln(1+e_0)-\ln(1+e_r)}{\lg p'_c - \lg p'_{yr}}$，由于在双对数坐标中不同扰动度土体的屈服应力在同一直线上，所以对于同一地点的土样来说，其 M 值等于任意两个不同扰动程度土体屈服应力点连线的斜率。即

$$M = \frac{\ln(1+e_0)-\ln(1+e_r)}{\lg p'_c - \lg p'_{yr}} = \frac{\ln(1+e_0)-\ln(1+e_{y1})}{\lg p'_c - \lg p'_{y1}} = \frac{\ln(1+e_{y2})-\ln(1+e_{y1})}{\lg p'_{y2} - \lg p'_{y1}}$$

$$(2\text{-}20)$$

通过室内试验测出同一地点不同扰动程度时土体的前期屈服应力 p'_y，即可求出 M 值，带入式（2-19），即可得出原状土的前期屈服应力 p'_c。p'_c 得出后，带入公式（2-20）中，因为此时 M 值已算出，所以原状土所对应的孔隙比 e_0 和重塑土的孔隙比 e_r 即可得到。

根据 S. Leroueil 等的研究结果

$$f(I_p) = \frac{C_u}{p'_y} = 0.71 + 0.0045 I_p$$

即

$$C_u = f(I_p) p'_y = (0.71 + 0.0045 I_p) p'_y \qquad (2\text{-}21)$$

把通过公式（2-19）求得的 p'_c 带入式（2-21），就可以求出原状土所对应土体强度 C_u，即把不同扰动度 D 时的土体强度 C'_u 还原成原状土的土体强度 C_u。

2）扰动度与土体强度关系式的验证

某软土地基物理力学指标如表 2-7 所示，对该段地基土取样做固结压缩试验，其试验结果如表 2-8 所示。由于固结试验开始前需要对试样预压 1kPa 的荷载，以使固结仪各部分紧密连接，试样不产生附加变形。所以，假定在荷载 1kPa 时，土体的孔隙比 e 和初始的孔隙比 e_0 相等，即在双对数坐标 $\ln(1+e)-\lg p$ 中初始的孔隙比 e_0 对应荷载为 1kPa。在双对数 $\ln(1+e)-\lg p$ 坐标中，不同扰动度土样的固结压缩曲线如图 2-8 所示。

软土地基物理力学指标 表 2-7

含水率 w（%）	天然孔隙比 e	液限 w_L（%）	塑限 w_p（%）	塑性指数 I_p	液性指数 I_L	压缩系数 a_v（MPa^{-1}）	压缩模量 E_s（MPa）	快 剪 黏聚力 c_q（kPa）	快 剪 内摩擦角 φ_q（°）
45.2	1.359	58.3	27.8	33.4	1.14	0.91	2.88	8	9

固结压缩试验统计表 表 2-8

各级压力（kPa）	1	50	100	200	300	400
1 号土样孔隙比变化	1.345	1.236	1.167	1.067	0.985	0.931
2 号土样孔隙比变化	1.375	1.307	1.229	1.077	0.997	0.945
3 号土样孔隙比变化	1.367	1.277	1.201	1.047	0.968	0.903

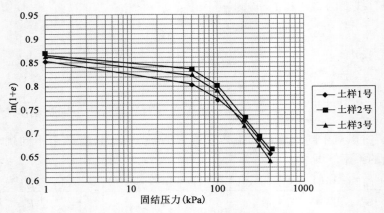

图 2-8　不同扰动度土样的固结压缩曲线

从图 2-8 可以看出,在双对数 $\ln(1+e)-\lg p$ 坐标中,不同扰动度土体的固结压缩曲线,明显地呈双直线的特征。这样,可以通过两条直线延长线的交点坐标求得各扰动土样的屈服应力并根据修正的体积压缩法把各土样的扰动度求出,具体结果见表 2-9。

扰动度试验结果　　　　　　　　　　　　　表 2-9

土　　样	C_{CLB}	C_{CLR}	SD(%)
1	0.028		14.3
2	0.017	0.196	8.7
3	0.023		11.6

根据公式(2-15)～公式(2-21),就可以算出原状土的剪切强度。将现场实测的十字板剪切强度 C_u 与估算原状土的剪切强度 C'_u 进行对比分析,具体结果见表 2-10。

实际与估算十字板剪切强度对比表　　　　　表 2-10

土　　样	实测的十字板剪切强度 C_u	估算原状土的剪切强度 C'_u	误　　差
1	17.7	15.4	-2.3
2	23.3	25.5	1.2
3	42.7	43.2	0.5

通过上述勘测资料的对比验证,可以看出实测的十字板剪切强度 C_u 与估算原状土的剪切强度 C'_u 之间的误差比较小,表明该理论公式具有一定的适应性。

第3章 内陆河湖相软弱地基工程特性及地基处理

3.1 地基工程特性

3.1.1 地基工程地质特征

我国幅员辽阔,河流纵横,大小湖泊星罗棋布,在其周围广泛分布着河湖相沉积的软土。与滨海相沉积的软土相对比,由于形成的环境、年代、地质条件不同,其特征也不相同。这种沉积的软土具有层理和纹理的特征,有时夹细砂层,分布的范围比较小,软土层厚度变化比较大,一般不会有很厚的均匀黏土层,含有少量的有机质。

对于河相沉积软土来说,由于平原河流流速较小,水中夹带的黏土颗粒缓慢沉积而成,以使其成层情况不均匀,是典型的层状构造体系。河相沉积软土的岩性以有机质土及黏土为主并含有砂夹层,厚度一般小于20m。其中,层状构造体系根据其成因和两类土层的厚度比分为互层土、夹层土、间层土。互层土一般为三角洲、河漫滩冲积土,具有交错互层构造特征;两类土层厚度很接近,厚度比一般不小于1/3。夹层土一般为河流下游河漫滩冲积成因,具有夹层构造特征;两类土层厚度相差很大,厚度比介于1/3~1/10之间。间层土一般为湖泊、滨海相沉积成因,具有很厚的黏性土层,夹有非常薄的粉砂,厚度比小于1/10。

河相沉积软土中主要分布着互层土和夹层土。而湖相沉积软土是由淡水湖盆沉积物在稳定的湖水期逐渐沉积而形成的,并且具有典型的季节性。湖相沉积软土中粉土颗粒占较多,表层一般具有0~5m厚的硬壳层,软土淤积厚度一般为5~25m。

典型的内陆河湖相软弱地基地质分层如下:

(1)1~3m范围内主要以黏土和亚黏土为主,土质较均匀,含有黏土团块或铁锰质结核局部夹有亚砂土薄层,表层植物根系发育。其土质为褐黄~褐灰色,软塑~硬塑状态。

(2)3~10m范围内主要以亚黏土、淤泥质亚黏土和粉土为主,呈软塑~流塑状态。其中,亚黏土呈褐灰~灰色,土质不均匀,局部夹有粉砂或砂土薄层,具有层理性;淤泥质亚黏土呈灰黑色局部为灰黄色,土质不均匀含有有机质,局部夹有亚砂土薄层,呈互层状,具层理。

(3)10~20m范围内主要以黏土、亚黏土和亚砂土为主,土质不均匀含有小结核,局部砂粒含量较大,夹有亚黏土及粉细砂薄层,具层理,分布也不均匀。其土质为灰黄色,软塑~硬塑状态。

(4)20m以下主要以黏土和亚黏土为主,灰绿~褐黄色,土质较均匀,含有铁锰质结核或云母碎片,呈硬塑状态。

3.1.2 物理力学指标竖向变化规律

地表下不同深度处的内陆河湖相软土地质条件、沉积环境和土的类型是不同的,其相应的物理力学性质也有所不同。图3-1～图3-10所示为统计得到的内陆河湖相软土各物理力学性质指标随深度变化规律曲线,从中可以发现:

(1)内陆河湖相软土天然含水率w和孔隙比e在地表下5m范围内是随着深度的增加而增加的,说明内陆河湖相软土表层含水率和孔隙比较低,有一定厚度的硬壳层,但从总体上来说,天然含水率w和孔隙比e是随着深度增加而不断减少,而快剪黏聚力c_q和快剪内摩擦角φ_q随着深度的增加,大体上为增加的趋势。这表明内陆河湖相软土在沉积过程中,得到了正常的压密和固结作用。

(2)内陆河湖相软土在地表下10m范围内压缩系数a_v大于0.4MPa^{-1},压缩模量E_s小于5MPa,说明该范围内是高压缩性土。

(3)内陆河湖相软土液限w_L、塑限w_p和塑性指数I_p在地表下3m范围内比较稳定,深度超出3m后变化特别紊乱。塑性指数I_p能综合地反映土的物质组成,它是划分土质的主要指标,所以上述现象反映出内陆河湖相软土深度在3m范围内土质较均匀,但当深度超过3m后土质变化大,不均匀。

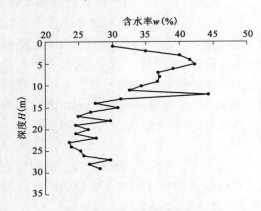

图3-1　含水率随深度变化曲线

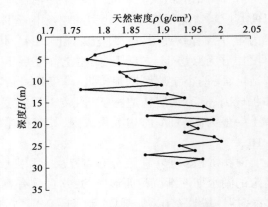

图3-2　天然密度随深度变化曲线

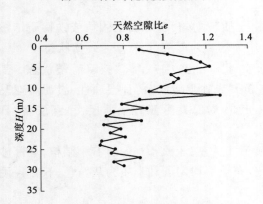

图3-3　天然孔隙比随深度变化曲线

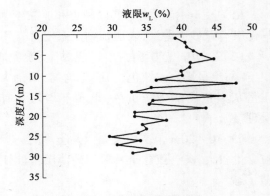

图3-4　液限随深度变化曲线

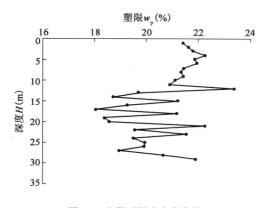

图 3-5　塑限随深度变化曲线

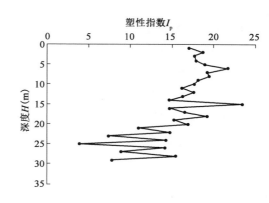

图 3-6　塑性指数随深度变化曲线

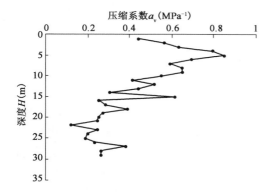

图 3-7　压缩系数随深度变化曲线

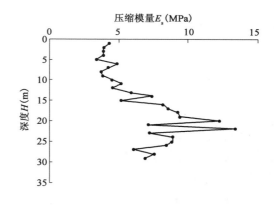

图 3-8　压缩模量随深度变化曲线

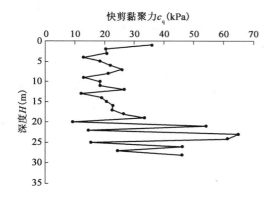

图 3-9　快剪黏聚力随深度变化曲线

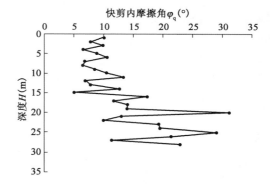

图 3-10　快剪内摩擦角随深度变化曲线

　　为了进一步研究内陆河湖相软土在竖直方向的工程特性,引入土工参数沿深度方向的分布模式,该模型反映出土工参数沿深度方向的 3 种分布特点,并且是通过指标的均值和标准差描述出来的,见图 3-11。

在图 3-11 中，$\bar{u}$ 为土工参数 u 的均值；σ_u 为土工参数 u 的标准差；Z 为土样的深度，3 种分布特点如下：

Ⅰ型：随着深度的变化，均值和标准差不改变(地基土竖直方向均匀)。

Ⅱ型：随着深度的变化，标准差不改变，均值线性变化(地基土竖直方向不均匀)。

Ⅲ型：随着深度的变化，均值和标准差均为线性变化(地基土竖直方向不均匀)。

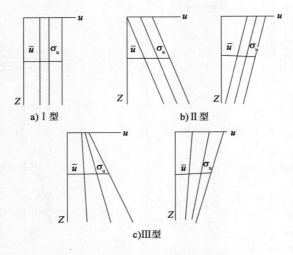

图 3-11　土工参数沿深度方向的分布模式

内陆河湖相软土塑性指数 I_p、快剪黏聚力 c_q 平均值和其标准差随深度的变化规律见图 3-12 ~ 图 3-15。通过图 3-12 和图 3-13 可以发现，内陆河湖相软土塑性指数标准差个别点变化加大，其余各点随深度变化不大，而其平均值大体上随深度增加不断减小，所以其分布模式属于Ⅲ型，即内陆河湖相软土塑性指数沿深度方向非均匀。通过图 3-14 和图 3-15 可以发现，内陆河湖相软土快剪黏聚力平均值和其标准差大体上随深度增加不断增加，所以其分布模式属于Ⅲ型，即内陆河湖相软土快剪黏聚力沿深度方向非均匀。由于内陆河湖相软土塑性指数和快剪黏聚力沿深度方向都是非均匀，因此说明内陆河湖相软土沿深度方向是非均匀的。

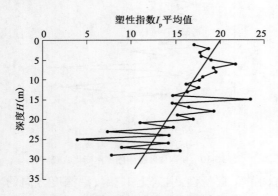

图 3-12　塑性指数平均值随深度变化曲线

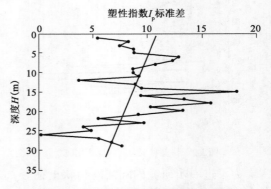

图 3-13　塑性指数标准差随深度变化曲线

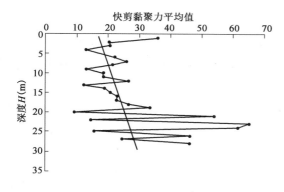

图 3-14　快剪黏聚力平均值随深度变化曲线

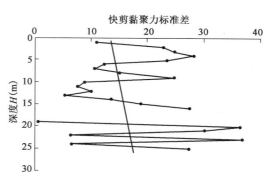

图 3-15　快剪黏聚力标准差随深度变化曲线

3.2　硬壳层的作用机理及利用

3.2.1　硬壳层的应用现状

软土地基中,不同类型的软土层之上都普遍存在着一个"硬壳层"。这层硬壳一般呈硬塑状,力学强度或多或少较下卧软土层为好,具有一定的压缩性。不同成因的硬壳层的工程性质不尽相同。一般来讲,由于内陆地下水位较深,地下水位以上土层在蒸发、阳光照射的长期作用下,干燥后所形成的硬壳较厚,强度也较高。而滨海沉积的软土之上的硬壳,多是受海浪岸流及潮汐的动水压力作用而形成,厚度就比较薄,并且强度也较低。再如谷地沉积软土之上的硬壳,不但其成分复杂,厚度变化大,而且在作为浅基础持力层时若利用不当,还可能造成结构的破坏。

由于硬壳层的强度较高,自然就成了软土地基工程研究利用的目标。早在 1978 年,铁道部第四勘察设计院就在广茂铁路路基工程中成功利用了硬壳层的作用。根据实际观测到的路基的稳定性远远高于设计验算的结果,填高 13.6m 的路基仍未滑动,而按计算结果路基的高度在 9m 时安全系数不到 1。据此对原设计做了大的修改,或取消砂井,或取消反压护道,全长 16km 的线路,共节省地基处理费 400 多万元。1981 年交通部重庆公路科学研究所、交通部公路科学研究所等单位,在天津塘沽盐田内厚度仅 60cm 的盐层硬壳上,利用碎石做垫层、钢渣做填料,以每天 17cm 的填筑速率(钢渣部分)修起了总高度 5m 的路堤。虽然填筑过程中一度出现日侧向位移 3.3cm,但路堤未发生滑动破坏。国外对硬壳层的利用也是很重视的,比如德国 20 世纪 70 年代初在下萨克森州一种"边缘沼泽"区的泥炭上,利用厚度不足 0.5m 的硬壳,并配合土工织物、上铺砂垫层的方法对厚度在 10m 之内的软基进行处理,取得了很好的效果。日本的低路堤修建时,也积极主张在硬壳层上铺垫层,加大应力的扩散作用,以减小沉降,而不是采取破坏硬壳层的其他措施。

这些例子所说明的问题可以归为硬壳层的支撑作用或扩散作用,目前还有一种看法是硬壳层对沉降的滞后作用。江苏省公路科学研究所等单位 1992—1993 年在宁连一级路上还修筑了试验段对此进行研究,目的是利用滞后作用推迟软土层次固结的发生,以期在路面使用初期的若干年内,对工后沉降进行有效的控制。目前,甚至有人提出软土地基处理只有利用硬壳层的作用或是用粉体搅拌桩做地下处理才是解决问题的最佳途径,其他的措施(尤其是地下排水体)是无效的。

从国内外研究现状可以看出,由于硬壳层对于路堤的稳定是有利的,国内外工程界也较注重这方面的研究与实践。然而,针对硬壳层对应力的扩散作用、对沉降的滞后作用的研究很少。这种作用与硬壳层的厚度、硬壳层自身刚度、硬壳层刚度与软弱层刚度之比以及附加荷载大小等相互联系,只有通过试验的手段才能有效地寻求其规律。

3.2.2 硬壳层的作用机理

1)应力集中

下卧硬层的埋藏深度、硬层与软土层界面上的摩擦力影响土中应力的分布;下卧层愈浅,软土层中的应力集中愈明显。当下卧层的深度与荷载的分布宽度相当时,荷载对称轴上竖向应力系数的变化如图 3-16 所示,图中下卧硬层埋深等于条形荷载分布宽度。从图 3-16 中可以看出,接近软硬层界面时,应力集中加强,此处的竖应力系数为均质地基条件下竖应力系数的 1.38 倍。对于高等级路来说,路堤荷载分布的平均宽度在 30m 以上,而一般厚层软土的厚度也只是 30m,所以高等级公路下软基中应力分布的集中是很明显的,不可忽视的。

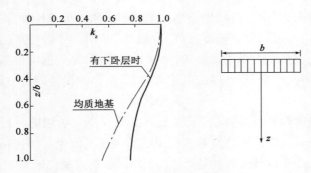

图 3-16　下卧硬层影响下地基中竖向应力系数的分布

k_z-地基中竖向附加应力系数;z-基础底面至软弱下卧层顶面距离;b-条形荷载分布宽度

2)应力扩散

表面硬壳对下卧软土层中的应力分布有扩散作用,硬壳层的厚度愈大,相对刚度愈大,这种扩散作用愈强。国内软土层上硬壳的厚度在 5m 以内,其变形模量在 5 ~ 30MPa(中等压缩性土),而软土的变形模量在 5MPa 以下。若取软土的泊松比 $\mu_2 = 0.45$,硬壳的泊松比 $\mu_1 = 0.30$,则得到硬软层的刚度比 v 在 5 左右。取硬壳层的最大厚度 5m,条形荷载分布宽度一半 15m,根据理论计算的结果,该条件下荷载对称轴上硬壳层底部的竖向应力系数与均质地基的竖向应力系数之比为 0.98(交界面上减小的比例最大),仅减小 2%。钱玉林等人(1995)对沉降系数的研究表明,硬壳层作用下的修正系数为 0.94 ~ 0.98,且仅限于对淤泥的修正。这说明,在软土地基中的应力计算,不仅要考虑到硬壳层对应力的扩散作用,还要考虑其下卧硬层对应力的集中影响,并且在一般情况下这种集中作用要大于扩散作用。

3) 反压作用

按地基极限承载力的理论,硬壳层地基的破坏形式一般为冲剪破坏(图 3-17)。对于路堤荷载,由于其本身的柔性,下沉后路堤坡脚与硬层连成弧面,此时的硬壳层相当于设置了高度等于下沉量的反压护道的作用。在路堤不发生破坏的前提下,下沉量越大,这种反压作用越明显。另外,还有一种看法认为,路堤下沉后它在原地面以上的高度相对减小了,所以对稳定有利。若没有硬壳层的作用,或硬壳层薄得不至于起到作用,那么破坏的形式变为侧向塑流,地基将发生伴随路堤两侧地面明显隆起的整体剪切破坏。

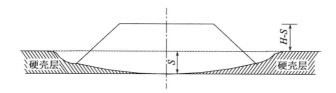

图 3-17　硬壳层上路堤的稳定模式

在对软基路堤的稳定性进行研究时,常会出现某路堤高度下计算的安全系数小于 1,而在严格的施工监测下修起更高的路堤也不会发生破坏的现象。究其原因,除了计算模式、计算参数的影响外(甚至包括安全系数的取值),地表硬壳的特殊作用是一个很重要的因素。

3.2.3　硬壳层对路堤沉降与稳定的影响

1) 项目概况

以石(家庄)安(阳)高速公路具较厚硬壳层河湖相软土试验工程为例,说明硬壳层对路堤沉降与稳定影响。石(家庄)安(阳)高速公路所经过的邯郸地区有 30 多公里的软土地基,其特点是软土表层为 4~5m 厚的硬壳层,而桥头路堤高达 8m 多,路堤存在稳定和沉降问题。试验工程地址为支漳河大桥引道填方段,在对试验工程进行 2 年时间(1994 年12 月—1996 年 12 月)现场观测的基础上,对硬壳层在高路堤下的变形特性及硬壳层的利用问题进行了研究。

2) 硬壳层对沉降与稳定的作用

(1) 路堤稳定分析。

试验段路堤断面的加载速率在各自填筑期间都有变化,可将加载过程分为不同的阶段,见表 3-1(选取 Ⅰ、Ⅱ 断面观测数据)。

路堤填筑(加载)阶段的划分　　　　　　　　　　　　　　　　表 3-1

断面编号	阶段划分	加载起讫日期	累计天数(d)	路堤高度(cm)增量	路堤高度(cm)日增量	荷载强度(kPa)增量	荷载强度(kPa)日增量	最大日沉降量>2cm/d
Ⅰ断面	1	1995 年 5 月 30 日—1995 年 7 月 10 日	41	191.3	4.7	27.74	6.76	
	2	1995 年 7 月 10 日—1995 年 11 月 1 日	155	168.4	1.5	24.42	2.14	
	3	1995 年 11 月 1 日—1996 年 1 月 19 日	234	435.3	5.6	72.33	9.16	√

续上表

断面编号	阶段划分	加载起讫日期	累计天数（d）	路堤高度（cm）增量	路堤高度（cm）日增量	荷载强度（kPa）增量	荷载强度（kPa）日增量	最大日沉降量>2cm/d
Ⅱ断面	1	1995 年 5 月 22 日—1995 年 7 月 10 日	49	202.6	4.1	30.82	6.29	
	2	1995 年 7 月 10 日—1996 年 1 月 3 日	226	599.5	3.4	92.85	5.25	
	3	1996 年 1 月 3 日—1996 年 1 月 15 日	238	263.0	21.9	51.29	42.74	√

注：Ⅰ断面最大日沉降量3.2cm/d发生在1995年12月29—30日,这是在28—29日以30cm/d的速率上预压土后发生的。

本工程设计时,计算的路堤极限填高为 5m,这期间的填筑速率为 10cm/d。超过极限高度之后,填筑速率为 5cm/d。从表 3-1 可以看出,实际发生的填筑速率远超过设计值,并且是后期大,最大日沉降量(3.2cm/d)也超过了设计容许值(2cm/d)。虽然在施工中发现日沉降量超过容许值时,均采取了停止加载措施,但在如此危险的施工条件下,路堤的稳定性不是停止加载所能维持的,而是硬壳层的存在起到了重要的作用。路堤高度超过极限高度之后均未观测到有侧向位移。而有的工程,因无硬壳层的存在,在日沉降量接近 1.5cm 时,不仅有侧向位移(8mm/d),而且有明显的地面隆起,根据当时的观测,地表下 1～2m 的范围均有位移发生。若有硬壳层存在,这种位移是很难发生的。

根据以上的分析可以认为,厚度为 4～5m 的硬壳层上路堤的加载速率采用 15cm/d,最大日沉降量以 2～2.5cm/d 控制,可以保证超过极限高度路堤的稳定性。考虑到工程中经常出现填土速率先低后高的现象,这种条件下进行预压设计时,建议采用分级加载法。为方便计算可设定为两级荷载,第一级的加载速率采用 5cm/d,加载高度为 1.5 倍路堤极限高度(该高度须经过考虑地基固结度的稳定性验算),第二级的加载速率为 15cm/d。

(2)路堤沉降分析。

从沉降观测曲线(图 3-18)可以看出,地基的沉降速率在第一、第二阶段比较小,而在第三阶段明显加大,即沉降曲线变陡。过了第三阶段,也就是进入正常预压期之后,曲线在比较短的时间内又变缓。若与路堤的填筑高度相比较,可以发现沉降速率加大是在路堤填高超过极限高度之后开始的。这一现象说明硬壳层对沉降的影响或者说所起到的应力扩散作用是有条件的,在路堤高度小于极限高度时有作用,超过极限高度时无作用。

通过对各观测断面的沉降曲线分析后可以看出,虽断面间在路堤高度上不同,但沉降曲线的形式是一样的,它们的填高均超过极限高度 1m 以上;再参照其他工程硬壳层上低路堤的观测成果,可以归纳出这样的结论:试验场所代表的硬壳层的应力扩散作用的大小,可以与其上路堤的极限高度相联系而定量化,当路堤填高超过极限高度 1m 时,硬壳层不再起到应力扩散作用,这时用超载预压的方法加速地基的沉降具有明显的效果;当路堤填高小于极限高度时,应考虑硬壳层的应力扩散作用;对于在两种高度之间的路堤,硬壳层的作用要根据一定时间的沉降观测来判断。

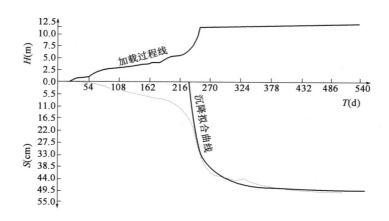

图 3-18　典型沉降曲线

（3）地基深层沉降分析。

通过对埋设在地表、硬壳层中间、软土层表面和底部的接杆式深层沉降板的观测资料进行分析，可以看出，地表下 2m 处的沉降量为地表沉降量的 94%（平均值），地表下 4m 处的沉降量为地表沉降量的 90%，说明硬壳层较厚时其上下的压缩性不同，"次硬壳层"的压缩性稍大于表层硬壳的压缩性，但整个硬壳层的压缩量不大。

3）硬壳层作用在土压力上的反映

为观测土压力的变化，在路堤中心硬壳层的上、中、下位置埋设了土压力盒，同时在路堤坡脚外侧 2m 位置的 4m 深处（硬壳层底部）也埋设了土压力盒。图 3-19 为支漳河北桥头 Ⅰ 断面的观测资料曲线，表示了硬壳层软土地基在路堤荷载作用下，不同部位土压力的变化，从中可以看出，硬壳层在不同荷载条件下所起的作用的变化。

（1）支撑作用。

支撑作用表现在图 3-19 的第一阶段（0 ～ 108d），路堤填土荷载从 0 增至 44.5kPa，沉降量 3.9cm，沉降速率为 0.036cm/d。该阶段土压力表现为在路堤坡脚外硬壳层下部的土压力与路堤中心部位的土压力同步增大，说明在低路堤小荷载下硬壳层具有较好的板体支撑作用，导致沉降量和沉降速率都比较小。

（2）应力滞后作用。

从 108 ～ 216d，填土荷载增至 88.5kPa，沉降量 16.0cm，沉降速率达到 0.112cm/d。该阶段路中心土压力明显增大，而在坡脚外侧的土压力基本平稳不变，说明硬壳层已失去了板体作用，其下软土层开始承受路堤荷载的直接作用。该阶段的路堤填高超过了 5m。硬壳层作用的产生至消失的过程，显示了它对上部荷载应力的滞后作用。

（3）反压作用。

从 216d 至填土结束这段时间，填土荷载增至 124.5kPa，沉降量 25.0cm，沉降速率达到 0.205cm/d。该阶段在路堤中心土压力增大的同时，比较平稳的路堤坡脚外侧的土压力又开始增大，说明由于软土层的压缩产生的侧向变形对其上硬壳层产生了向上的作用力，也说明了硬壳层此时在起着反压护道的作用。

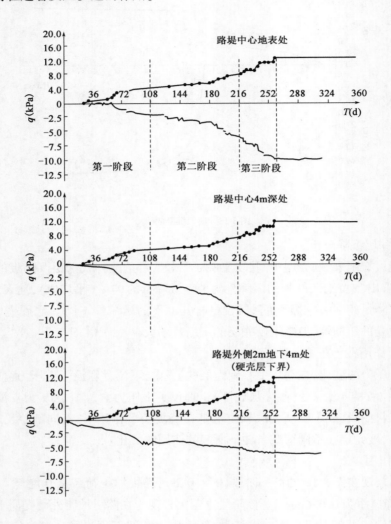

图 3-19　土压力随路堤填高的变化过程图

3.3　地基处理

3.3.1　地基处理方法

能够用于软土地基处理的方法种类很多,但有些方法并不常用(如电渗法、化学灌浆法、烧结法等),还有一些方法随着技术的发展,趋于被淘汰或被淘汰(如早期的砂井排水法、纸板排水法等)。目前,常用的软土地基处理方法根据地基处理层位可以划分为地下处理和地上处理两部分,地下处理又可以分为浅层处理和深层处理 2 种,各种地基处理方法的适用范围和工程特点也不一样,详见表 3-2。

表 3-2

常用地基处理方法、适用范围及工程特点

处理层位	方法	原理及工艺简介	适用范围	工程特点	沉降方面		控制剪切变形	稳定方面		
					加速固结沉降	减少总沉降		促进强度增长	增加滑移抗力	防止液化
软土地面以上	砂垫层	排除从软弱地基通过竖向排水体排出向排水体的孔隙水，并作为路基底面与地表面的隔离层，又兼有扩散应力的作用，还能改善软弱地基处理时机械的工作条件	广泛应用于软弱地基表层	施工简便，常与竖向排水结合使用	*			*		
	堆载预压（包括等载、超载和欠载预压）	利用天然地基土层本身的透水性质，通过一定的堆载预压荷载，使地基土中的孔隙水排出，土层充分固结和压缩，达到减少工后沉降和提高强度的目的	软黏土地基的稳定，路段	施工工艺简便，预压期长，需要两次调运部分土方	*	*		*		
	加筋路堤垫层	在土体中设置土工布、土工格栅等土工合成材料，形成加筋路堤或加筋土垫层，增大压力扩散角，提高地基承载力，减小沉降	各种软弱地基	施工工艺简便					*	
	土工泡沫塑料路堤（EPS）	EPS 的质量只有土的 1/60～1/100，并具有较高的强度和抗压缩性能。将其作为填筑料，能有效减少作用在地基上的路堤荷载，也可以置换部分地基，以减少地基的沉降	含水率大、抗剪强度低的地基	施工较复杂		*	*			
	气泡混合轻质土路堤（FCS）	FCS 最轻质量可以达到土的 1/4，作为路堤填料，能起到减少作用在地基上的荷载，能起到减少沉降的作用				* *				
	粉煤灰路堤	粉煤灰的质量约为土的 60%，作为路堤填料，能够减少作用在地基上的荷载，能起到减少沉降的作用	含水率大、抗剪强度低的地基	施工较复杂		* *				
	吹填砂路堤	将河内或海边的沉积砂砾，利用真空原理，将其与水一起抽放到路堤的设计位置，水排走后，遗留泥砂将砂成为路堤	靠河边或海边的软弱地基	路堤填筑速度快			*			

续上表

处理层位		方法	原理及工艺简介	适用范围	工程特点	加速固结沉降	减少总沉降	控制剪切变形	促进强度增长	增加滑移抗力	防止液化
	动力密实与置换	强夯与强夯置换	采用质量为10～40t的夯锤从高处自由落下,地基土在强夯的冲击力和振动力作用下密实,以提高承载力,减少沉降	碎石土、砂土和低饱和度的粉性土	施工工艺简单,快捷,费用低,对周围地基影响很大	*	*（强夯置换）				* *
		爆炸挤淤	在软土厚度为4～12m的海湾滩涂路段,利用爆炸方法将软土推向路基外,使事前堆在软土表面的块后,片石沉到设计深度。提高地基承载力,减少沉降	含水率较大、人烟稀少的海湾滩涂地段	施工工艺较简单,工期短		* * *	* * *		* * *	
浅层处理	一般处理	粒料垫层	将软弱土层的一部分或全部挖除,以压缩性小、抗剪强度高的砂、砂砾、碎石或石渣置换,并分层压实,形成双层地基。垫层可以起到扩散应力的作用使承载力提高,减少或消除沉降	厚度不大于3.0m的软弱土地基	施工工艺简便,处理深度浅		*	*		*	
		灰土垫层	将软弱土层的一部分或全部挖除,以一般比例的石灰土换填,减少或消除沉降,同时起到隔离地下水、扩散应力的作用	厚度不大于3.0m的软弱土地基	施工工艺简便,处理深度浅		*	*		*	
		挤淤置换	通过抛填块石、片石或夯击碎石垫层的方法,将淤泥挤向路基外,以达到提高地基承载力的目的	含水率较大,厚度较薄的淤泥层	施工工艺简便,但处理深度浅		*	*			
		重锤夯实	重锤夯实是利用起重机械将重锤提到一定高度,然后自由落下,利用冲击能将重锤夯击在软土表层上,将夹杂入软土表层的碎石、砾石垫层,起到置换作用,从而提高地基的承载力,并使置换层以下的连接沉降变得密实	厚度较小,且饱和度较低的软弱土	施工工艺简便,处理深度浅		*		*	*	

续上表

处理层位	方法	原理及工艺简介	适用范围	工程特点	方法效果					
					沉降方面			稳定方面		
					加速固结沉降	减少总沉降	控制剪切变形	促进强度增长	增加滑移抗力	防止液化
固结排水	袋装砂井法、塑料排水板	塑料排水板桩是用插板机将带状的塑料排水板插入软土中，塑板在地基中起竖向排水通道作用，它和地面上的砂垫层共同构成体系，通过填土荷载的预压以加速地基的固结	淤泥、淤泥质黏土、软黏土地基	施工工艺简便，快捷，施工机械轻便	＊＊			＊		
固结排水	真空预压	真空预压技术是使用专门的设备，通过抽真空在地基中产生负压，在压力差作用下，土体中的水分被排出，土体得到固结，土体强度得到提高	淤泥、淤泥质土地基	工期短，造价高，需专用设备	＊＊			＊		
固结排水	真空预压与堆载联合预压	当真空预压达不到要求的预压荷载时，可与堆载预压联合使用，其预压荷载可叠加计算	淤泥、淤泥质土地基	工期短，造价高，需专用设备	＊＊			＊		
深层处理（复合地基）	碎石桩	用振动沉管打桩机将桩管打入地下，投入碎石（砂），边振动边起拔桩管，结合反插，达到挤密桩实桩体的作用，以提高地基承载力，减少沉降量，便于就地取材，成本低	要求软土的十字板抗剪强度应大于15kPa，沉管法施工应大于10kPa	施工工艺较复杂，造价高	＊＊	＊	＊	＊＊	＊＊＊	＊＊

续上表

处理层位	方法	原理及工艺简介	适用范围	工程特点	方法效果 沉降方面 加速固结沉降	减少总沉降	控制剪切变形	稳定方面 促进强度增长	增加滑移抗力	防止液化
复合地基	砂桩(挤密砂桩)	在软黏土地基中设置密实的砂桩,以置换同体积的黏性土,同时挤密了周围的土体,形成砂桩复合地基,以提高地基承载力。同时,砂桩还可起排水作用,以加速地基固结	十字板抗剪强度不小于20kPa的软黏土地基		*		*	*	* *	*
	水泥搅拌桩(粉喷桩、浆喷桩)	利用深层搅拌机将水泥粉喷入地层一定深度并对地基土原位搅拌,形成圆柱桩体,成为复合地基,减少沉降	十字板抗剪强度不宜小于10kPa。有机质含量小于10%			* *	*	* *	* *	
	CFG桩(水泥粉煤灰碎石桩)	CFG桩是采用振动沉管设备将桩振动施压到设计高程,再将按设计配置好的水泥、粉煤灰、碎石混合料投入管中,形成桩体。利用桩侧摩擦阻力和桩端阻力,与桩间土形成复合地基,以提高地基承载力,减少沉降	地基承载力标准值>50kPa的砂性土和粉性土地基(约20kPa的十字板强度)	施工工艺较复杂,能够缩短预压期		* *	*	* *	* *	
深层处理 刚性桩	先张法预应力混凝土管桩	预先在工厂制备好一定规格的预应力管桩,用压桩机在工地采用静压的方法把桩压入地基,以达到加固地基的目的。预应力管桩具有较大的承载力				* *	*	* *	* *	
	现浇混凝土薄壁筒桩	现浇混凝土筒桩采用双层套管打入地基,在双层套管间浇筑混凝土后形成大直径的筒形桩体。其桩径一般为1.5m左右,壁厚15cm左右	适合于深厚软土地区及构筑物两头和旧路加宽处的软弱地基	施工工艺复杂,桩体强度高,工后沉降小		* *	* *	* *	* *	

注:1. "*"表示此种处理方法能起到的一般作用;
2. "**"表示此种处理方法处理能起到特别重要的作用。

内陆河湖相软弱地基中,不同类型的软土层之上都普遍存在着一个"硬壳层"。这层硬壳一般呈硬塑状,力学强度或多或少较下卧软土层为好,具有一定的压缩性。不同成因的硬壳层的工程性质不尽相同。一般来讲,由于内陆地下水位较深,地下水位以上土层在蒸发、阳光照射的长期作用下,干燥后所形成的硬壳较厚,强度也较高。而滨海沉积的软土之上的硬壳,多是受海浪岸流及潮汐的动水压力作用而形成,厚度就比较薄,并且强度也较低。再如,谷地沉积软土之上的硬壳,不但其成分复杂,厚度变化大,而且在作为浅基础持力层时若利用不当,还可能造成结构的破坏。

根据硬壳层的厚度及地质层状结构,可以将内陆河湖相软弱地基划分为薄硬壳层地基、厚硬壳层地基、夹层型地基三种典型地质结构形式,见图 3-20。针对内陆河湖相软弱地基的三种典型地质结构形式,工程中可以采用堆载预压、重锤夯实、强夯、强夯置换、加筋路堤、粒料桩等对地基进行加固处理。

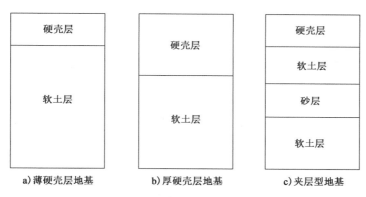

图 3-20　内陆河湖相软弱地基典型地质结构形式

3.3.2　薄硬壳层型软弱地基处理方法

该结构形式内陆河湖相软弱地基表层硬壳层较薄,一般小于 1m,其下主要以亚黏土、淤泥质亚黏土和粉土为主,呈软塑～流塑状态,土质不均匀,局部夹有粉砂。工程中,可以考虑采用重锤夯实、强夯、强夯置换等方法进行地基处理。

1）重锤夯实

重锤夯实是用起重机械将重锤提到一定高度,然后自由落下,利用冲击能重复夯击铺在软土表面的碎、砾石垫层上,将其挤入软土表层,起到置换作用。从而提高地基的承载力,并使置换层以下的连接层变得密实。施工工艺如下:

(1)施工前,应标出需进行重锤夯实的范围(路堤地段延伸至坡脚外 2m),并查明场地范围内地下构造物、管线和电线的位置及高程,采取必要的防护措施,防止由于重锤夯实施工造成损坏。

(2)正式夯实前,将原地面采用推土机、平地机或其他措施予以平整夯实,防止基底积水。对流向路基作业区的水源应在施工前予以截断,并在设计排水沟的位置开挖临时排水沟,保证施工期间的排水。在施工范围内不得堆放任何有碍于重锤夯实的物品;施工现场将原地面平整后,采用洒水车对施工场地进行洒水,挖掘机配合将原地面土刨松、翻倒,尽量使原地表土充分吸收水分,确保原地表土水分接近最优含水率;在水分被充分吸收后,再用压路机进行碾压密实。

（3）原地面碾压密实后，按照技术测量放样点位逐一进行重锤夯实。

（4）当试验段重锤夯实完后，原地面表层存在松散土，用推土机推平松散土、洒水、压路机碾压密实后，再对原地面进行相关实验检测。

（5）夯锤可采用底面圆形金属夯锤，通过试验确定夯锤提升高度和遍数，要求最后2遍夯击下沉量小于5mm。

2）强夯

强夯法是将重锤（100～400kN）从6～40m处自由落下，给地基一个强烈的冲击和振动，从而降低地基土的压缩性并提高其强度。强夯法对地基有动力密实、动力固结和动力置换的加固作用。

（1）设计要点。

①强夯法的有效加固深度应根据现场试夯或当地经验确定，在缺少试验资料或经验时，可按表3-3预估。

强夯法的有效加固深度（m） 表3-3

单击夯击能（kN·m）	碎石土、砂土等粗颗粒土	粉土、黏性土、湿陷性黄土等细颗粒土
1000	5.0～6.0	4.0～5.0
2000	6.0～7.0	5.0～6.0
3000	7.0～8.0	6.0～7.0
4000	8.0～9.0	7.0～8.0
5000	9.0～9.5	8.0～8.5
6000	9.5～10.0	8.5～9.0

注：强夯法的有效加固深度应从最初起夯面算起。

②夯点的夯击次数，应按现场试夯得到的夯击次数和夯沉量关系曲线确定，并应同时满足下列条件：

A.最后两击的平均夯沉量不宜大于下列数值：当单击夯击能小于2000kN·m时为5cm；当单击夯击能为2000～4000kN·m时为10cm；当单击夯能大于4000kN·m时为20cm。

B.夯坑周围地面不应发生过大的隆起。

C.不因夯坑过深而发生提锤困难。

③夯击遍数应根据地基土的性质确定，可采用点夯2～3遍，对于渗透性较差的细颗粒土，必要时夯击遍数可适当增加。最后再以低能量满夯2遍，满夯可采用轻锤或低落距锤多次夯击，锤印搭接。

④两遍夯击之间应有一定的时间间隔，间隔时间取决于土中超静孔隙水压力的消散时间。当缺少实测资料时，可根据地基土的渗透性确定，对于渗透性较差的黏性土地基，间隔时间不应少于3～4周；对于粉性土不应少于1～2周，对于渗透性好的地基可少于3d。

⑤夯击点位置可根据基底平面形状，采用等边三角形、等腰三角形或正方形布置。第一遍夯击点间距可取夯锤直径的2.5～3.5倍，第二遍夯击点位于第一遍夯击点之间。以后各遍夯击点间距可适当减小。对处理深度较深或单击夯击能较大的工程，第一遍夯击点间距

宜适当增大。

⑥根据初步确定的强夯参数(单点夯能、夯点布置、间隔时间、夯击遍数等),提出强夯试验方案,进行现场试夯。应根据不同土质条件待试夯结束一至数周后,对试夯场地进行检测,并与夯前测试数据进行对比,检验强夯效果,确定工程采用的各项强夯参数。

(2)施工工艺。

①试夯。

施工前选取一个或几个试验区进行试夯,确定工程采用的各项强夯参数,检验加固效果。

②清理并平整施工场地,铺设垫层。

铺垫层的目的是加大地下水与表层面的距离,以保证夯击效果。垫层选用砂砾石或碎石土等透水性较好的材料,其厚度应根据地质情况确定,一般 50~100cm。

③夯点放线。

用石灰或木桩标明第一遍夯点的位置,并测量地面高程。

④施工机械就位,进行第一遍强夯。

将夯锤起吊至预定高度,脱钩,锤自由下落。放下吊钩,测量锤顶倾斜,如锤顶歪斜时,应及时将坑底整平。之后移动位置。进行下一个夯点的夯击,直至完成第一遍全部夯击。夯点的夯击次数,应按现场试夯得到的夯击次数和夯沉量关系曲线确定。

⑤间歇一段时间,进行第二遍夯,第三遍夯。

夯击遍数应根据地基土的性质确定,可采用点夯 2~3 遍,对于渗透性较差的细颗粒土,必要时夯击遍数可适当增加。最后进行满夯,满夯可采用轻锤或低落距锤多次夯击,锤印搭接。

两遍夯击之间应有一定的时间间隔,间隔时间取决于土中超静孔隙水压力的消散时间。当缺少实测资料时,可根据地基土的渗透性确定,对于渗透性较差的黏性土地基,间隔时间不应少于 3~4 周;对于渗透性好的地基可连续夯击。

⑥用推土机将夯坑填平,测量夯后地面高程。

(3)施工注意事项。

①软土采用强夯,常在夯击地面上铺设 1~2m 的砂砾碎石层,有时还采用竖向排水体处理地基,其目的主要是加速软土地基孔隙水的排出。

②由轻到重、少击多遍,逐渐加荷。土体逐级夯实,强度逐渐提高后,再施加高能夯击,坑周土体就不会破坏,从而防止土体液化与出现橡皮土,少击多遍也正是体现由轻到重逐级加载的原则。

③夯锤必须设 20~35cm 的排气孔,避免产生"气垫效应"和"真空效应"。

④夯锤必须平稳自由落下,若倾斜下落或坑底面倾斜,能量损耗大,且夯击中心易改变,影响工程质量。

⑤满夯时,能量不宜过大,一般加固深度达 3m 即可。夯印彼此搭接,不留空当,否则局部地段得不到加固,会出现死角。

(4)质量检验。

强夯施工结束应间隔一定时间才能对地基加固质量进行检验,对于软黏土一般间隔 3~

4 周。质量检验可采用标准贯入、静力触探及瑞利波和分层静载试验,以确定地基承载力,夯实均匀性及强夯加固深度。也可通过钻孔取样进行室内土工试验,求得 c、φ、E_s、e、γ、w 等。对于一般工程,可采用两种或两种以上的方法进行检验。此外,质量检验还包括检查施工过程中的各项测试数据和施工记录,凡不符合设计要求时,应补夯或采取其他有效措施。

3)强夯置换

强夯置换是指强夯时在夯锤冲击形成的夯坑中边夯边填碎石、片石等粗颗粒材料置换原地基土,在地基中形成大直径的粒料桩,桩与周围土体形成复合地基。同时,强夯置换粒料柱还可作为下卧软土层的良好排水通道,具有加速软土排水固结的作用。

(1)设计要点。

①强夯置换墩的深度由土质条件决定,除厚层饱和粉土外,应穿透软土层,到达较硬土层上,深度不宜超过7m。

②墩体材料可采用级配良好的块石、碎石、矿渣、建筑垃圾等坚硬粗颗粒材料,粒径大于300mm的颗粒含量不宜超过全重的30%。

③夯点的夯击次数应通过现场试夯确定,且应同时满足下列条件:

A. 墩底穿透软弱土层,且达到设计墩长。

B. 累计夯沉量为设计墩长的1.5~2.0倍。

C. 最后两击的平均夯沉量不宜大于下列数值:当单击夯击能小于2000kN·m时为5cm;当单击夯击能为2000~4000kN·m时为10cm;当单击夯能大于4000kN·m时为20cm。

④墩位布置宜采用等边三角形或正方形。墩间距应根据荷载大小和原土的承载力选定,当满堂布置时可取夯锤直径的2~3倍。对独立基础或条形基础可取夯锤直径的1.5~2.0倍。墩的计算直径可取夯锤直径的1.1~1.2倍。

⑤墩顶应铺设一层厚度不小于500mm的压实垫层,垫层材料可与墩体相同,粒径不宜大于100mm。

(2)施工工艺。

①清表后,在施夯的场地上先铺设0.5m厚的砂砾垫层。

②夯孔的施打宜采用隔孔分序跳打的方式,以圆柱形夯锤按夯点布置和顺序夯击,每遍夯坑深度一般控制在1.5~2.0m。第一遍夯击至控制深度2.0m后,在夯坑内充填石料,石料最大粒径小于30cm。

③将夯坑填满后再进行第二遍夯击,在夯坑深度又达到2.0m时,再充填石料至地面,然后进行第三遍夯击,将夯坑击至1m左右深度后,再用石料填平至地面高度后振动碾压三遍。

④夯击时,第一、二遍每夯点夯击次数根据试夯资料来确定,每遍夯3~6击左右,第三遍夯击3击,并以最后一击夯沉量不超过5cm为控制值。

(3)施工注意事项。

①强夯施工告一段落或全部结束后,应间隔一定时间方能对地基进行检测。根据超孔隙水压力消散情况决定检测时间,对粉土和黏性土地基,可取2~4周。

②场地周围如有建筑物,为避免振动对建筑物的影响,应根据试夯时的测振数据和建筑物的抗振性能,确定强夯施工安全距离。

③加固区应设置临时排水设施,保持场地不积水。

(4)质量检验。

强夯置换法检测项目除进行现场荷载试验检测承载力和变形模量外,尚应采用超重型或重型动力触探等方法,检查置换墩着底情况及承载力与密度随深度的变化。确定软黏性土中强夯置换墩地基承载力标准值时,可只考虑墩体,不考虑墩间土的作用,其承载力应通过现场单墩荷载试验确定,对饱和粉土地基可按复合地基考虑,其承载力可通过现场单墩复合地基荷载试验确定。

3.3.3　厚硬壳层型软弱地基处理方法

1)堆载预压法

硬壳层具有支撑作用、应力滞后作用和反压护道作用。当软弱地基硬壳层厚时,由于硬壳层的强度较高,可以充分利用硬壳层,在硬壳层上铺垫层,加大应力的扩散作用,以减小沉降,而不是采取破坏硬壳层的其他地基处理措施。硬壳层的应力扩散作用的大小,可以与其上路堤的极限高度相联系而定量化,当路堤填高超过极限高度 1m 时,硬壳层不再起到应力扩散作用,这时用超载预压的方法加速地基的沉降具有明显的效果。因此,对厚硬壳层内陆河湖相软弱地基采用堆载预压处理是一种行之有效的方法,可以大规模节省地基处理费用。

公路路基堆载预压是利用天然地基土层本身的透水性质,通过一定的堆载预压荷载,使地基土中的孔隙水排出,土层充分固结和压缩,在荷载长期作用下使地基处于固结状态,以消除主固结沉降,降低次固结沉降,达到减少工后沉降和不均匀沉降的目的。

公路路基工程的堆载预压法,按荷载的大小分为欠载预压、等载预压和超载预压三种形式(图 3-21)。

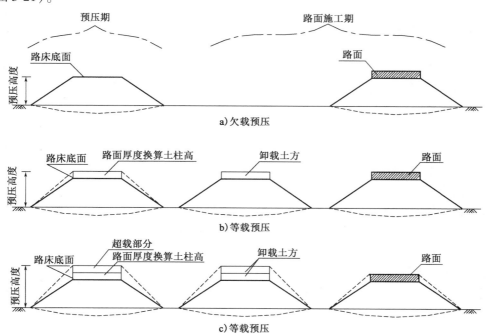

图 3-21　欠载预压、等载预压和超载预压的预压高度示意图

（1）欠载预压高度 = 路床底面以下的路堤高度 + 预压期沉降。

（2）等载预压高度 = 路床底面以下的路堤高度 + 设计路面结构混合料换算土柱高 + 预压期沉降。

（3）超载预压高度 = 路床底面以下的路堤高度 + 设计路面结构混合料换算土柱高 + 预压期沉降 + 超载部分高度。

欠载预压适用于计算沉降量很小的软土路段或对沉降要求不高的低等级道路,欠载预压的优点是施工相对简单,省去了卸载、挖路槽的工艺,同时节省了填土土方;等载预压适用于一般路段;超载预压可作为缩短预压期的措施,用于对工后沉降要求较严格的桥头路段。

2）加筋路堤

当路堤的稳定性不足时,可通过在路堤适当位置增加加筋材料,以提高路堤的稳定性。加筋材料可以是天然植物(如竹筋)、钢筋混凝土、土工合成材料等能承受抗拉能力的材料,目前土工合成材料用于加筋路堤较为普遍。土工合成材料通常是指由人工合成的聚合物(如塑料、化纤、合成橡胶等)为原料制成的、用于各类土工设施中以起到加强和保护作用的材料的总称。土工合成材料可分为土工织物、土工膜、特种土工合成材料和复合型土工合成材料。

在加筋土地基中,通常是在软弱土地基的浅部以及路堤的底面铺设抗拉强度较高、延伸率较低、刚度较大的土工合成材料,并在其上、下面填充砂石等,形成加筋垫层,有时还配合碎石桩、水泥混凝土桩、粉喷桩等,形成桩承式水平加筋复合地基。在加筋土复合地基中,加筋体主要处于受拉状态,在产生拉伸应力的同时,对土体产生一个侧向约束作用,它可提高地基的抗剪强度,改善软基上部的位移场和应力场,使应力分布均匀,从而提高地基承载力和稳定性,减小不均匀沉降。

（1）加筋路堤设计步骤。

①根据工程所要求的材料应满足的工程特性及强度指标(比如抗拉强度、刺破强度、顶破强度、握持强度等)选择加筋材料类型、规格和铺设方式。

②根据工程要求,初步拟订加筋层间距和层数。

③验算加筋地基及加筋路堤稳定性,求得稳定系数最小值;如满足要求,则直接进行第(5)步,否则调整铺设方式、加筋层间距、层数,重新选定加筋材料,再计算,直至稳定系数最小值达到规范的要求为止。

④加筋锚固长度及总长度设计计算。

⑤视地基情况验算加筋地基平面滑动稳定性,如满足要求进行下一步,否则调整处治方案(如对地基进行处理、更换路堤填料等),再重新计算。

⑥完善加筋地基与加筋路堤排水及边坡防护等有关设计。

（2）加筋路堤材料及设计参数要求。

当土工合成材料单纯用于加筋目的时,宜选择强度高、变形小、糙度大的土工合成材料(如土工格栅与编织土工布),目前一些新型材料(如:土工格室、土工垫、复合土工带等)也有用于加筋路堤。所选用的土工合成材料,应具有足够的抗拉强度;对土工织物,还应具有较高的刺破强度、顶破强度和握持强度等。材料的纵向或抗拉强度高的方向应垂直于公路的中线(或主要抗滑方向)铺设,加筋材料应尽可能设置在路堤底部。对土工合成材料加筋的路堤,当原地基的承载力不足时,应采取适当的措施进行处治,以确保路堤的整体稳定。在软土地基上,加筋路堤的边坡坡度与一般的填土路堤边坡坡度相同,否则按加筋土挡墙设计。

　　加筋垫层及路堤填料除应满足相关规范的要求外,还应注意选择易于压实,能与土工合成材料产生良好摩擦的土料。填料的设计参数主要有 c、φ、γ 值,填土重度 γ 值一般由设计拟订,土体的强度参数 c、φ 值随土料不同而不同。因此,一般情况下应由试验确定,且采用何种强度参数,应视路堤的工作状态和排水条件而定;当无试验条件时,其强度指标的取值可采用经验值,经验值的选取应根据相关或相似工程经分析取用。

　　(3)加筋路堤的稳定性计算。

　　土工合成材料加筋路堤的稳定性包括地基与堤身的整体稳定性、堤身稳定性、平面滑动稳定性。

　　加筋路堤的整体稳定性验算方法大多是在条分法的基础上派生来的,由于条分法有多种计算模式,使得加筋路堤的稳定计算也就有多种模式。不同领域、不同部门,根据不同的工程实际情况和工程经验,采取了不同分析计算方法。《公路工程土工合成材料应用技术规范》(JTJ/T 019—1998)为与公路有关规范相配合和相适应,采取瑞典条分法计算,其在计算时假设若干个穿越地基土的滑弧,以求得安全系数最小值和相应的临界滑动面。

　　①加筋路堤整体稳定性计算。

$$F_{\mathrm{B}} = \frac{\sum\limits_{i=1}^{n}(W_i\cos\theta_i\tan\varphi_{qi} + c_{qi}\Delta l_i)R + \sum\limits_{j=1}^{m}T_{\mathrm{GC}j}y_j}{\sum\limits_{i=1}^{n}(W_i\sin\theta_i)R + \sum\limits_{i=1}^{n}Q_iy_{\mathrm{Q}i}} \tag{3-1}$$

式中:W_i——第 i 土条土重(kN/m);

　c_{qi}、φ_{qi}——土条 i 条底土体黏聚力(kPa)和内摩擦角(°),由直剪快剪试验确定;

　　$T_{\mathrm{GC}j}$——第 j 层土工合成材料设计抗拉强度(kN/m);

　　Q_i——第 i 土条所受地震水平力(kN/m),按《公路工程抗震设计规范》计算;

　　$y_{\mathrm{Q}i}$——第 i 土条底部距滑弧圆心的垂直高度;

　　y_j——第 j 层土工合成材料距滑弧圆心的垂直高度。

其余符号意义如图 3-22 所示。

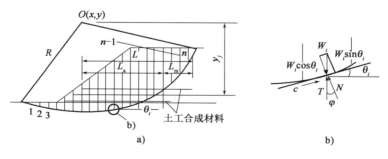

图 3-22　加筋材料稳定性计算图示

②加筋路堤的堤身稳定性,采用圆弧条分法按式(3-1)计算,此时不考虑地震力;在计算时,应在堤身范围内假定不同的滑弧,求得安全系数的最小值和相应的临界滑动面。

③薄层软土地基上加筋路堤稳定性分析。

当堤下地基是浅层软弱土层或相对于路堤荷载浅层地基土强度较低时,应验算加筋路堤的平面滑动稳定性。加筋路堤平面滑动表面为路堤与地基沿下卧硬土层顶面滑动和地基侧向挤出滑动。

A. 沿下卧硬土层顶面滑动的稳定性计算。

沿下卧硬土层顶面滑动的稳定性计算采用式(3-2),其相应的计算图式如图3-23所示。在计算中应假定 d、c 点位于堤脚线处,变换 ab 线位置形成不同的滑动面,求出安全系数 F_{pl} 的最小值。

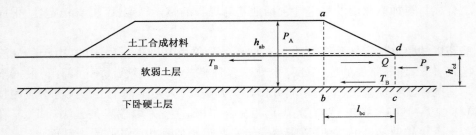

图 3-23   沿下卧硬土层顶面滑动破坏计算图示

$$F_{pl} = \frac{P_p + T_B + T_{GC}}{P_A + Q} \tag{3-2}$$

式中: $P_A = 0.5h_{ab}^2 k_a \overline{\gamma_A}$;

$P_p = 0.5k_0 h_{cd}^2 \overline{\gamma_p}$;

$T_B = \overline{c_{qB}} l_{bc} + W \cdot \tan \overline{\varphi_{qB}}$;

P_A ——ab 面上的主动土压力,kN/m;

P_P ——ab 面上的被动土压力,kN/m,计算时采用静止土压力代替;

T_B ——硬土层顶面的抗滑力,kN/m;

Q ——作用于土体 $abcd$ 上的地震水平力,kN/m,按《公路工程抗震设计规范》计算;

k_a ——ab 面左侧土体的主动土压力系数, $k_a = \tan^2(45° - \overline{\varphi_{qA}}/2)$;

k_0 ——cd 面右侧土体的静止土压力系数;

$\overline{\gamma_A}, \overline{\varphi_{qA}}$ ——ab 面左侧土体的重度和内摩擦角,当为多层土层时取为加权平均值;

$\overline{\gamma_p}$ ——cd 面右侧土体的重度;

$\overline{c_{qB}}, \overline{\varphi_{qB}}$ ——与下卧硬层相邻的软弱土层的黏聚力和内摩擦角,当 b、c 两点间含多种土时取为加权平均值;

l_{bc} ——b、c 两点的距离;

W ——$abcd$ 土体的重力,kN/m。

B. 地基土侧向挤出滑动稳定性计算。

地基土侧向挤出滑动的稳定性计算采用式(3-3),其相应的计算图示如图3-24所示。

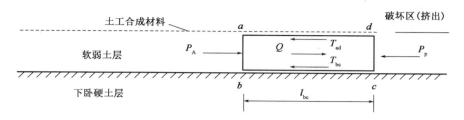

图 3-24　地基侧向基础滑动破坏计算图示

计算中假定 $abcd$ 土体不同位置以及不同的 b、c 两点距离值,求出安全系数 F_{p2} 的最小值。

$$F_{p2} = \frac{P_p + T_{ad} + T_{bc}}{P_A + Q}　　　　　　(3-3)$$

式中:$T_{ad} = l_{bc}(\overline{c_{GS}} + \sigma_{v1}\tan\overline{\varphi_{GS}})$;

$\qquad T_{bc} = l_{bc}(\overline{c_q} + \sigma_{v2}\tan\overline{\varphi_q})$;

T_{ad}、T_{bc}——土体 $abcd$ 上 ad、bc 面上的滑动力。

3)切断硬壳层方案

切断硬壳层方案是出于以下考虑:由于硬壳层具有应力滞后效应,导致填土初期沉降缓慢。假如在路堤施工前,先在两侧开挖边沟,目的在于切断或部分切断硬壳层,之后开始填土。这样,填土初期失去硬壳层支撑作用,荷载直接传到软土层上,使沉降速度加快。当填至一定高度时,回填边沟并夯实,目的在于逐渐恢复硬壳层(硬壳层强度的恢复需要一个过程)。由于此时路堤荷载已超过硬壳层的支撑力,所以此时沉降按正常速度进行。

(1)基本原理与工艺步骤。

施工工艺过程可分为 4 个阶段(图 3-25):

①第一阶段,切断硬壳层。在路堤两侧挖较深的边沟,边沟宽 $0.8 \sim 1m$,深 $1.5 \sim 2.0m$ [图 3-25a)]。

②第二阶段,开始填路基土,填土高度 = 路床高 + 预压期沉降厚度,进行预压,直至预压期的时间结束,并进行沉降观测[图 3-25b)]。

③第三阶段,回填边沟或掺石灰土处理,并且夯实,直至原地面[图 3-25c)]。

④第四阶段,继续路面的施工[图 3-25d)]。

(2)实施要点。

①开挖边沟的深度,是实施该方案的关键,过浅则不起作用,过深则施工难度大且影响路堤稳定性。该方案的实施必须要在已进行稳定验算的前提下进行,开挖边沟后,极限填土高度必然要降低,要经过计算确定下切深度及相应的极限高度值。一般开挖深度取 $1.5 \sim 2.0m$。

②实施该方案必须配合严格的观测工作,以确保稳定的万无一失。

③该方案应包含硬壳层的"被切断"和"恢复"这两个过程。如果没有后一个过程,其结果将只是加了总沉降,而没有达到减小工后沉降的目的。当然,硬壳层实际恢复的效果,还应通过实测资料来说明。

④回填边沟恢复硬壳层时,应注意夯实,以达到逐渐恢复硬壳层的支撑力。

⑤在桥头位置实施该方案时还可以考虑3个方向开挖边沟,以加强效果。

"切断"方案的优点是显而易见的,它既不需要预压土方,又不需要卸载土方。不仅可以作为防止桥头跳车的措施,也可以作为深层软土处理的一种方法。由于深层软土上部硬壳层较厚,如果采用砂井类的处理方法,不仅成本高,而且处理效果也不一定好,在路堤两侧挖一定深度的沟,不仅是对硬壳层的切断,而且在一定程度上缩短了排水距离,有利于加速固结沉降。"切断"方案与超载方案类似,但其成本之低,是后者无法达到的。

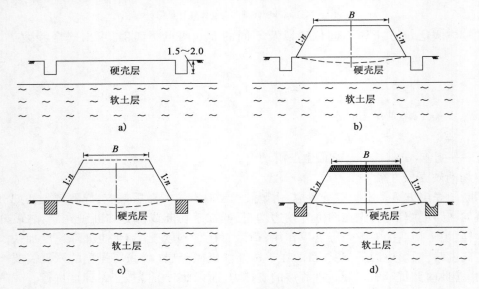

图 3-25 切断硬壳层方案施工工艺示意图(尺寸单位:m)

3.3.4 夹层型软弱地基处理方法

该结构形式内陆河湖相软弱地基呈互层状,具层理。表层硬壳层较薄,其下分布有软塑～流塑状的亚黏土、淤泥质亚黏土和粉土层,接着分布有粉砂或砂土夹层,夹层下又分布有淤泥质亚黏土和粉土层。各地质层分布不均匀,局部砂粒含量较大。由于地基软土层多层分布且不均匀,工程中可以考虑采用粒料桩等深层地基处理方法进行处理。

粒料桩是指在软弱地基中,通过专用的机械将碎石、砂砾、废渣、砂等散体材料制成密实的桩体,从而对软弱地基进行加固的方法。设置粒料桩后桩体与桩间土形成复合地基,粒料桩对地基土起置换作用、竖向排水体作用及应力集中作用,但不考虑它对地基土的挤密作用。

1)设计要点

(1)粒料桩的长度、直径、间距应根据稳定、沉降计算结果确定,桩长一般不大于20m。当相对硬层埋深不大时,桩长应达到相对硬层。内陆河湖相软弱地基处理的粒料桩采用振动沉管法施工,其桩径一般采用0.5m,桩间距可采用1.2～1.8m。相邻桩的间距不应大于4倍的桩径。

(2)粒料桩宜就地取材,所用粒料宜有一定的级配,不应使用单一尺寸的粒料。用于一般软土地基的粒料桩,粒料最大粒径不宜大于50mm。用于十字板抗剪强度低于20kPa的软土地基,粒料最大粒径不应大于 100mm,其中粒径为 50 ~ 100mm 的粒料质量应占粒料总质量的 50% ~ 60%。粒料的含泥量不应大于 5%。

(3)设有粒料桩的复合地基的路堤整体抗剪稳定安全系数计算时,复合地基内滑动面上的抗剪强度采用复合地基抗剪强度 τ_{ps},该强度按下式计算:

$$\tau_{ps} = m\tau_p + (1 - m)\tau_s \tag{3-4}$$

式中:τ_p——桩体部分的抗剪强度,$\tau_p = \sigma cosatan\varphi_c$;

$\qquad \sigma$——滑动面处桩体的竖向应力;

$\qquad \varphi_c$——粒料桩的内摩擦角,桩料为碎石时可取 38°,桩料为砂砾时可取 35°,桩料为砂时可取 28°;

$\qquad \tau_s$——地基土的抗剪强度;

$\qquad m$——桩对土的置换率。

(4)粒料桩桩长深度内地基的沉降 S_z 按式(3-5)折减:

$$S_z = \mu_s S \tag{3-5}$$

式中:μ_s——桩间土应力折减系数,$\mu_s = 1/[1 + (n - 1)]$;

$\qquad n$——桩土应力比;粒料桩与桩间土应力比 n 宜用当地或类似试验工程的试验资料确定。无资料时,n 可取 2 ~ 5,当桩底土质好、桩间土质差时取高值,否则取低值。

$\qquad S$——粒料桩桩长深度内原地基的沉降。

(5)在需要计算粒料桩的复合地基承载力标准值时,粒料桩复合地基承载力标准值应通过现场复合地基荷载试验确定,初步设计时也可用单桩和处理后桩间土承载力标准值按下式估算:

$$f_{spk} = mf_{pk} + (1 - m)f_{sk} \tag{3-6}$$

$$m = D^2/d_e^2 \tag{3-7}$$

式中:f_{spk}——复合地基承载力标准值,kPa;

$\qquad f_{pk}$——桩体承载力标准值,kPa,宜通过单桩载荷试验确定;

$\qquad f_{sk}$——处理后桩间土承载力标准值,kPa,宜按当地经验取值,如无经验时,可取天然地基承载力标准值;

$\qquad m$——桩土面积置换率;

$\qquad D$——桩身平均直径,m;

$\qquad d_e$——单根桩分担的处理地基面积的等效圆直径;等边三角形布桩 $d_e = 1.05s$;正方形布桩 $d_e = 1.13s$;矩形布桩 $d_e = 1.13\sqrt{s_1 s_2}$;s、s_1、s_2 分别为桩间距、纵向间距和横向间距。

对小型工程的黏性土地基,如无现场荷载试验资料,初步设计时复合地基的承载力标准值也可按下式估算:

$$f_{spk} = [1 + m(n - 1)]f_{sk} \tag{3-8}$$

式中:n——桩土应力比。

2)施工机械

振动沉管法施工的主要机械设备为振动打桩机和钢桩管振孔器,常用振动打桩机的主要技术参数见表 3-4。

振动打桩机主要技术参数　　　　　　　　　　表 3-4

型　　号	技　术　参　数		
	激振力(kN)	桩孔直径(cm)	最大深度(m)
ZJ40	230～260	35～40	18
ZJ60	280～345	40～50	25
DZ25	550	40～50	25

3)施工流程及工艺

振动沉管法施工流程如下:打桩机进场→振孔器就位→振动挤土成孔→提起振孔器倒入填料→振捣→再提振孔器倒入填料→再振捣→制桩至孔口→打桩机移位。

填料制桩工艺有一次拔管成桩法、逐步拔管成桩法、重复压管成桩法。以上工艺视桩孔深度、质量、技术要求而定,一般多采用逐步(每隔固定深度)拔管成桩。

(1)一次拔管成桩法。

①桩管垂直就位,桩靴闭合。

②将桩管沉入土层中到设计深度。

③将料斗插入桩管,向管内投料。

④边振动边拔出桩管到地面。

(2)逐步拔管成桩法。

①桩管垂直就位,桩靴闭合。

②将桩管沉入土层中到设计深度。

③将料斗插入桩管,向管内投料。

④边振动边拔起桩管,每拔起一定长度,停拔继续振动若干秒,如此反复进行,直至桩管拔出地面。

(3)重复压管成桩法。

①桩管垂直就位,桩靴闭合。

②将桩管沉入土层中到设计深度。

③将料斗插入桩管,向管内投料。

④按规定的拔起高度拔起桩管,同时向管内送入压缩空气,使粒料排出在桩孔内。

⑤按规定的压下高度向下压桩管,将落入桩孔内的粒料压实。

重复(3)～(5)工序直至桩管拔出地面。

桩管每次拔起和压下高度,应通过试桩试验确定。

4)施工质量控制

粒料桩施工过程中,应采取以下措施进行施工质量控制:

(1)打桩机机架应稳固可靠,套管上下移动的导轨应垂直,应采用经纬仪校准其垂直度。

(2)在套管上画出明显的标线,控制成桩深度。

(3)施工长桩时,加料斗提升过程中一般需要两人从两侧牵引料斗的缆绳,以免料斗侧翻、撒料。

(4)需要留振时,留振时间一般为 10～20s。

(5)拔管速度一般控制在 1.5～3.0m/min。

(6)振孔器密实电流一般为80A。

《公路软土地基路堤设计与施工技术细则》(JTG/T D31-02—2013)中提出的粒料桩施工质量标准如表3-5所示。

粒料桩施工质量标准　表3-5

项　次	项　目	单　位	规定值或允许偏差	检查方法和频率
1	桩距	mm	±150	抽检2%
2	桩径	mm	不小于设计值	抽检2%
3	桩长	cm	不小于设计值	查施工记录并结合重型动力触探检查
4	垂直度	%	1.5	查施工记录
5	填料量	m³	不小于设计值	查施工记录

3.3.5　工程实例分析

1)工程地质概况

察尔汗—格尔木公路是国道215线(柳格公路)的重要组成部分,青海省"两横三纵三条路"公路主骨架网国道215线的组成部分。察格高速公路部分路段位于察尔汗盐湖地区,察尔汗盐湖为内陆封闭高浓度现代湖盆,属于典型的大陆性气候,表现为多风、干燥少雨、温差大等特点。多数湖面受强烈蒸发作用结晶成干硬盐壳,仅有部分区域有高矿化度水滞留成湖。干涸盐湖区域地表盐壳厚0.2~0.6m,盐壳以下为结晶盐粒,结构松散,再往下逐渐胶结紧密。盐晶空隙之间全部充满卤水,水位距地表2~5m,盐层厚度自湖心向南北两端逐渐变薄,厚度10~18m,最厚23.5m,部分地段岩盐层最厚达17.7m。岩盐遇淡水或低矿化度水极易溶解,会导致地基沉陷,工程病害较为突出。

察尔汗—格尔木公路强夯置换处理路段主要位于K603+061.708~K617+830段,处理路段填土高度在2.5~3.3m,平均填土高度2.9m。该路段地貌类型为湖积平原,地势平坦;地层土质主要为粉土,天然含水率18.6%~25.7%,天然孔隙比为0.805~1.380,属于典型的盐渍化软弱土(其他指标见表3-6)。

强夯置换法处理路段盐渍化软土的主要物理力学性质指标　表3-6

统计项目	天然含水率	重度(g/cm³)		天然孔隙比	饱和度	液限	塑性指数	液性指数	压缩性		快剪	
		天然	干燥						压缩系数	压缩模量	黏聚力	内摩擦角
											76g锥稠度	
	w	ρ	ρ_d	e	S_r	w_L	I_p	I_L	$a_{0.1\sim0.3}$	$E_{s0.1\sim0.3}$	(kPa)	(°)
最大值	25.7	18.0	14.9	1.380	69.5	29.5	20.7	0.98	0.58	12.9	15.2	22.1
最小值	18.6	14.1	11.3	0.805	46.1	22.6	5.90	0.12	0.15	4.10	1.4	11.0
平均值	22.1	15.9	13.1	1.071	56.3	25.9	8.18	0.43	0.33	6.86	10.53	17.65

2)处理方案

根据察尔汗盐湖—格尔木高速公路K603+061.708~K617+830路段盐渍化软基地质分层情况,该路段为薄硬壳层型内陆河湖相软弱地基,采用强夯置换方案处理。强夯置换夯锤直径为2.3m,墩位布置采用正方形,置换墩中心间距为5m,单击夯击能为2000kN·m。

强夯置换处理如图 3-26 所示。

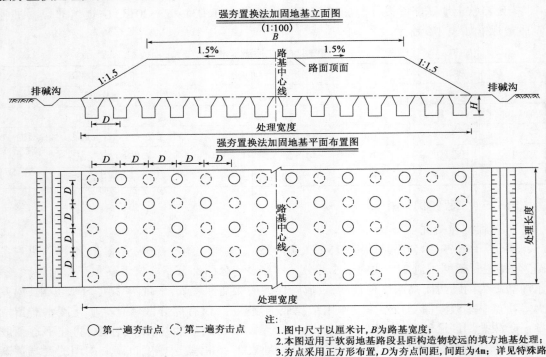

图 3-26 强夯置换处理图

施工工艺如下：

（1）清表后，在施夯的场地上先铺设 0.5m 厚的砂砾垫层。

（2）夯孔的施打宜采用隔孔分序跳打的方式，以圆柱形夯锤，按夯点布置和顺序夯击，每遍夯坑深度一般控制在 1.5～2.0m。第一遍夯击至控制深度 2.0m 后，在夯坑内充填石料，石料最大粒径小于 30cm。

（3）将夯坑填满后再进行第二遍夯击，在夯坑深度又达到 2.0m 时，再充填石料至地面，然后进行第三遍夯击，将夯坑击至 1m 左右深度后，再用石料填平至地面高度后振动碾压三遍。

（4）夯击时，第一、二遍每夯点夯击次数根据试夯资料来确定，每遍夯 3～6 击左右，第三遍夯击 3 击，并以最后一击夯沉量不超过 5cm 为控制值。

3）地基承载力检测

设计要求强夯置换单墩承载力特征值为 300kPa，按压力计算单墩承载力特征值 $R_a = 150kN$；复合地基承载力特征值 $f_{spk} = 150kPa$。对强夯置换后的复合地基分别进行单墩荷载试验和墩间土荷载试验，荷载试验 Q-s 曲线与 s-lg$t$ 曲线见图 3-27 和图 3-28。

由图 3-27 可见，当加第一级荷载 37.5kN 后，相应沉降量为 0.28mm，Q-s 曲线开始进入曲线段；继续加载至 75kN 时，曲线出现拐点，相应沉降量为 1.17mm，此时 s-lg$t$ 曲线没有出现倾斜；当由 112.5kN 加载至 150kN 时，各级荷载间的沉降差分别为 3.67mm、2.34mm，s-lg$t$ 曲线较平直，没有显著变化；当由 187.5kN 加载至 262.5kN 时，各级荷载间的沉降差分别为 3.21mm、3.31mm、3.04mm，s-lg$t$ 曲线稍微倾斜，但幅度并不是很大；从 Q-s 曲线可以看出，从

112.5～262.5kN 时,图形接近于直线,表明随着荷载的增大,沉降量也随着增大,可能是由于墩体的密实度不均匀造成的;由 Q-s 曲线可知,单墩竖向极限承载力为 300kN,则单墩竖向承载力特征值为 150kN,相应沉降量为 18.9mm,满足设计要求。

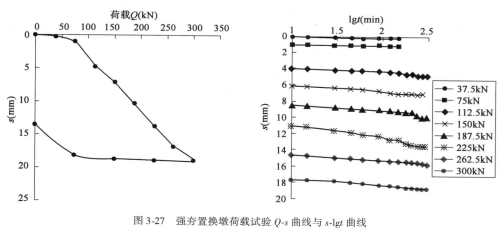

图 3-27　强夯置换墩荷载试验 Q-s 曲线与 s-lgt 曲线

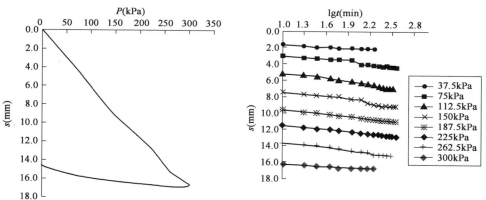

图 3-28　强夯置换墩间土荷载试验 p-s 曲线与 s-lgt 曲线

由图 3-28 可见,强夯置换墩间土荷载试验 p-s 曲线没有明显的拐点和比例界限点,荷载试验最大加荷值为 300kPa,相应沉降量为 16.74mm,s-lgt 曲线都较平直,没有显著变化,没有反映复合地基破坏的明显陡降段发生。根据《建筑地基基础设计规范》(GB 50007—2002)中规定,取 $s/D = 0.01～0.015$,由于此路段地基是以砂性土为主,故取 $s/D = 0.01$ 所对应荷载值,则强夯置换墩间土的地基承载力特征值为 129.9kPa。

复合地基承载力特征值按式(3-9)计算:

$$f_{spk} = mf_{pk} + (1 - m)f_{sk} \tag{3-9}$$

式中:f_{spk}——复合地基承载力特征值,kN;

f_{pk}——桩体承载力特征值,kN;

f_{sk}——处理后桩间土承载力特征值,kN;

m——桩土面积置换率;此处 $m = 0.17$。

经过计算,复合地基承载力特征值为 158.8kPa,满足设计要求。

4) 动力触探检测

选取 K606 +950 ~ K612 +550 路段四处强夯置换墩进行重型动力触探检测(图 3-29 ~ 图 3-32)。进行动力触探检测的目的主要有两个:一是为了研究强夯置换墩施工过程中对原地基土体的影响;二是为了检测强夯置换墩的密实度。另外,为了比较不同置换深度的砾石墩的加固效果,对强夯置换深度为 1.0m、1.2m、1.5m、2.0m 四种不同深度的动力触探结果进行对比分析,试验曲线如图 3-33 所示。

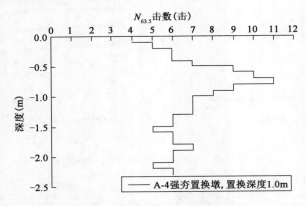

图 3-29 K610 +500 断面强夯置换墩动力触探曲线

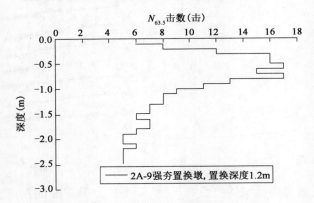

图 3-30 K607 +720 断面强夯置换墩动力触探曲线

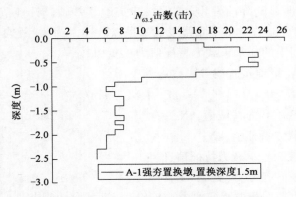

图 3-31 K606 +950 断面强夯置换墩动力触探曲线

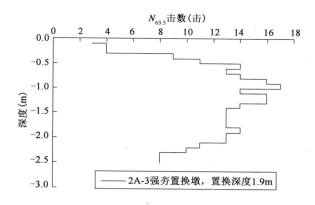

图 3-32 K612 + 550 断面强夯置换墩动力触探曲线

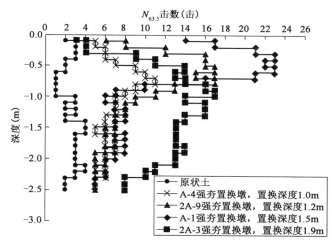

图 3-33 不同深度强夯置换墩 $N_{63.5}$ 击数对比

由图 3-29 ~ 图 3-33 可以看出:

(1)由 $N_{63.5}$ 重型动力触探试验的触探整体击数来看,地面经强夯置换后在地面以下 0.5 ~ 1.0m 范围内形成硬层,置换深度越深,形成的硬层强度就越强,从图中可以看出,置换深度 1.0m 的砾石墩形成的硬层强度小于置换深度 1.2m 和置换深度 1.5m 的砾石墩形成的硬层强度,置换深度 1.0m 的砾石墩在此时的平均动力触探锤击数为 8,而置换深度 1.5m 的砾石墩在此时的平均动力触探锤击数为 21。置换深度为 0.8 ~ 1.5m 之间的强夯砾石墩对墩底土的强度影响基本一致,墩底土的贯入度一般为 1.25 ~ 2cm/击之间。

(2)强夯置换墩在不同深度处的锤击数差异较大。从地表往下 0.5m 范围内,锤击数较少,表示砾石墩比较松散,承载力较低,贯入度一般为 1.7 ~ 3.3cm/击,这是因为表层土体比较松散,对墩体产生的侧向约束能力较小,也可能是由于夯击锤在表层夯击至使表层砾石松散;随着深度加深,锤击数逐渐增大,表示砾石墩逐渐密实,承载力逐渐增大。经过数据统计,2A-9 砾石墩体体动力触探平均击数为 12.2,根据《建筑地基基础设计规范》(GB 50007—2002)来评定砾石墩体的密实程度为中密,桩底土动力触探平均击数为 5.9,墩底土评价为稍密状态,A-1 桩体动力触探平均击数为 1.38,墩体评价为中密状态,墩底土动力触探平均击数为 6.3,墩底土评价为稍密状态,A-4 墩体动力触探平均击数为 11.2,墩体评价为中密状态,墩底土动力触探平均击数为 8.6,墩底土评价为稍密状态,2A-3 墩体动力触探平均击数为 12.2,墩体评价为中密状态,墩底土动力触探平均击数为 9.7,墩底土评价为稍密状态。以上检测强夯置换砾石墩都达到了中密以上的要求,达到了密实度设计的要求,可见墩体密实度大于墩底土,说明置换墩达到了对地基加固的效果,但墩体的密实度分布不均匀,特别是上部密实度偏低,可以采用置换墩顶部增加低能夯实。

(3)在强夯置换深度处,地基土体的强度得到了很大提高;强夯置换法对墩底土的强度提高值较小,但其加固效果仍然好于原状土体,在强夯砾石墩墩底土以下 0.3m 处,动力触探曲线沿着深度逐渐减小,随着深度的增加,强夯对地基土体强度的影响越来越小。

第4章 内陆河湖相软弱地基变形特性 及计算理论

4.1 地基变形特性

4.1.1 地基变形组成部分

在荷载作用下,透水性大的无黏性土(通常指砂土和碎石头土),其压缩过程在很短时间内就可以完成,而透水性小的黏性土,其压缩过程需要很长时间才能完成。一般认为,由建筑结构自重荷载引起的地基沉降量,对无黏性土可认为在施工期间已全部完成;对低压缩性黏性土,在施工期间只完成总沉降量的 50% ~80%;中等压缩性黏性土为 20% ~40%;而高压缩性黏性土仅为 5% ~20%。

根据黏性土地基在荷载作用下的变形特征,可将地基最终沉降量分成三部分:即瞬时沉降 S_d、固结沉降 S_c、次固结沉降 S_s。

$$S = S_d + S_c + S_s \tag{4-1}$$

1)瞬时沉降 S_d

瞬时沉降是地基在加载后瞬时发生的沉降,比如施加荷载很快的建筑物在荷载作用下的地基初始沉降或风力等其他短暂荷载作用下的地基瞬时变形等。由于基础底面尺寸有限,地基中会发生剪应变,特别是靠近基础边缘的应力集中部位。对于饱和或接近饱和的黏性土,加荷后土中的水还来不及排出、土的体积还来不及发生变化。因此,土体的变形特征是,由于剪应变所引起的侧向变形造成了地基的沉降。瞬时沉降 S_d 一般采用弹性力学公式计算:

$$S_d = \frac{1 - \nu^2}{E} \omega b p_o \tag{4-2}$$

式中:E 和 ν ——土的弹性模量和泊松比。

在加荷瞬间,孔隙水未排出,土的体积没有变化,故泊松比 $\nu = 0.5$。弹性模量 E 一般为通过室内三轴不排水试验或无侧限压缩试验得到的应力—应变曲线的初始切线模量或相当于现场荷载条件下的再加荷切线模量。

2)固结沉降 S_c

固结沉降(亦称主固结沉降)是指饱和或接近饱和的黏性土在基础荷载作用下,随着孔隙水的逐渐挤出,孔隙体积相应减少(土骨架产生变形)所造成的沉降(固结沉降速率取决于孔隙水的排出速率)。地基固结沉降计算通常采用分层总和法,但土的压缩性指标从原始压缩曲线中确定,从而考虑了应力历史对地基沉降的影响。

3)次固结沉降 S_s

次固结沉降(亦称次固结压缩沉降)是指主固结过程结束后,在孔隙水压力已经消散、有效应力不变的情况下,土的骨架仍随时间继续发生的变形。这种变形的速率已与孔隙水排出的速率无关,而主要取决于土骨架本身的蠕变性质。

上述三部分沉降,实际上并非是在不同时间截然分开发生的,如次固结沉降在固结过程一开始就产生了,只不过其数量所占的比例很小而已,而主要是主固结沉降。但当孔隙水压力消散得差不多时,主固结沉降很小了,而次固结沉降则可能愈来愈显著,并逐渐上升成为主要的沉降。对于内陆河湖相软弱地基,地层中常常有夹砂层,孔隙水的排出较快,次固结现象往往不明显,地基的沉降量主要由瞬时沉降和主固结沉降组成。

4.1.2 地基变形破坏模式

内陆河湖相沉积软土具有层理和纹理特性,有时夹细砂层,不会遇到很厚的均匀沉积,有明显的二元结构,其变形破坏模式主要有圆弧破坏模式和平移破坏模式2种。

1)圆弧破坏模式

图4-1是一典型的深层型内陆河湖相软土不同时间 t_1、t_2、t_3、t_4($t_4 > t_3 > t_2 > t_1$)的水平位移-深度关系曲线,从图中可以看出,在地表下5~6m处发生最大水平位移。这种深层型软土的水平变形特点与沿海软土变形特点类似,其变形破坏模式主要为圆弧破坏(图4-2)。

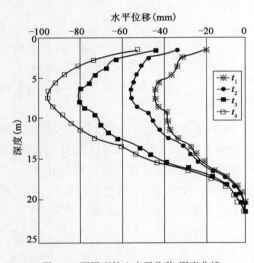

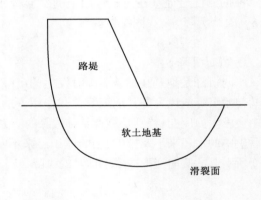

图4-1　深层型软土水平位移-深度曲线　　　　　　图4-2　圆弧破坏模式

2)平移破坏模式

(1)浅层型软土。

图4-3是一典型的浅层型内陆河湖相软土不同时间 t_1、t_2、t_3、t_4($t_4 > t_3 > t_2 > t_1$)的水平位移-深度关系曲线,从图中可以看出:

①硬壳层下存在明显的水平位移集中,在硬壳层下0.5m以内范围内发生浅层型软土的最大水平位移,与地表水平位移的比值介于2.07~3.47之间。

②随着填土高度的增加,两者比值变小;即地表水平位移增长较快,而硬壳层作用有递减趋势。

③浅层型软土的剪切破坏通常发生在硬壳层下的最小强度区域。

(2)夹层型软土。

图4-4是一典型的夹层型软土不同时间 t_1、t_2、t_3、t_4($t_4 > t_3 > t_2 > t_1$)的水平位移-深度关

系曲线,从图中可以看出:

①观测断面共有 4 个软土夹层,分别埋藏在地表下 2.0m、5.5m、11.0m 和 14.0m,而 11.0m 处水平位移比 5.5m 和 14.0m 处水平位移大。

②随着路堤填土高度的增加,硬壳层下软土水平位移和 11m 处软土水平位移的比值均明显减小,介于 1.29 ~ 2.13 之间,当填土高度为 7.62m 时,11m 处软土水平位移增长明显。若软土层埋藏较浅,软土水平位移可能会超过硬壳层下水平位移。

③内陆河湖相夹层型软土的最薄弱层受到夹层埋藏位置、夹层厚度、物理力学指标等因素的影响。

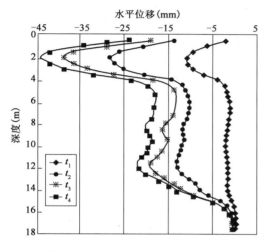

图 4-3　浅层型软土水平位移-深度曲线　　　　图 4-4　夹层型软土水平位移-深度曲线

由观测结果看出,浅层型软土硬壳层下存在最小剪切区,其最大水平位移发生在硬壳层下 0.5m 以内;而夹层型软土最大水平位移受软土夹层埋藏位置、夹层厚度、物理力学指标等因素影响。对路堤作用下多层软弱地基路堤进行稳定验算,发现最软弱土层层位及厚度控制路堤稳定性。在许多工程中,假定破裂面为圆弧破坏模式,在对路堤稳定性分析和破坏后的逆分析中,假定圆弧破裂面经过这些薄弱区,可能会导致不真实的破坏。因此,对于浅层型和夹层型软土,其破坏模式为平移破坏,如图 4-5 所示。为防止软弱地基路堤出现失稳现象,应考虑实际施工中硬壳层下的水平位移集中和薄弱层水平位移较大的可能。

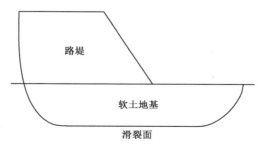

图 4-5　平移破坏模式

4.1.3 地基变形影响因素的数值分析

根据软土层分布情况,内陆河湖相软弱地基可以分为浅层型、深层型、夹层型三种。目前,国内对于浅层型软土和深层型软土的研究较多,因为这两种类型的地基有一个共同点:即它们的沉降变形可以用双层地基的相关理论来解答。对于夹层型软弱地基,地基成层状况与深层型地基和浅层型地基不同,在软土层中间有一层或几层砂层,变形特征与各层土的性质有很大的关系。影响夹层型软弱地基变形的因素有很多,主要包括硬壳层的厚度、硬壳层的模量、夹砂层的模量、夹砂层的厚度。

1)硬壳层厚度的影响

采用有限元分析方法,通过改变硬壳层的厚度得出硬壳层厚度的变化对夹层型软土竖向应力以及地基表层中心点的沉降状况的影响。计算硬壳层厚度分别取0m、2m、3m、4m,总厚度26m,硬壳层厚度和第一层软土的厚度总和为11m。参数如下:

硬壳层:$E = 15\text{MPa}$,$\nu = 0.3$,$c = 37$,$\varphi = 30$。

第一层软土:$E = 5\text{MPa}$,$\nu = 0.35$,$c = 16$,$\varphi = 22$。

夹砂层:$E = 25\text{MPa}$,$\nu = 0.2$,$c = 5$,$\varphi = 35$,$h_3 = 6\text{m}$。

第二层软土:$E = 5\text{MPa}$,$\nu = 0.35$,$c = 16$,$\varphi = 22$,$h_4 = 9\text{m}$。

计算得到不同硬壳层厚度作用下地表中心的沉降值见表4-1,从中可知硬壳层厚度越大,则地基沉降会减小。

不同硬壳层厚度作用下地表中心的沉降值 表4-1

硬壳层厚度(m)	0	2	3	4
地表中心点沉降(cm)	29.717	28.061	27.218	26.268

为了说明硬壳层厚度对地基竖向应力的影响,引入"竖向应力比"概念,即分别将硬壳层厚度为2m、3m和4m时地基中心下同一深度各点的竖向应力与硬壳层厚度为0时地基中各点的竖向应力进行比较,应力比越小,说明硬壳层的扩散效应越明显。

为了便于比较,不考虑硬壳层范围内的应力比,由图4-6可以看出,在第一层软土中,从5m深度开始,随着硬壳层厚度增大,应力比会越小,并且随着深度的增大,应力比减小的幅度会越来越大,应力比在9m深处达到最小值,在9~10m范围内,应力比会随着深度增加增大,在10m处达到最大值,在10~11m范围内,应力比又会减小。在夹砂层范围内,应力比随着深度加大会减小。在第二层软土范围内,应力比首先随着深度的增大会逐渐减小,当减小到一定的深度时,会出现一个最小值,硬壳层厚度越小,则最小值所出现的位置越深,由图4-6可得到,当硬壳层厚度为2m时,应力比在21m处达到最小值,当硬壳层厚度为3m时,应力比在20m处为最小值,当硬壳层厚度为4m时,应力比在19m处达到最小值;随后,应力比又开始增加,并且随着深度的增加,硬壳层厚度的大小对应力比值的影响越来越小。

对上述所描述的现象进行分析,第一层软土内,在5~9m范围内,随着硬壳层厚度的增加和深度的加大,硬壳层的扩散效应会逐渐增强;在9~10m处应力比会增加是因为夹砂层的存在会加强硬壳层对于第一层软土底部的封闭作用,硬壳层的封闭作用限制了土体的侧向变形,使得地基的应力向更深处传递,所以在第一层软土的下部应力比会有所增加。在夹砂层内,应力比会随着深度的增加而减小,这是由于应力在夹砂层中发生了应力扩散所致,该现象表明对于地基土而言,不仅是上硬下软的土层可以发生应力扩散现象,对于均质土层也可以发生应力扩散现象,即应力扩散是地基土的一种固有性质。在第二层软土内,应力比首先会随着深度的增加而递减,这是由于硬壳层和夹砂层对于第二层软土的应力扩散作用所致,之后应力比随着深度的增大而增大,并且应力比最小值的位置与硬壳层厚度有关,硬壳层厚度越大,应力比最小值的位置离地表中心点的距离越近,这表明硬壳层厚度越大,则其对以下土层的封闭作用会越强。

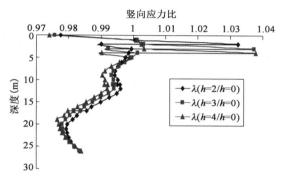

图 4-6　不同硬壳层厚度作用下地基竖向应力比随深度的分布图

综上所述,可以得到三点结论:第一,硬壳层的扩散效应和封闭作用并存,硬壳层厚度越大,则对于其下地基土层的扩散效应和封闭作用都会加强;第二:夹砂层的存在可以使硬壳层对于第一层软土下部的封闭作用加强;第三:对于夹砂层本身也存在应力扩散效应,应力扩散效应是地基土的一种本质属性。

2)硬壳层模量的影响

通过改变硬壳层的模量得出硬壳层模量的变化对夹层型软土的竖向应力以及地基表层中心点的沉降状况的影响。硬壳层模量分别取 10MPa、15MPa、20MPa、25MPa,总厚度为 26m。计算参数如下:

硬壳层: $v=0.3$, $c=37$, $\varphi=30$, $h_1=2\text{m}$。

第一层软土: $E=5\text{MPa}$, $v=0.35$, $c=16$, $\varphi=22$, $h_2=9\text{m}$。

夹砂层: $E=25\text{MPa}$, $v=0.2$, $c=10$, $\varphi=35$, $h_3=6\text{m}$。

第二层软土: $E=5\text{MPa}$, $v=0.35$, $c=16$, $\varphi=22$, $h_4=9\text{m}$。

计算得到不同硬壳层模量作用下的沉降值见表 4-2,从中可知随着硬壳层模量的增加,地基表面中心点的沉降会减小。

不同硬壳层模量作用下的沉降值　　　　　　　　　　　表 4-2

硬壳层模量(MPa)	10	15	20	25
地表中心点沉降(cm)	28.600	28.061	27.784	27.623

图 4-7 中的应力比指硬壳层模量分别为 15MPa、20MPa 和 25MPa 时地基中各点的应力与硬壳层模量为 10MPa 时地基中各点的竖向应力比值,应力比越小,则扩散效应越明显。

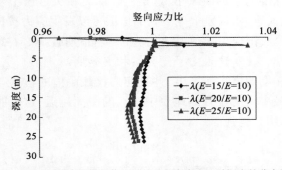

图4-7 不同硬壳层模量作用下地基竖向应力比随深度的分布图

在考虑硬壳层模量的变化对于其下土层各点的竖向应力影响时,不考虑硬壳层范围内的应力变化情况。在第一层软土范围内,应力比随着深度的增加而减小,在9～11m处应力比减小的幅度变小,在分界面(即11m处)会达到最小值。在夹砂层中,随着深度的增加,应力比会逐渐减小。在第二层软土中,应力比首先随着深度的增加会减小,在19m处达到最小值,然后随着深度的增加,应力比又会逐渐增加。当硬壳层模量在10～20MPa时,模量越大,应力比减小的幅度会较大,即增加硬壳层模量可以使扩散效应更明显,当硬壳层模量大于20MPa时,增加硬壳层模量,应力比减小的幅度较小。硬壳层的模量越大,则应力扩散效应越明显。在第一层软土中,应力比首先会减小,且硬壳层模量越大,同一深度处,应力比会越小;在9～11m范围内,应力比减小的幅度变小的原因是由于夹砂层的存在使得硬壳层对第一层软土的封闭作用增加。在夹砂层中,应力比随着深度的增加会减小是由于应力在夹砂层中扩散所致。在第二层软土中,应力比首先会减小,然后又随着深度的增加而增大,应力比减小是由于硬壳层和夹砂层对第二层软土有应力扩散作用,应力比增加是由于硬壳层和夹砂层对其下的第二层软土有封闭作用。

根据以上分析,可以得出两点结论:第一,在10～20MPa范围内,增加硬壳层模量可以使应力扩散效应更加明显,当硬壳层模量超过20MPa时,增加硬壳层模量时,应力扩散效应会有所增加,但是增加的幅度不大;第二,硬壳层对于其下的土层具有封闭作用,硬壳层模量的变化与第二层软土中应力比最小值的位置无关。

3)夹砂层厚度的影响

通过改变夹砂层的厚度得出不同的夹砂层厚度对夹层型软土的竖向附加应力和地基表层中心点的沉降的影响。夹砂层的厚度分别取0m、4m、6m、8m,总厚度为26m,当夹砂层的厚度增加时,第二层软土的厚度会相应减小,夹砂层厚度和第二层软土的厚度总和为15m。

硬壳层:$E = 15MPa$,$\upsilon = 0.3$,$c = 37$,$\varphi = 30$,$h_1 = 2m$。

第一层软土:$E = 5MPa$,$\upsilon = 0.35$,$c = 16$,$\varphi = 22$,$h_2 = 9m$。

夹砂层:$E = 25MPa$,$\upsilon = 0.2$,$c = 5$,$\varphi = 35$。

第二层软土:$E = 5MPa$,$\upsilon = 0.35$,$c = 16$,$\varphi = 22$。

计算得到不同夹砂层厚度作用下的沉降值见表4-3,从中可知随着夹砂层厚度的增大,地基表面沉降会减小。

不同夹砂层厚度作用下的沉降值　　　　　　　　　　表 4-3

夹砂层厚度(m)	0	4	6	8
地表中心点沉降(cm)	33.223	29.647	28.061	26.483

图 4-8 中的应力比指夹砂层厚度分别为 4m、6m 和 8m 时地基中各点的应力与夹砂层厚度为 0 时地基中各点的竖向应力比值,应力比越小,则扩散效应越明显。

在第一层软土范围内,在 2~10m 范围内,应力比首先会随着深度的增加而减小,在 10~11m 处,应力比会随着深度的增加而增大;在夹砂层中,当夹砂层厚度为 4m 和 6m 时,应力比随着深度的增加而增加,当夹砂层厚度为 8m 时,应力比首先随着深度的增加而增加,然后在 15~18m 处又开始随着深度的增加而减小;在第二层软土中,应力比随着深度的增加首先会增大,在 22m 处达到最大值,然后随着深度的增加又减小。

根据以上现象分析,在第一层软土中,应力比首先随着深度的增加而减小,并且夹砂层厚度越厚,应力比会越小,这表明夹砂层厚度的增大可以使硬壳层对第一层软土的扩散作用更加明显,在 10m 处,应力比出现增加的现象是因为夹砂层的存在使得硬壳层对第一层软土下部的封闭作用加强。对于夹砂层中出现应力比增加的现象可以用图 4-9 的硬壳层与夹砂层弹簧模型来解释,其中弹簧代表第一层软土,软土层在竖向荷载作用下会产生一个向下的变形,但是由于夹砂层的厚度相对较大,具有一定的抵抗变形的能力,这时在弹簧内部就会产生向上的约束力,同时,由于力的相互作用,弹簧也会对夹砂层产生一个向下的力,使得夹砂层内部的应力会增加,所以夹砂层内部所受得应力比出现增加的现象。当夹砂层厚度为 8m 时,从深度 15m 开始,应力比又出现减小的现象,这是因为对于夹砂层本身而言会存在着应力扩散现象,且对于弹簧施加给夹砂层的反力,会随着夹砂层深度的增加而减小,因此在夹砂层内部又会出现随着深度应力比减小的现象。在第二层软土中,应力比出现先增加后减小的现象可以用"环箍效应"(参照混凝土立方体抗压强度试验)来解释,夹砂层和第二层软土在受荷载作用下,在沿加载方向发生纵向变形的同时,也按泊松比效应产生横向膨胀,而夹砂层的横向膨胀较第二层软土较小,因而在夹砂层和第二层软土中会形成摩擦力,该摩擦力对于第二层软土的应力扩散起着约束作用,因此在第二层软土中出现应力比增大的现象。

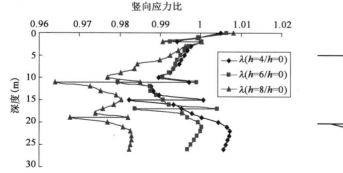

图 4-8　不同夹砂层厚度作用下地基竖向应力比随深度的分布图

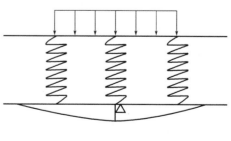

图 4-9　硬壳层与夹砂层弹簧模型

由以上分析可以得到两点结论:第一,夹砂层越厚,硬壳层对其下各土层的应力扩散现象越明显;第二,夹砂层对其上的软土层具有双重作用,一方面,夹砂层厚度的增大,可以使硬壳层对第一层软土的扩散作用效应明显,减小了第一层土的竖向应力,另一方面,夹砂层越厚阻止了第一层软土的竖向变形,增大了其内部的竖向应力。

4)夹砂层模量的影响

通过改变夹砂层的模量得出不同的夹层厚度对夹层型软土的竖向附加应力和地基表层的沉降的影响。夹砂层模量分别取15MPa、20MPa、25MPa、30MPa,总厚度为26m。

硬壳层:$E=15$MPa,$\nu=0.3$,$c=37$,$\varphi=30$,$h_1=2$m。

第一层软土:$E=5$MPa,$\nu=0.35$,$c=16$,$\varphi=22$,$h_2=9$m。

夹砂层:$\nu=0.2$,$c=5$,$\varphi=35$,$h_3=6$m。

第二层软土:$E=5$MPa,$\nu=0.35$,$c=16$,$\varphi=22$,$h_4=9$m。

计算得到不同夹砂层模量作用下的沉降值见表4-4,从中可知随着夹砂层模量的增大,地基的沉降变形会减小。

不同夹砂层模量作用下的地表中心沉降值　　　　　　表4-4

夹砂层模量(MPa)	15	20	25	30
地表中心点沉降(cm)	33.223	31.344	29.647	28.061

图4-10中的应力比指夹砂层模量为20MPa、25MPa和30MPa时地基中的各点的竖向应力与夹砂层模量为15MPa时地基中各点的竖向应力的比值,应力比越小表明应力扩散作用越明显。夹砂层模量越大,土层中的应力比会越小。在第一层软土范围内,随着深度的增加,应力比首先会随着深度的增加而增大,在一定的深度处应力比会达到一个最大值,最大值所在的位置与夹砂层的模量有关,当夹砂层模量为20MPa时,应力比最大位置深度在7m处,当夹砂层模量为25MPa时,应力比最大位置在6m深度处,当夹砂层模量为30MPa时,应力比最大位置在5m深度处;然后应力比会随着深度的增加而逐渐减小,在9m处,应力比达到最小值;从9～11m(即第一层软土和夹砂层的分界面)应力会逐渐增加,在分界面上(11m处),应力比会减小;另外,由表4-2可知,在3～7m范围内,应力比大于1。在夹砂层范围内,应力比首先会随着深度的增加而增加,当达到15m左右,应力比会达到最大值,在15～17m范围内,应力比会减小。在夹砂层和第二层软土的分界面上,应力比减小。在第二层软土中,应力比首先会随着深度的增加而减小,在20m处,应力比会达到最小值,然后随着深度的增加,应力比又呈增大的趋势。

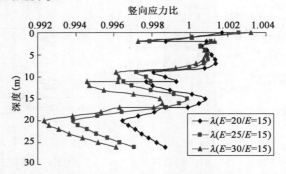

图4-10　不同夹砂层模量作用下地基竖向应力比随深度的分布图

第一层软土出现应力比大于 1 的情况可以通过硬壳层与夹砂层弹簧模型来说明,假设弹簧为第一层软土,在上部荷载作用下,夹砂层会产生向下的变形,当夹砂层的模量越大时,其刚度也会增大,相应的夹砂层抵抗变形的能力就会加强,此时夹砂层对第一层软土产生一个向上的反力,会使第一层软土中的应力会增大,因此在第一层软土的 3 ~ 7m 处的应力比会出现大于 1 的情况;这表明,夹砂层的存在限制了第一层软土的竖向变形,使得第一层软土内的竖向应力增大;另一方面,夹砂层模量增大,硬壳层对第一层软土的扩散作用就会加强;在第一层软土中出现首先应力比随着深度的增加而增大,而后又随着深度的增加而减小的现象就是夹砂层对其上土层两种作用同时作用的结果。在夹砂层中,应力比先随着深度的增加而减小,然后再增大,这一现象产生的原因是由于夹砂层限制了第一层软土的竖向变形,则第一层软土层会同时给夹砂层反力,在夹砂层内部的应力就会增大,且软土层施加给夹砂层的反力随着夹砂层深度的增大影响越来越小;另一方面,对于夹砂层本身而言,应力在其内部也会产生扩散,所以夹砂层内部的所受的应力是自身应力扩散和软土层对其施加反力作用的结果。在第二层软土中,应力比先随着深度的增加而减小,到达 20m 左右又出现增加的现象,这是由于硬壳层和夹砂层对其扩散作用和封闭作用的结果。

由以上分析可得出三点结论:第一,增加夹砂层的模量可以使其对第二层软土的扩散作用明显。第二,增大夹砂层模量一方面使硬壳层对第一层软土的扩散作用加强,减小了其竖向应力;另一方面夹砂层模量大,限制了第一层软土的竖向变形,增大了第一层软土中的竖向应力。第三,夹砂层内部应力的分布是其自身应力扩散和软土层对其施加反力双重作用的结果。

通过建立硬壳层—软土层—夹砂层—软土层的四层地基的模型,分析硬壳层的厚度和模量以及夹砂层的厚度和模量对地基的变形和应力的影响,主要结论如下:

(1)增加硬壳层厚度、模量或者增加夹砂层的厚度、模量都可以使沉降变小。

(2)硬壳层的扩散效应和封闭作用并存;增加硬壳层厚度,则各土层的应力扩散效应会越明显;在 10 ~ 20MPa 范围内,增加硬壳层模量可以使应力扩散效应更加明显,当硬壳层模量超过 20MPa 时,增加硬壳层模量时,应力扩散效应会有所增加,但是增加的幅度不大。

(3)夹砂层厚度越厚或夹砂层的模量越大,则硬壳层对其下各土层的应力扩散效应更明显;由于夹砂层的存在,硬壳层对与其相邻的软土层的底部封闭作用会增强。

(4)夹砂层对于第一层软土的竖向应力具有双重效应,一方面,增加夹砂层的模量或者夹砂层的厚度可以使硬壳层对第一层软土的扩散效应更加明显,减小第一层软土各点的应力;另一方面,由于夹砂层模量或夹砂层厚度的增大使得其本身抵抗变形的能力增强,这样就限制了第一层软土的竖向变形,使得第一层软土应力变大,第一层软土中各点所受的竖向应力状况是这两种效应共同作用的结果。

(5)对于夹砂层内部受力情况也存在双重效应,一方面,夹砂层自身应力扩散的属性,可以使其竖向应力减小;另一方面,夹砂层阻碍了第一层软土的竖向变形,这样就使得第一层软土对其施加了反力,增加了内部各点的竖向应力,并且该反力在夹砂层内部随着深度的加深,影响越来越小。

4.2 地基沉降计算

4.2.1 沉降计算方法

沉降计算是软基设计的主要根据之一。现行的沉降计算方法是一种半理论半经验法,即采用分层总和法理论计算主固结沉降量 S_c,然后用沉降系数 m_s 与主固结沉降量 S_c 计算最终沉降量 S。分层总和法的参数可以用压缩试验资料 e-p 曲线或压缩模量 E_s。具体步骤如下:

1)采用分层总和法理论计算主固结沉降量 S_c

(1)用 e-p 曲线计算固结沉降量 S_c。

$$S_c = \sum_{i=1}^{n} \frac{e_{0i} - e_{1i}}{1 + e_{0i}} \Delta h_i \tag{4-3}$$

式中:S_c——固结沉降量(m);

n——压缩层内土层分层的数目;

e_{0i}——地基中各分层在自重应力作用下稳定孔隙比;

e_{1i}——地基中各分层在自重应力和附加应力共同作用下稳定孔隙比;

Δh_i——地基中各分层的原始厚度(cm)。

(2)用压缩模量计算固结沉降量 S_c。

$$S_c = \sum_{i=1}^{n} \frac{1}{E_{si}} \Delta p_i \Delta h_i \tag{4-4}$$

式中:E_{si}——地基中各分层的压缩模量;

Δp_i——地基中各分层中点的附加应力。

2)采用沉降系数 m_s 与主固结沉降量 S_c 计算最终沉降量 S

$$S = m_s S_c \tag{4-5}$$

沉降系数实际上是沉降计算的修正系数,是为了使沉降计算结果更加符合实际而采用的一个经验系数。在沉降计算中有两个问题与实际不符,第一,室内固结试验是在环刀内的土样,是有侧限压力的,而实际路堤荷载下的地基是无侧限压力的,所以实际沉降应大于试验值;第二,一般认为现沉降的过程可分为三个阶段,即瞬时沉降、主固结沉降和次固结沉降。最终沉降量 S 由瞬时沉降 S_d、主固结沉降 S_c 和次固结沉降 S_s 三部分组成,即:$S = S_d + S_c + S_s$。限于室内试验的条件限制,固结试验的最终读数只包括了瞬时沉降、主固结沉降和一部分次固结沉降,尚剩余大部分次固结沉降没有测出。鉴于以上原因,沉降计算需要采用沉降系数去进行修正。

《公路软土地基路堤设计与施工技术细则》(JTG/T D31-02—2013)指出:"沉降系数 m_s 为一经验系数,与地质条件、荷载强度、加荷速度等因素有关,其范围为 1.1 ~ 1.7,应根据现场沉降观测资料确定。"从中可以看出,在这里沉降系数 m_s 是一个较小范围内的、比较粗略的数字,很难说出它的准确范围与精度。

4.2.2　沉降系数影响因素分析

软土地区路基工程中,影响沉降系数的因素是多方面的,它包括填土高度(H)、填料重度(γ)、施工速率(V)、地基处理类型(N)、软土层厚度(h_1)、硬壳层厚度(h_2)、软土的强度及渗透固结性质(Y)等等,可用式(4-6)表示:

$$m_s = f(H, \gamma, V, N, h_1, h_2, Y) \tag{4-6}$$

上述因素可以分为荷载和地基两个方面:荷载方面的因素包括路堤高度及填土密度、填土施工速率;地基方面的因素包括软土的强度及渗透固结性质、地下处理类型对地基土性的改变、软土层厚度及位置、硬壳层的应力扩散作用等。

1)荷载对沉降系数的影响

随着路堤荷载的增加,地基的固结沉降也增加;同时,随着荷载的增加,在地基内产生的剪应力也增加,这就使瞬时沉降有所增大。而且随着荷载的增加,在软弱层中塑性变形区有增大的趋势,软土水平向的塑性挤出致使地基总沉降量增大。

2)地基处理方法对沉降系数的影响

地基处理可以改善地基土的工程性质,提高承载能力。不同的处理方法对沉降系数有不同程度的影响,即使是同一种方法,由于边界条件的千差万别,也难以得出处理方法与沉降系数的准确关系。但可以按不同的类型,大体上看出处理方法对沉降系数的影响,本文将软基处理方法分成以下三种类型。

(1)单纯预压类。

单纯预压类的软土路基固结速度缓慢,在填土过程中,荷载在地基中的剪应力致使地基产生较大的瞬时沉降和塑性变形,这种影响在低荷载下尚不显著,填土越高,影响的趋势越明显。

(2)竖向排水体类。

砂井、塑料排水板等在地基中形成良好的排水通道,加速了固结,在填土过程中地基土抗剪强度增长较快,可以在一定程度上降低瞬时沉降。

(3)复合地基类。

复合地基主要包括加固土桩和粒料桩形成的复合地基。桩与地基土共同构成复合地基,荷载在桩上产生应力集中,分担了地基土承受的荷载,限制了软土的侧向变形;同时,桩的挤密作用增强了软土的承载能力,桩在地基中形成的良好排水通道又加速了地基的固结。所有这些因素大大减少了地基的瞬时沉降和塑性变形,因此,复合地基类的沉降系数一般较小。

3)填土施工速率对沉降系数的影响

填土速率缓慢,随着地基的固结,在剪应力作用下其剪应变也较小。相反,当填土较快时,地基土强度来不及增长,所以将产生较大的剪切变形,从这一意义上说,沉降系数随着填土速率的增长而呈增加趋势。为了便于在实践中应用,可以将填土速率分为三个档次:

(1)慢速填土,表示分期加载或填土速率 $< 0.02 \mathrm{m/d}$。

(2)一般填土,表示填土速率在 $0.02 \sim 0.07 \mathrm{m/d}$ 之间。

(3)快速填土,表示填土速率 $> 0.07 \mathrm{m/d}$。

采用加荷速率这一指标,实际上只是把分期加载和快速填土这两种极端情况与一般正常速率的填土区别开来。

4)地质条件对沉降系数的影响

日本《软土地盘路堤设计》中把瞬时沉降 S_d 当作一种简单的弹性变形,通过下式计算:

$$S_d = A\gamma H \tag{4-7}$$

式中: A ——地基的瞬时沉降系数, $A = 12.4 - 0.44E_{qu}$, E_{qu} 为无侧限抗压强度试验得到的变形模量的加权平均值;

γ ——填土重度(kN/m³);

H ——填土高度(cm)。

式(4-7)中的 A 实际就是一个反映地质条件因素的系数,从式中不难看出,土的变形模量越大,其瞬时沉降越小。但是,软土层的位置这一因素在该式中并没有反映出来。

附加应力从上至下逐渐减小,地基的瞬时沉降主要发生在软弱层中。显然,同样厚度的软土层,表层的软土与深层软土的瞬时沉降是不同的,这里很有必要考虑硬壳层的作用问题。一般把覆盖在软土层之上的强度稍高的表层称为"硬壳层"。硬壳层在没有破坏的情况下一般具有应力扩散作用,硬壳层越厚,其应力扩散作用越明显,致使地基土承受的附加应力降低,沉降减小,沉降系数也减小。对于厚硬壳层上的低路基,其沉降系数可能小于1。硬壳层的厚度在一定程度上决定了软土层的位置,利用硬壳层厚度这一指标,可以粗略地把表层软土、一般软土和深层软土这几种情况区别开来。

综上所述,可以得出各种因素对 m_s 影响的大致规律性(表4-5)。

影响沉降系数的诸因素评价

表4-5

影响因素	因素变化	m_s 的变化趋势
填土高度	随着高度的增加	增大
填土密度	随着密度的增加	增大
填土速率	随着速率的增快	增大
地基处理类型	单纯预压类→竖向排水体类→复合地基类	减小
硬壳层	随着硬壳层厚度的增加	减小
软土厚度	随着软土层厚度的增加	增大
软土强度	随着强度的增加	减小

4.2.3 沉降系数经验公式

考虑以上各种因素,根据大量工程实测沉降资料的回归分析,沉降系数综合计算公式如下:

$$m_s = 0.123\gamma^{0.7}(\theta H^{0.2} + VH) + Y \tag{4-8}$$

式中: H ——填土高度(m);

Y ——地质因素修正系数(取值见表4-6);

θ——地基处理类型修正系数(取值见表4-7);

V——填土速率修正系数(取值见表4-8);

γ——路堤填土重度(kN/m³)。

地质因素修正系数 Y

表4-6

地 质 因 素		系 数 Y
软弱土类	孔隙比 <1.0	一般取 −0.2(饱和黄土取 −0.25)
一般淤泥质土	孔隙比 1.0~1.5	−0.05
淤泥	孔隙比 1.5~3.0	0
泥炭土类	孔隙比 >3.0	+0.2
软土层厚度	>8m	0
	3~8m	−0.05
	<3m	−0.1
硬壳层厚度	<0.5m	0
	0.5~3.0m	−0.1
	3.0~5.0m	−0.15
	>5.0m	−0.20
软土层平均不排水强度	>25kPa	−0.1
	<25kPa	0

地基处理类型修正系数 θ

表4-7

地基处理类型	单纯预压类	竖向排水体类	复合地基类
θ	1.10	0.95~1.10	0.85~0.95

填土速率修正系数 V

表4-8

填 土 速 率	分期加载 或速率<0.02m/d	一般填土 速率在0.02~0.07m/d之间	快速填土 >0.07m/d
V	0.005	0.025	0.05

从式(4-8)可以看出,m_s是由各种因素条件的组合与相互作用决定的,从这方面来说,m_s值是千变万化的。但是 m_s 的变化范围并不大,一般在 1.1~1.7 之间。

4.2.4　沉降系数与各土层厚度和模量的关系

用沉降经验系数乘以分层总和法计算的总沉降是工程上确定地基沉降的一种常用的方法,影响地基沉降系数的因素有很多,其中包括填土高度、填料重度、施工速率、地基处理类型、软土的强度及固结渗透性质等,其中对于天然的成层地基来说,各层土的厚度和压缩性是影响其变形的两个重要指标。参考焦作至巩义黄河公路大桥第5段和第6段软弱地基各层土的相关物理和力学参数,用 ABAQUS 进行正交试验,得出不同厚度及模量组合下的地基沉降量,然后再用软弱地基路基设计软件模块中的分层总和法算出同等条件下地基相应的沉降量,将有限元算出的沉降量与分层总和法算出的沉降量进行比较,得出一组沉降系数,再对这些沉降系数与地基各土层的厚度和模量进行多元线性回归,得出沉降系数与各地基

内陆河湖相软弱地基处理及监测技术

土层的厚度以及模量之间的经验关系式,最后根据沉降系数和分层总和法计算得到的沉降量计算最终地基最终沉降。

1)沉降系数与各土层厚度和模量的关系公式

鉴于内陆河湖相软弱地基的沉降系数受多种因素影响,考虑到正交试验的优点,采用正交试验方案。计算模型采用四层地基模型:硬壳层—软土层—夹砂层—软土层。考虑各层土的厚度和模量影响,每层土的厚度和模量分别取三个值,即试验中有八个因子,每种因素取三种水平,需制定八因素三水平的正交试验表。本章中路堤宽度为26m,取一半进行试验,即荷载宽度为13m,地基的宽度取路堤宽度5倍,即为65m,试验中施加的荷载为100kPa,试验模型中各土层的参数参考焦作至巩义黄河公路大桥第5段、6段地基土物理力学性质指标,见表4-9。

第5段和第6段地基土物理力学指标分层统计表 表4-9

| 名　称 | 含水率（%） | 天然重度（kN/m³） | 土粒密度（g/cm³） | 孔隙比 | 液限（%） | 塑限（%） | 渗透系数 | | 固结快剪 | |
							水平渗透系数（cm/s）	竖向渗透系数（cm/s）	黏聚力（kPa）	内摩擦角（°）
低液限黏土	29.2	19.8	2.7	0.762	26.7	18	6.31×10^{-6}	6.86×10^{-6}	37	30
低液限黏土	35.9	19.1	2.74	0.950	37.2	21.6	6.41×10^{-7}	6.13×10^{-7}	16	22
细砂	27.6	19.6	2.73	0.777	—	—	—	—	5	35
低液限黏土	26.6	19.8	2.72	0.733	25.3	16.8	3.9×10^{-7}	2.96×10^{-7}	16	22

在试验中,硬壳层的厚度取2m、3m、4m,硬壳层的模量取13MPa、15MPa、17MPa;第一层软土的厚度取为7m、9m、11m,第一层软土的模量取5MPa、6MPa、7MPa;夹砂层的厚度取5m、7m、9m,夹砂层的模量取25MPa、26MPa、27MPa;第二层软土的厚度取为7m、9m、11m,第二层软土的模量取5MPa、6MPa、7MPa;本章中的正交试验方案见表4-10,正交试验结果见表4-11。

正交试验方案 表4-10

| 试验号 | 列　号 | | | | | | | |
	硬壳层厚度（m）	硬壳层模量（MPa）	第一软土层厚度（m）	第一软土层模量（MPa）	砂层厚度（m）	砂层模量（MPa）	第二软土层厚度（m）	第二软土层模量（MPa）
1	2	13	7	5	5	25	7	5
2	2	13	7	5	7	26	9	6
3	2	13	7	5	9	27	11	7
4	2	15	9	6	5	25	9	7
5	2	15	9	6	7	26	11	5
6	2	15	9	6	9	27	7	6
7	2	17	11	7	5	25	7	7
8	2	17	11	7	7	26	9	5
9	2	17	11	7	9	27	11	6

80

续上表

试验号	列 号							
	硬壳层厚度（m）	硬壳层模量（MPa）	第一软土层厚度（m）	第一软土层模量（MPa）	砂层厚度（m）	砂层模量（MPa）	第二软土层厚度（m）	第二软土层模量（MPa）
10	3	13	9	7	5	26	11	5
11	3	13	9	7	7	27	7	6
12	3	13	9	7	9	25	9	7
13	3	15	11	5	5	26	11	6
14	3	15	11	5	7	27	7	7
15	3	15	11	5	9	25	9	5
16	3	17	7	6	5	26	11	7
17	3	17	7	6	7	27	7	5
18	3	17	7	6	9	25	9	6
19	4	13	11	6	5	27	9	5
20	4	13	11	6	7	25	11	6
21	4	13	11	6	9	26	7	7
22	4	15	7	7	5	27	9	6
23	4	15	7	7	7	25	11	7
24	4	15	7	7	9	26	7	5
25	4	17	9	5	5	27	9	7
26	4	17	9	5	7	25	11	5
27	4	17	9	5	9	26	7	6

正 交 试 验 结 果

表4-11

试验号	有限元计算沉降（cm）	分层总和法计算沉降（cm）	有限元计算沉降/分层总和法计算沉降
1	23.2	17.3	1.3410
2	24.2	17.7	1.3672
3	25.0	17.8	1.4045
4	21.7	16.2	1.3395
5	22.9	16.7	1.3713
6	28.6	19.8	1.4444
7	20.5	15.3	1.3399
8	25.7	18.2	1.4121
9	26.0	18.2	1.4286
10	26.6	19.0	1.4000
11	21.2	15.4	1.3766
12	22.7	16.1	1.4099
13	30.0	21.9	1.3699

试验号	有限元计算沉降(cm)	分层总和法计算沉降(cm)	有限元计算沉降/分层总和法计算沉降
14	27.1	19.3	1.4041
15	31.2	22.2	1.4054
16	22.1	16.1	1.3727
17	21.9	15.8	1.3861
18	23.3	16.3	1.4294
19	27.9	20.1	1.3881
20	28.3	20.3	1.3941
21	24.7	17.9	1.3799
22	20.9	15.2	1.3750
23	21.9	15.6	1.4038
24	21.8	15.4	1.4156
25	24.7	18.2	1.3571
26	30.3	21.6	1.4028
27	25.7	18.3	1.4044

根据表 4-10 和表 4-11 的结果,利用多元回归方法,不难求得沉降修正系数 m 与地基各层厚度及模量之间的回归方程式为(相关系数 R 为 0.9279):

$$m = 1.070489 + 0.004017h_1 + 0.001994E_1 + 0.000744h_2 + 0.005839E_2 +$$
$$0.012192h_3 + 0.005483E_3 + 0.006492h_4 - 0.00846E_4 \tag{4-9}$$

式中:h_1、h_2、h_3、h_4——硬壳层、第一层软土、砂层、第二层软土的厚度(m);

E_1、E_2、E_3、E_4——硬壳层、第二层软土、砂层、第二层软土的模量(MPa)。

2)算例验证

焦作至巩义黄河公路大桥 K17+575 断面为夹层型软弱地基,硬壳层的厚度为 2.5m,压缩模量为 12.3MPa,第一层软土的厚度为 4m,压缩模量为 3.5MPa,夹砂层的厚度为 5m,压缩模量为 25.3MPa,第二层软土的厚度为 7m,压缩模量为 6.5MPa,最底层为卵石层,填土的重度为 18kN/m²,实测值与沉降系数法对比结果如表 4-12 所示。从表中的计算结果可以看出,计算与实测的结果能够很好地吻合,说明采用式(4-9)计算的沉降系数来计算软弱地基沉降具有一定的可行性。

实测值与沉降系数法对比结果 表 4-12

日　　　期	中心高度(m)	实测沉降量(cm)	沉降系数 k	分层总和法计算沉降量(cm)	沉降系数乘以分层总和法所得沉降量(cm)
2000 年 3 月 22 日	1.89	8.21		7.51	9.90
2000 年 4 月 6 日	2.48	11.87		10.54	13.90
2000 年 4 月 24 日	3.56	17.28	1.3186	15.17	20.00
2000 年 5 月 11 日	4.28	22.23		18.20	24.00
2000 年 5 月 21 日	5.02	26.25		21.39	28.20

4.3　基于多相模型均匀化理论的公路复合地基力学性质

复合地基的概念是日本学者在 20 世纪 60 年代提出的,是人工地基的一种,是指天然地基在地基处理过程中部分土体得到增强或被置换,或在天然地基中设置加筋材料,加固区由基质体(天然地基土体或被改良的天然地基土体)和增强体两部分组成的人工地基。在荷载作用下,基质体和增强体通过变形协调共同承担荷载是形成复合地基的基本条件。公路复合地基的受力和变形机理较为复杂,是一个涉及路堤填料、垫层、桩和地基土体之间相互作用的受力体系。

4.3.1　复合地基桩土应力比和桩体荷载分担比

1) 复合地基作为两相系统的控制方程

复合地基的作用取决于基质体和增强体各自的量和性质以及它们的相互作用。复合地基有两个基本特点:一是加固区是由基质体和增强体两部分组成,是非均质的,各向异性的;二是在荷载作用下,基质体和增强体共同承担荷载的作用。根据其特点,可将复合地基看作是两相系统,即基质相和加筋相,并从两相平衡方程出发,分别得出路堤下复合地基的桩土应力比 n 和桩体荷载分担比 E。

两相系统的控制平衡微分方程为:

$$\mathrm{div}\ \underline{\underline{\sigma}}^{\mathrm{m}} + \rho^{\mathrm{m}} \underline{F}^{\mathrm{m}} + \underline{I} = 0 \tag{4-10}$$

$$\mathrm{div}(\underline{X}^{\mathrm{r}} \otimes \underline{t}) + \rho^{\mathrm{r}} \underline{F}^{\mathrm{r}} - \underline{I} = 0 \tag{4-11}$$

$$\mathrm{div}(\underline{\Gamma}^{\mathrm{r}} \otimes \underline{t}) + \underline{t} \wedge \underline{X}^{\mathrm{r}} = 0 \tag{4-12}$$

$$\underline{\xi}^{\mathrm{r}} = \xi_x^{\mathrm{r}}(x,y)\ \underline{e}_x + \xi_y^{\mathrm{r}}(x,y)\ \underline{e}_y, \qquad \underline{\omega}^{\mathrm{r}} = \omega^{\mathrm{r}}(x,y)\ \underline{e}_z \tag{4-13}$$

$$\underline{X}^{\mathrm{r}} = N^{\mathrm{r}}(x,y)\ \underline{e}_x + Q^{\mathrm{r}}(x,y)\ \underline{e}_y \tag{4-14}$$

$$\underline{\Gamma}^{\mathrm{r}} = M^{\mathrm{r}}(x,y)\ \underline{e}_z \tag{4-15}$$

由于是轴对称加筋体只受压应力,即:

$$M^{\mathrm{r}} = Q^{\mathrm{r}} = 0 \tag{4-16}$$

则:

$$\underline{X}^{\mathrm{r}} = N^{\mathrm{r}}\ \underline{e}_r \tag{4-17}$$

将式(4-16)、式(4-17)代入式(4-10)、式(4-11)中,同时在零体力的作用下,受压加筋体的平衡微分方程化为:

$$\mathrm{div}\ \underline{\underline{\sigma}}^{\mathrm{m}} + \underline{I} = \underline{0} \tag{4-18}$$

$$\mathrm{div}(N^{\mathrm{r}}\ \underline{e}_r \otimes \underline{e}_r) - \underline{I} = \underline{0} \tag{4-19}$$

2) 基于多相模型复合地基桩土应力比

假设沿桩体的方向为 z 方向,且向下为正,根据式(4-18)和式(4-19)可得路堤下复合地基的平衡微分方程。

基质相:

$$\frac{\mathrm{d}\sigma_{zz}^{\mathrm{m}}}{\mathrm{d}z}(z) + I(z) = 0 \tag{4-20}$$

加筋相：

$$\frac{\mathrm{d}n^{\mathrm{r}}}{\mathrm{d}z}(z) - I(z) = 0 \tag{4-21}$$

式中：σ_{zz}^{m}——基质相的垂直应力分量；

$\quad\quad n^{\mathrm{r}}$——加筋相的垂直单轴应力；

$\quad\quad I$——基质相与加筋相相互作用力。

边界条件方程为：

$$\sigma_{zz}^{\mathrm{m}}(z = H^+) - \sigma_{zz}^{\mathrm{m}}(z = H^-) + p = 0 \tag{4-22}$$

$$n^{\mathrm{r}}(z = H) = -p \tag{4-23}$$

基质相的本构方程：

$$\sigma_{zz}^{\mathrm{m}} = -E_{\mathrm{m}}^{\mathrm{oed}} \frac{\mathrm{d}m}{\mathrm{d}z} \tag{4-24}$$

加筋相的本构方程：

$$n^{\mathrm{r}} = -\alpha^{\mathrm{r}} \frac{\mathrm{d}r}{\mathrm{d}z} \tag{4-25}$$

式中：$E_{\mathrm{m}}^{\mathrm{oed}}$——基质相的弹性侧限模量；

$\quad\quad \alpha^{\mathrm{r}}$——加筋相的刚度，等于每单位横截面积的加筋体的轴向刚度。

$m(z)$ 和 $r(z)$ 为基质相和加筋相的垂直沉降分布，且满足下面的边界条件：

$$m(0) = r(0) = 0 \tag{4-26}$$

表示持力层基质相和加筋相的垂直位移为零。

相互作用相的本构方程：

$$I = -c^{\mathrm{I}}(r - m) \tag{4-27}$$

式中：c^{I}——相互作用相的刚度系数。

$$p = -c^{\mathrm{p}}[r(H) - m(H)] \tag{4-28}$$

式中：c^{p}——表面相互作用的刚度系数。

根据平衡方程式(4-20)、式(4-21)以及本构方程式(4-25)、式(4-26)、式(4-27)可得加固区微分方程组：

$$\begin{cases} E_{\mathrm{m}}^{\mathrm{oed}} \dfrac{\mathrm{d}^2 m}{\mathrm{d}z^2} + c^{\mathrm{I}}(r - m) = 0 \\ \alpha^{\mathrm{r}} \dfrac{\mathrm{d}^2 r}{\mathrm{d}z^2} - c^{\mathrm{I}}(r - m) = 0 \end{cases} \tag{4-29}$$

在加固区顶面($z = H$)处，根据式(4-22)、式(4-23)、式(4-24)、式(4-25)以及式(4-28)可得：

$$E_{\mathrm{m}}^{\mathrm{oed}} \frac{\mathrm{d}m}{\mathrm{d}z}(H) = q + c^{\mathrm{p}}[r(H) - m(H)] \tag{4-30}$$

$$\alpha^{\mathrm{r}} \frac{\mathrm{d}r}{\mathrm{d}z}(H) + c^{\mathrm{p}}[r(H) - m(H)] = 0 \tag{4-31}$$

根据式(4-26)、式(4-30)、式(4-31)可得式(4-29)的解：

$$\begin{cases} m(z) = \dfrac{q}{E_m^{oed} + \alpha^r}\left[z + l\,\dfrac{\alpha^r}{E_m^{oed}}\,\dfrac{\sinh(z/l)}{\cosh(H/l) + \kappa\sinh(H/l)}\right] \\[3mm] r(z) = \dfrac{q}{E_m^{oed} + \alpha^r}\left[z - l\,\dfrac{\sinh(z/l)}{\cosh(H/l) + \kappa\sinh(H/l)}\right] \end{cases} \quad (4\text{-}32)$$

式中：l——特征长度，定义为：

$$l = \sqrt{\dfrac{\alpha^r E_m^{oed}}{c^1(\alpha^r + E_m^{oed})}} \quad (4\text{-}33)$$

无量纲的参数 κ：

$$\kappa = lc^p\left(\dfrac{\alpha^r + E_m^{oed}}{\alpha^r E_m^{oed}}\right) \quad (4\text{-}34)$$

基质相的垂直应力以及加筋相的轴力密度为：

$$\begin{cases} \sigma_{zz}^m(z) = -\dfrac{q}{E_m^{oed} + \alpha^r}\left[E_m^{oed} + \alpha^r\,\dfrac{\cosh(z/l)}{\cosh(H/l) + \kappa\sinh(H/l)}\right] \\[3mm] n^r(z) = -\dfrac{\alpha^r q}{E_m^{oed} + \alpha^r}\left[1 - \dfrac{\cosh(z/l)}{\cosh(H/l) + \kappa\sinh H/l}\right] \end{cases} \quad (4\text{-}35)$$

按照（Han & Gabr，2002）的定义，桩土应力比 n 为：

$$n = \dfrac{\sigma_p}{\sigma_s} \quad (4\text{-}36)$$

式中：σ_p——定义在桩上的应力；

$\quad \sigma_s$——定义在地基土上的应力。

将式（4-35）代入到式（4-36）中可得：

$$n = \dfrac{\sigma_{zz}^m}{n^r(z)} \quad (4\text{-}37)$$

3）基于均匀化理论桩体荷载分担比

考虑图 4-11，假设土层厚度为 H，桩间距为 S，褥垫层厚度为 h，受到均匀的垂直荷载 q，所有材料视为线弹性连续介质，分别以 (E_s, ν_s)、(E_g, ν_g)、(E_p, ν_p) 表示地基土、垫层、桩的弹性模量和泊松比，ρ 表示单桩的桩径。则桩的体积分数定义为：

$$\eta = \dfrac{\pi\rho^2}{s^2} \quad (4\text{-}38)$$

此时，将复合地基看作是均匀化各向异性的介质，其侧限模量为：

$$E_{hom}^{oed} = E_s^{oed} + \eta E_p \quad (4\text{-}39)$$

式中：E_s^{oed}——地基土的侧限模量，定义为：

$$E_s^{oed} = E_s\,\dfrac{(1 - v_s)}{(1 + v_s)(1 - 2v_s)} \quad (4\text{-}40)$$

则地基土的沉降变形为：

$$\delta_0 = H\,\dfrac{q}{E_s^{oed}} \quad (4\text{-}41)$$

复合地基的沉降变形为：

$$\delta = H\frac{q}{E_{\text{hom}}^{\text{oed}}} = \frac{\delta_0}{(1 + \eta E_{\text{p}}/E_{\text{s}}^{\text{oed}})} \tag{4-42}$$

由式(4-39)和式(4-41)得：

$$q = E_{\text{hom}}^{\text{oed}}\frac{\delta}{H} = E_{\text{s}}^{\text{oed}}\frac{\delta}{H} + \eta E_{\text{p}}\frac{\delta}{H} \tag{4-43}$$

$$q_{\text{s}} = E_{\text{s}}^{\text{oed}}\frac{\delta}{H} \tag{4-44}$$

$$q_{\text{p}} = \eta E_{\text{p}}\frac{\delta}{H} \tag{4-45}$$

式中：q、q_{s} 和 q_{p}——作用的总荷载，作用在地基土上的荷载以及作用在桩上的荷载。

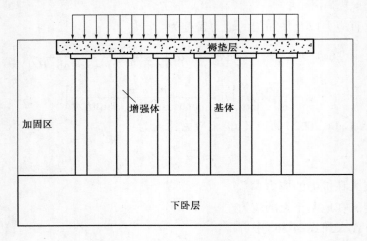

图4-11　复合地基示意图

桩体荷载分担比 E 定义为桩所承担的路堤荷载与桩处理范围内路堤总荷载的比，即：

$$E = \frac{F_{\text{piles}}}{F_{\text{tot}}} \tag{4-46}$$

式中：F_{piles}——桩所承担的路堤荷载；

　　　F_{tot}——桩处理范围内的路堤总荷载。

根据式(4-46)可得：

$$E = \frac{q_{\text{p}}}{q} = \frac{\eta E_{\text{p}}}{E_{\text{hom}}^{\text{oed}}} = \frac{1}{1 + E_{\text{s}}^{\text{oed}}/\eta E_{\text{p}}} \tag{4-47}$$

根据式(4-35)和式(4-43)当 $c^{\text{I}} \to \infty$ 或特征长度 $l \to 0$ 时，表示基质相和加筋相完全粘接，则路堤的表面沉降为：

$$\delta = m(H) = r(H) = \frac{qH}{E_{\text{m}}^{\text{oed}} + \alpha^{\text{r}}} \tag{4-48}$$

4）本构参数的确定

两相模型的本构方程中弹塑性本构参数，与在微观尺度上的土和加筋体的几何性质有关。假设加筋体的净横截面积 s^{r}，S 为相对应的复合体的横截面积，定义加筋体积分数

$$\eta = s^{\text{r}}/S \tag{4-49}$$

（1）基质体的本构参数。

由于加筋体积分数，土的体积部分 $(1 - \eta)$ 接近 1，则基质相的本构参数近似软土的本构参数，其弹性参数 $(E_{\text{m}}, \nu_{\text{m}})$ 被认为与相应的软土相同。

（2）加筋体的本构参数。

由于宏观应力为每单位横截面积的轴力，即：

$$n^{\text{r}} = \frac{N}{s} = \frac{s^{\text{r}} \sigma^{\text{r}}}{S} = \eta \sigma^{\text{r}} \tag{4-50}$$

式中：σ^{r}——微观轴应力。

式（4-25）中，刚度 α^{r} 由每单位横截面面积单根加筋体的刚度计算，即：

$$\alpha^{\text{r}} = \frac{\pi \rho^2 E_{\text{c}}}{e^2} = \eta E_{\text{c}} \tag{4-51}$$

（3）相互作用相的本构参数。

在微观尺度上，相互作用的体力密度为 $\underline{I} = I \underline{e}_1$ 等于作用在土和桩体界面 S^{I} 的剪应力：

$$I = \frac{1}{SL} \int_{S^{\text{I}}} \tau \mathrm{d} S^{\text{I}} \tag{4-52}$$

式（4-27）的本构参数可由与拉拔试验相近似的试验得到，规定在加筋体上的纵向位移 δ，相互作用的弹性刚度参数：

$$c^{\text{I}} = \frac{I}{\delta - \langle u^{\text{s}} \rangle} \tag{4-53}$$

式中：$\langle u^{\text{s}} \rangle$——土体平均纵向位移场。

同时根据式（4-33）与式（4-48）解析解和有限元模拟，得出相互作用的参数：

$$c^{\text{I}} = c_0^{\text{I}} \eta \left(\frac{\eta + \eta_0^{\text{I}} + \eta_1^{\text{I}}}{\eta + \eta_1^{\text{I}}} \right) \left(1 - \frac{2v_{\text{s}}}{3} \right) \frac{E_{\text{s}}}{s^2} \tag{4-54}$$

对于侧向相互作用系数，具有下面的非量纲常数：

$$c_0^{\text{I}} = 35; \quad \eta_0^{\text{I}} = 0.055; \quad \eta_1^{\text{I}} = 0.0025 \tag{4-55}$$

桩顶的相互作用：

$$c^{\text{p}} = \eta \left(\frac{\eta + \eta_0^{\text{p}} + \eta_1^{\text{p}}}{\eta + \eta_1^{\text{p}}} \right) \left(\frac{s_0}{s} + \frac{h_0}{h} \right) E_{\text{g}} \tag{4-56}$$

其中：

$$\eta_0^{\text{p}} = 0.025; \quad \eta_1^{\text{p}} = 0.0025; \quad s_0 = 5; \quad h_0 = 0.7 \tag{4-57}$$

4.3.2　公路复合地基承载力计算

1）计算方法

高速公路复合地基承载力的研究看作是平面应变屈服设计问题，并将加固区看作是当量的均匀化材料，其宏观强度特征运用均匀化方法确定。假设最终的极限荷载 Q^* 与重力无关，且两个组分的（软土和桩）的比重为零，由量纲分析可知：

$$Q^* = BCN^*(k, \lambda) \tag{4-58}$$

式中：N^*——无量纲的因子为无量纲自变量 k 和 λ 的函数。

$$\lambda = \frac{B_1}{B} \tag{4-59}$$

式中:B_1——加固区的宽度;

B——路堤顶面宽度。

根据无量纲因子 N^* 的上限定理,利用屈服设计运动方法作用在当量均匀化问题,由经典的 Prandtl's 承载力机理,就单向加筋土($k = 1$ 或 $\lambda = 0$)给出了 N^* 的精确值,即 $N^* = \pi + 2$,如图 4-12 所示。

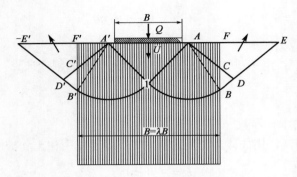

图 4-12　均匀化的 Prandtl 承载力问题

三角形 $A'AI$ 由速度 $-Ue_y$、$U \geqslant 0$ 刻画的刚体运动,三角形 ADE 和 $A'D'E'$ 由相同的速度模量 $\dfrac{\sqrt{2}}{2}U$,且和垂直方向的夹角 $\pm \dfrac{\pi}{4}$ 确定, $A'ID'$ 和 ADI 由速度场确定:

$$U_r = 0 \quad U_\theta = \frac{\sqrt{2}}{2} \tag{4-60}$$

式中: U_r 和 U_θ —— $\underline{U}$ 的径向和切向分量。

则外力的虚功为:

$$W_e = QU \tag{4-61}$$

最大阻力功为:

$$W_{mr}(\underline{U}) = W_{mr}^s(\underline{U}) + W_{mr}^{hom}(\underline{U}) \tag{4-62}$$

式中: $W_{mr}^s(\underline{U})$ 和 $W_{mr}^{hom}(\underline{U})$ ——地基土对加固区对最大阻力功的贡献,且:

$$W_{mr}^s(\underline{U}) = 2\left[\iint_{BCD} \pi(\underline{\underline{d}})\mathrm{d}x\mathrm{d}y + \int_{BD\cup DE} \pi(\underline{n};[\underline{U}])\mathrm{d}s\right] \tag{4-63}$$

其中:

$$\pi(\underline{\underline{d}}) = C(|d_I| + |d_{II}|); \quad d_I = -d_{II} \geqslant 0 \tag{4-64}$$

$$\pi(\underline{n};[\underline{U}]) = C|[\underline{U}]| \tag{4-65}$$

d_I 和 d_{II} —— $\underline{\underline{d}}$ 主值, $[\underline{U}]$ 沿间断线 BD 和 DE 切向速度。

$$W_{mr}^{hom}(\underline{U}) = 2\left[\iint_{IACB} \pi(\underline{\underline{d}})\mathrm{d}x\mathrm{d}y + \int_{IB\cup IA} \pi(\underline{n};[\underline{U}])\mathrm{d}s\right] \tag{4-66}$$

$$\pi^{hom}(\underline{\underline{d}}) = \sup\{\underline{\underline{\Sigma}}:\underline{\underline{d}}\ ; \underline{\underline{\Sigma}} \in \tilde{G}^{hom}\} \tag{4-67}$$

$$\pi^{hom}(\underline{n};[\underline{U}]) = \sup\{(\underline{\underline{\Sigma}} \cdot \underline{n}).[\underline{U}]; \underline{\underline{\Sigma}} \in \tilde{G}^{hom}\} \tag{4-68}$$

式中：$\tilde{G}^{hom}$ ——宏观强度域。

$\pi(\underline{\underline{d}})$ 定义为：

$$\pi^{hom}(\underline{\underline{d}}) \leq \pi^+(\underline{\underline{d}}) = \left\{ \underline{\underline{\Sigma}} : \underline{\underline{d}} ; \Sigma_1 - \Sigma_2 \leq 2C^+(\alpha) = \min\left(\frac{2C}{\sin2\alpha}, 2\langle C\rangle\right)\right\} \tag{4-69}$$

式(4-69)也可以写成下面的形式：

$$\pi^{hom}(\underline{\underline{d}}) \leq \pi^+(\underline{\underline{d}}) = 2d_1\langle C\rangle \begin{cases} \cos2(\beta - \beta_0) & \text{如果 } \sin2\beta \geq \sin2\beta_0 \\ 1 & \text{其他} \end{cases} \tag{4-70}$$

式中：d_1 ——最大主应变率；

　　　β ——与 Ox 的夹角。

β_0 定义为：

$$\sin2\beta_0 = \frac{C}{\langle C\rangle} \tag{4-71}$$

对于 $\beta = \pm\left(\dfrac{\pi}{4}\right)$

$$\pi^{hom}(\underline{n}, [\underline{U}]) \leq \pi^+(\underline{n}, [\underline{U}]) = |[\underline{U}]|\langle C\rangle \begin{cases} \cos2(\beta - \beta_0) & \text{如果 } \sin2\beta \geq \sin2\beta_0 \\ 1 & \text{其他} \end{cases} \tag{4-72}$$

当 $U \geq 0$ 时，根据 Prandtl 破坏机理，屈服设计的运动方法对 Q^* 提供了一个上限估计

$$W_c = Q^+ U \leq W_{mr}(\underline{U}) = W_{mr}^s(\underline{U}) + W_{mr}^+(\underline{U}) \tag{4-73}$$

或

$$Q^* \leq \frac{1}{U}\{W_{mr}^s(\underline{U}) + W_{mr}^+(\underline{U})\} \tag{4-74}$$

其中：

$$W_{mr}^+ = 2\left[\int_{IACB}\pi^+(\underline{\underline{d}})\,\mathrm{d}x\mathrm{d}y + \int_{IB\cup IA}\pi^+(\underline{n};[\underline{U}])\,\mathrm{d}s\right] \tag{4-75}$$

由式(4-74)给出了 Q^* 的上限估计。

2）算例和讨论

根据 $Q^*/BC = N^*$ 的上限值为加固区相对宽度 $\lambda = B_1/B$ 的函数，则当：

（1）$\lambda = 0$ 时：

$$N^* \leq N^+ = (\pi + 2) \tag{4-76}$$

（2）$\lambda = 1$ 时：

$$N^* \leq N^+ = (1 + r)\left(1 + \frac{\pi}{2}\right) + \sqrt{r^2 - 1} - r\cos^{-1}\left(\frac{1}{r}\right) \tag{4-77}$$

其中：　　　　　　$r = \langle C\rangle/C = (1 - \eta) + \eta k$

（3）$\lambda = 2$ 时：

$$N^* \leq N^+ = 1 + r + 2\left[\sqrt{r^2 - 1} + r\sin^{-1}\left(\frac{1}{r}\right)\right] \tag{4-78}$$

（4）$\lambda \geqslant 3$ 时：

$$N^* \leqslant N^+ = (\pi + 2)r + 2\left[\sqrt{r^2 - 1} - r\cos^{-1}\left(\frac{1}{r}\right)\right] \qquad (4\text{-}79)$$

将加固区看作是均匀化各相同性且具有黏聚力为 $\langle C \rangle$ 的纯黏性材料，则：

$$N_{iso}^+ = (\pi + 2)r \qquad (4\text{-}80)$$

因为 $\sqrt{r^2 - 1} - r\cos^{-1}(1/r)$ 为负，所以 $N_{iso}^+ > N^+$。在平面应变条件下，宏观强度准则根据屈服设计的静力和运动方法得到下限和上限定理，如图 4-13 所示，实线表示宏观强度条件的上限，其域的半径为 $\sqrt{2}C$。

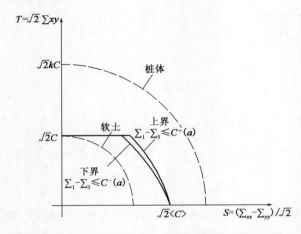

图 4-13　平面应变条件下加筋土宏观强度准则上界和下界定理

加固区各相同性黏聚力的假设，等价于直接的上界运动，将复合地基看作是 Prandtl 承载力机理，假设速度间断面 $\sum$，将剪切区 AID 与下面静止区分开，则最大阻力功为：

$$W_{mr}^{dir}(IB) = \int_{\sum^*} C|[\underline{U}]| d\sum + \int_{\sum^r} kC|[\underline{U}]| d\sum = C|[\underline{U}]|(|\sum^s| + k|\sum^r|)$$

$$(4\text{-}81)$$

式中：$\sum^s$ 和 $\sum^r$ ——软土和桩间断面的交点。

假设桩间距 S 与基础宽度 B 相比足够小，则：

$$W_{mr}^{dir}(IB) \cong C|[\underline{U}]|[(1 - \eta)|\sum| + k\eta|\sum|] = \langle C \rangle|[\underline{U}]||\sum| \qquad (4\text{-}82)$$

图 4-14 表明承载力上界 N^+ 作为加固区相对宽度 λ 的连续增函数，当加固区扩大超过 Prandtl 承载力时，即 $\lambda \geqslant 3$ 时达到最大的常数值。当 $\lambda = 1$，曲线经历了一个转折，超过一定的特定值 λ 几乎降为零，可以解释为此时 Prandtl 承载力减小为加固区各向异性黏聚力的最小值。当 $k = 20$、$\eta = 0.30$ 时，可得 $r = 0.67$。对于 $\lambda \geqslant 3$，则：

$$N^* \leqslant N_{hom}^+ = 28.65 < N_{dir}^+ = 34.45$$

4.3.3　公路复合地基沉降变形计算

1）复合地基的均匀化

根据高速公路拓宽复合地基的桩体在平面上的布置形式，如图 4-15 所示，桩体按周期形式置入软土地基中，且桩间距与整个拓宽地基相比很小。

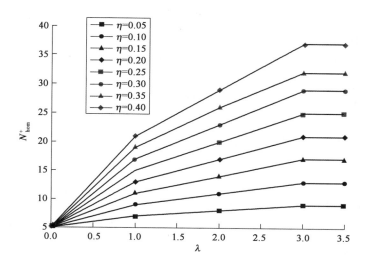

图4-14 承载力因子的上限与加固区相对宽度的关系

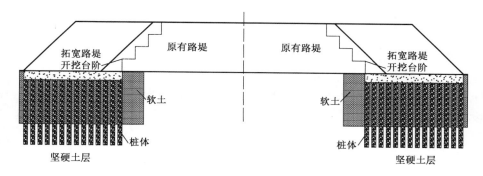

图4-15 高速公路拓宽软基处理

均匀化理论应用到复合地基中,就是确定当量均匀化复合地基的宏观行为,即求解定义在单胞 C 上的边值问题。

根据屈服设计理论,定义作用在单胞 C 荷载,引入静力许可应力场 $\underline{\underline{\sigma}}$ 集合 S 以及运动许可速度场 $\underline{\dot{u}}$ 集合 C,分别定义为:

$$\underline{\underline{\sigma}} \in S \Leftrightarrow \begin{cases} \text{div}\,\underline{\underline{\sigma}}(\underline{\xi}) = 0 & \forall\,\underline{\xi} \in C \quad (\text{a}) \\ \underline{\underline{\sigma}}(\underline{\xi}^+) \cdot \underline{n}(\underline{\xi}^+) = -\underline{\underline{\sigma}}(\underline{\xi}^-) \cdot \underline{n}(\underline{\xi}^-) & \forall\,\underline{\xi}^{\pm} \in \partial C \quad (\text{b}) \end{cases} \quad (4\text{-}83)$$

和

$$\underline{\dot{u}} \in C \Leftrightarrow \begin{cases} \underline{\dot{u}}(\underline{\xi}) = \underline{\underline{F}} \cdot \underline{\xi} + \underline{\dot{v}}(\underline{\xi}) & \forall\,\underline{\xi} \in C \quad (\text{a}) \\ \underline{\dot{v}}(\underline{\xi}^+) = \underline{\dot{v}}(\underline{\xi}^-) & \forall\,\underline{\xi}^{\pm} \in C \quad (\text{b}) \end{cases} \quad (4\text{-}84)$$

方程[4-83(a)]表示零体力下的平衡微分方程,且其应力在可能的应力间断面即桩土界面上保持连续。条件方程[4-83(b)]为反周期条件,表示作用在单胞外边界 ∂C 的两点 $\underline{\xi}^+$ 和 $\underline{\xi}^-$ 的应力张量。

方程(4-84)速度场由均匀化应变率场和周期涨落的和来表示,其中均匀化应变率场和周期涨落分别由梯度 $\underline{\underline{F}}$ 和 $\underline{\dot{v}}$ 表示。

根据以上的定义,静力许可应力场在运动许可速度场中的功的表达式为:

$$\forall\ \underline{\underline{\sigma}} \in S, \quad \forall\ \underline{\dot{u}} \in C$$

$$W(\underline{\underline{\sigma}}, \underline{\dot{u}}) = \int_C (\underline{\underline{\sigma}} : \underline{grad\dot{u}})\mathrm{d}C = \int_C \underline{\underline{\sigma}} : (\underline{\underline{F}} + \underline{grad\dot{v}})\mathrm{d}C$$

$$= \langle \underline{\underline{\sigma}} \rangle : \underline{\underline{F}} + \int_C \underline{\underline{\sigma}} : \underline{grad\dot{v}}\,\mathrm{d}C = \langle \underline{\underline{\sigma}} \rangle : \underline{\underline{F}} + \int_{\partial C} (\underline{\underline{\sigma}} \cdot \underline{n}) \cdot \underline{\dot{v}}\mathrm{d}s \qquad (4\text{-}85)$$

式中:$\langle \cdot \rangle$——在单位体积基胞上的平均体积算子。

根据反周期条件方程[4-83(b)]和周期条件方程[4-83(a)]单胞上的面积分为零,即:

$$\forall\ \underline{\underline{\sigma}} \in S, \quad \forall\ \underline{\dot{u}} \in C, \quad \langle \underline{\underline{\sigma}} : \underline{\dot{\varepsilon}} \rangle = \langle \underline{\underline{\sigma}} \rangle : \langle \underline{\dot{\varepsilon}} \rangle = \underline{\underline{\Sigma}} : \underline{\underline{\dot{\Epsilon}}} \qquad (4\text{-}86)$$

且

$$\underline{\underline{\Sigma}} = \langle \underline{\underline{\sigma}} \rangle \quad \underline{\underline{\dot{\Epsilon}}} = \frac{1}{2}[\underline{\underline{F}} + {}^T\underline{\underline{F}}] = \langle \underline{\dot{\varepsilon}} \rangle, \dot{\varepsilon} = \frac{1}{2}[\underline{grad\ \dot{u}} + {}^T\underline{grad\ \dot{u}}] \qquad (4\text{-}87)$$

式中:$\underline{\underline{\Sigma}}, \underline{\underline{\dot{\Epsilon}}}$——宏观应力和应变。

2)复合地基的宏观弹塑性行为和强度条件

假设复合地基的各组分即软土和桩体服从各向同性线弹性理想塑性,其本构方程有如下的形式:

$$\underline{\dot{\varepsilon}}^\alpha = S^\alpha : \underline{\dot{\sigma}}^\alpha + \dot{\lambda}^\alpha \frac{\partial g^\alpha}{\partial \underline{\underline{\sigma}}^\alpha} \qquad (4\text{-}88)$$

且

$$\forall\ \underline{\xi} \in C^\alpha, \quad f^\alpha(\underline{\underline{\sigma}}^\alpha) \leqslant 0, \quad \dot{\lambda}^\alpha \geqslant 0$$

式中:S^α——组分 α(c 表示桩体、s 表示软土)的四阶弹性张量;

$f^\alpha(\cdot)$——屈服函数;

g^α——塑性势;

$\dot{\lambda}^\alpha$——比例常数;

C^α——由组分 α 所占的域。

由宏观应变率表示应力控制荷载的单胞响应,通过整个单胞的平均应变率场,导出其速度场,即:

$$\underline{\underline{\dot{\partial}}} = \langle \underline{\dot{\varepsilon}} \rangle = \frac{1}{|C|}\int_C \underline{\dot{\varepsilon}}\,\mathrm{d}C \qquad (4\text{-}89)$$

按照屈服设计或屈服设计理论,均匀化的复合地基的最终强度条件为:

$$F(\underline{\underline{\Sigma}}) \leqslant 0 \Leftrightarrow \underline{\underline{\Sigma}} \in G^{\mathrm{hom}} \Leftrightarrow \begin{cases} \underline{\underline{\Sigma}} = \langle \underline{\underline{\sigma}} \rangle \\ \underline{\underline{\sigma}}\ \forall\ \underline{\xi} \in C_\alpha \quad f^\alpha(\underline{\underline{\sigma}}^\alpha) \leqslant 0 \end{cases} \qquad (4\text{-}90)$$

式中：G^{hom}——复合地基的宏观强度域，由各组分相关联的流动法则（$f^{\alpha}=g^{\alpha}$），位于 G^{hom} 边界面上的宏观应力满足 $F(\underline{\underline{\Sigma}})=0$，在宏观应力空间中沿弹塑性荷载路径，到达极限荷载。

3）分段常应力场

将宏观本构方程应用在设计分析复合地基中，考虑一个闭合形式的解，而这个应力解通过分段均匀化应力和应变场的近似，即：

$$\alpha=s,c,\quad \underline{\xi}\in C^{\alpha}\quad \underline{\underline{\sigma}}(\underline{\xi})=\underline{\underline{\sigma}}^{\alpha},\quad \underline{\underline{\varepsilon}}(\underline{\xi})=\underline{\underline{\varepsilon}}^{\alpha} \tag{4-91}$$

式中的应力满足土桩界面连续条件：

$$\underline{\underline{\sigma}}^{s}\cdot\underline{n}=\underline{\underline{\sigma}}^{c}\cdot\underline{n}\,\forall\,\underline{n}\perp\underline{e}_{1} \tag{4-92}$$

分段常应力场应满足公式（4-92）所定义的静力许可应力场。

应变相容部分满足下面所规定的条件：

$$\varepsilon^{s}_{11}=\varepsilon^{c}_{11} \tag{4-93}$$

宏观的应力应变可由下式简化计算：

$$\underline{\underline{\Sigma}}=\langle\underline{\underline{\dot{\sigma}}}\rangle=\eta^{\alpha}\underline{\underline{\dot{\sigma}}}^{\alpha}+\eta^{\beta}\underline{\underline{\dot{\sigma}}}^{\beta} \tag{4-94}$$

$$\underline{\underline{\dot{\epsilon}}}=\langle\underline{\underline{\dot{\varepsilon}}}\rangle=\eta^{\alpha}\underline{\underline{\dot{\varepsilon}}}^{\alpha}+\eta^{\beta}\underline{\underline{\dot{\varepsilon}}}^{\beta} \tag{4-95}$$

式中：η^{α}——组分 α 的体积分数，$\eta^{\alpha}=1-\eta^{\beta}$。

在这里分段常应力的近似不是定义在整个单胞上的辅助边值问题的解，分段常应力场是所研究问题的静力许可，而分段的常应变场并非是运动许可的，所有的几何相容要求在软土和桩体的应变分量相等，即：

$$\forall(i,j)\quad \varepsilon^{s}_{ij}=\varepsilon^{c}_{ij}=\in_{ij} \tag{4-96}$$

4）宏观本构方程的表达式

根据公式（4-92）、公式（4-94），在软土和桩体的应力张量为：

$$\eta=\eta^{c},\quad \underline{\underline{\sigma}}^{s}=\underline{\underline{\Sigma}}-\frac{\rho}{1-\eta}\underline{e}_{1}\otimes\underline{e}_{1},\quad \underline{\underline{\sigma}}^{c}=\underline{\underline{\Sigma}}+\frac{\rho}{\eta}\underline{e}_{1}\otimes\underline{e}_{1} \tag{4-97}$$

弹性应力应变关系：

$$\varepsilon^{s}_{11}=(\underline{e}_{1}\otimes\underline{e}_{1}):S^{s}:\left(\underline{\underline{\Sigma}}-\frac{\rho}{1-\eta}\underline{e}_{1}\otimes\underline{e}_{1}\right) \tag{4-98}$$

$$\varepsilon^{c}_{11}=(\underline{e}_{1}\otimes\underline{e}_{1}):S^{c}:\left(\underline{\underline{\Sigma}}+\frac{\rho}{\eta}\underline{e}_{1}\otimes\underline{e}_{1}\right) \tag{4-99}$$

根据应变相容条件公式（4-93）可得：

$$\rho=\frac{\eta(1-\eta)}{(1-\eta)S^{c}_{1111}+\eta S^{s}_{1111}}(\underline{e}_{1}\otimes\underline{e}_{1}):\Delta S:\underline{\underline{\Sigma}} \tag{4-100}$$

其中：
$$\Delta(\cdot)=(\cdot)^{s}-(\cdot)^{c}$$

微观应力表示为宏观应力的线性函数：

$$\underline{\underline{\sigma}}^{\alpha}=L^{\alpha}:\underline{\underline{\Sigma}} \tag{4-101}$$

其中：

$$L^{s}\,\hat{\ominus}\, = -\,\frac{\eta}{(1-\eta)S^{c}_{1111} + \eta S^{s}_{1111}}(\underline{e}_1 \otimes \underline{e}_1 \otimes \underline{e}_1 \otimes \underline{e}_1):\Delta S \qquad (4\text{-}102)$$

$$L^{c} = \frac{1-\eta}{(1-\eta)S^{c}_{1111} + \eta S^{s}_{1111}}(\underline{e}_1 \otimes \underline{e}_1 \otimes \underline{e}_1 \otimes \underline{e}_1):\Delta S \qquad (4\text{-}103)$$

其中：$\underline{e}_1 \otimes \underline{e}_1 \otimes \underline{e}_1 \otimes \underline{e}_1$——四阶单位张量。

则宏观应力应变关系为：

$$\underline{\underline{\in}} = (1-\eta)\,\underline{\underline{\varepsilon}}^{s} + \eta\,\underline{\underline{\varepsilon}}^{c} = S^{hom}:\underline{\underline{\Sigma}} \qquad (4\text{-}104)$$

其中：

$$S^{hom} = (1-\eta)S^{s}:L^{s} + \eta S^{c}:L^{c}$$

$$\langle S \rangle - \frac{\eta(1-\eta)}{(1-\eta)S^{c}_{1111} + \eta S^{s}_{1111}}\Delta S:(\underline{e}_1 \otimes \underline{e}_1 \otimes \underline{e}_1 \otimes \underline{e}_1):\Delta S \qquad (4\text{-}105)$$

假设软土和桩体是各向同性的，则：

$$S^{\alpha} = \frac{1+v^{\alpha}}{E^{\alpha}} - \frac{v^{\alpha}}{E^{\alpha}}\,\underline{\underline{1}} \otimes \underline{\underline{1}} \qquad (4\text{-}106)$$

式中：E^{α}, v^{α}——组分 α 的弹性模量和泊松比。

5）基于均匀化路堤下复合地基的沉降计算

根据上述均匀化的过程，将路堤下复合地基看作是宏观均匀化的介质，且假设路堤下复合地基所受荷载为 Q，软土地基的深度为 H。单胞所受的轴应变为：

$$\underline{\underline{\in}} = -\in \underline{e}_1 \otimes \underline{e}_1, \quad \in = \frac{\delta}{H} \geqslant 0 \qquad (4\text{-}107)$$

所有的应力应变张量关于加筋方向轴对称的，其垂直和水平分量分别用列矩阵表示为：

$$\underline{\underline{\in}} = \begin{bmatrix} -\in \\ 0 \end{bmatrix}, \quad \underline{\underline{\Sigma}} = \begin{bmatrix} -Q \\ -P \end{bmatrix} \qquad (4\text{-}108)$$

对于宏观变量：

$$\underline{\underline{\varepsilon}}^{\alpha} = \begin{bmatrix} -\in \\ \varepsilon^{\alpha} \end{bmatrix}, \quad \underline{\underline{\sigma}}^{\alpha} = \begin{bmatrix} -q^{\alpha} \\ -P \end{bmatrix}, \quad \alpha = s, c \qquad (4\text{-}109)$$

各组分满足各自平衡方程，轴应变的相容条件：

$$\langle \varepsilon \rangle = \eta^{\alpha}\varepsilon^{\alpha} + \eta^{\beta}\varepsilon^{\beta} = 0 \qquad (4\text{-}110)$$

$$Q = \langle q \rangle = \eta^{\alpha}q^{\alpha} + \eta^{\beta}q^{\beta} \qquad (4\text{-}111)$$

（1）弹性行为

将式（4-106）代入本构关系式（4-88）并积分，可得弹性本构关系：

$$\underline{\underline{\varepsilon}}^{\alpha} = \frac{1+v^{\alpha}}{E^{\alpha}}\,\underline{\underline{\sigma}}^{\alpha} - \frac{v^{\alpha}}{E^{\alpha}}tr(\underline{\underline{\sigma}}^{\alpha})\,\underline{\underline{1}} \qquad (4\text{-}112)$$

将式（4-109）代入式（4-112）可得：

$$\begin{cases} \in = \dfrac{q^{\alpha} - 2v^{\alpha}P}{E^{\alpha}} & \text{(a)} \\[3mm] \varepsilon^{\alpha} = \dfrac{(v^{\alpha}-1)P + v^{\alpha}q^{\alpha}}{E^{\alpha}} & \text{(b)} \end{cases} \qquad (4\text{-}113)$$

由式(4-110)和式[4-113(b)]可得：

$$\langle \varepsilon \rangle = \left\langle v \frac{q}{E} \right\rangle + \left\langle \frac{v-1}{E} \right\rangle P = 0 \tag{4-114}$$

根据式[4-113(a)]得：

$$\frac{q^{\alpha}}{E^{\alpha}} = \in + 2 \frac{v^{\alpha}}{E^{\alpha}} P \Rightarrow \left\langle v \frac{q}{E} \right\rangle = \langle v \rangle + 2 \left\langle \frac{v^2}{E} \right\rangle P \tag{4-115}$$

将式(4-115)代入式(4-114)得：

$$P = \Lambda^{e} \in \tag{4-116}$$

由式[4-113(a)]可得：

$$q^{\alpha} = E^{\alpha} \in + 2 v^{\alpha} P = (E^{\alpha} + 2 v^{\alpha} \Lambda^{e}) \tag{4-117}$$

$$\varepsilon^{\alpha} = v^{\alpha} \left(1 - \frac{\Lambda^{e}}{\mu^{\alpha}}\right) \in \tag{4-118}$$

式中：μ^{α}——组分 α 的拉梅系数 $\mu^{\alpha} = \dfrac{v^{\alpha} E^{\alpha}}{(1 + v^{\alpha})(1 - 2 v^{\alpha})}$。

由式(4-111)可得：

$$Q = E^{e} \in \tag{4-119}$$

$$E^{e} = \langle E \rangle + 2 \langle v \rangle \Lambda^{e} \tag{4-120}$$

(2)初始屈服点

由分段近似的应力场得到的弹性解,直到其中的组分之一发生屈服。各组分的屈服条件采用 Mohr-Coulom 屈服条件,即：

$$(\sigma_{I}^{\alpha} - \sigma_{III}^{\alpha}) + (\sigma_{I}^{\alpha} + \sigma_{III}^{\alpha}) \sin\varphi^{\alpha} - 2 C^{\alpha} \cos\varphi^{\alpha} \leq 0 \tag{4-121}$$

其中：$\sigma_{I}^{\alpha} \geq \sigma_{II}^{\alpha} \geq \sigma_{III}^{\alpha}$ 为主应力, C^{α} 为黏聚力, φ 为摩擦角。Mohr-Coulom 屈服准则也可表达为：

$$f^{\alpha}(\underline{\underline{\sigma}}^{\alpha}) = \sigma_{I}^{\alpha} K_{p}(\varphi^{\alpha}) - \sigma_{III}^{\alpha} - 2 C \sqrt{K_{p}(\varphi^{\alpha})} \leq 0 \tag{4-122}$$

其中：

$$K_{p}(\varphi^{\alpha}) = \frac{1 + \sin(\varphi^{\alpha})}{1 - \sin(\varphi^{\alpha})} \tag{4-123}$$

上式为组分 α 的被动土压力系数公式。对于所有的情况：

$$\sigma_{I}^{\alpha} = \sigma_{II}^{\alpha} = - P \geq \sigma_{III}^{\alpha} = - q^{\alpha} \tag{4-124}$$

由式(4-116)和式(4-117),组分 α 的屈服条件变为：

$$- K_{p}(\varphi^{\alpha}) \Lambda^{e} \in + (E^{\alpha} + 2 v^{\alpha} \Lambda^{e}) - 2 C \sqrt{K_{p}(\varphi^{\alpha})} \leq 0 \tag{4-125}$$

根据条件 $E^{\alpha} + [2 v^{\alpha} - K_{p}(\varphi^{\alpha})] \Lambda^{e} > 0$,

$$\in^{(1)} = \mathop{\text{Min}}\limits_{\alpha = s, c} \left\{ \frac{2 C^{\alpha} \sqrt{K_{p}(\varphi^{\alpha})}}{E^{\alpha} + [2 v^{\alpha} - K_{p}(\varphi^{\alpha})] \Lambda^{e}} \right\} \tag{4-126}$$

$$Q^{(1)} = [\langle E \rangle + 2 \langle v \rangle \Lambda^{e}] \in^{(1)} \tag{4-127}$$

在组分中相应的应力值为：

$$q^{\alpha(1)} = (E^{\alpha} + 2 v^{\alpha} \Lambda^{e}) \in^{(1)} \quad \text{和} \quad P^{(1)} = \Lambda^{e(1)} \tag{4-128}$$

（3）组分 α 的屈服

根据式（4-121），假设各组分保持屈服，且所有的控制方程表达为微分形式，即：

$$-PK_p(\varphi^\alpha) + q^\alpha - 2C^\alpha\sqrt{K_p(\varphi^\alpha)} = 0 \quad \Rightarrow \quad \dot{q}^\alpha = K_p(\varphi^\alpha)\dot{P} \tag{4-129}$$

由式（4-88）将塑性应变率写成矩阵形式：

$$\underline{\dot{\varepsilon}}^{p,\alpha} = \dot{\lambda}^\alpha \begin{bmatrix} -2 \\ K_p(\psi^\alpha) \end{bmatrix} \tag{4-130}$$

式中：ψ^α——塑性膨胀角，$\psi^\alpha \leq \varphi^\alpha$。

组分 α 的弹塑性关系为：

$$\underline{\dot{\varepsilon}}^\alpha = \frac{1+v^\alpha}{E^\alpha}\underline{\dot{\sigma}}^\alpha - \frac{v^\alpha}{E^\alpha}(\mathrm{tr}\,\underline{\dot{\sigma}}^\alpha)\underline{1} + \underline{\dot{\varepsilon}}^{p,\alpha} \tag{4-131}$$

由式（4-109）和式（4-128）可得：

$$\begin{cases} \dot{\in} = \dfrac{\dot{q}^\alpha - 2v^\alpha\dot{P}}{E^\alpha} - 2\dot{\lambda}^\alpha & (a) \\[3mm] \dot{\varepsilon}^\alpha = \dfrac{(v^\alpha-1)\dot{P} + v^\alpha\dot{q}^\alpha}{E^\alpha} + \dot{\lambda}^\alpha K_p(\psi^\alpha) & (b) \end{cases} \tag{4-132}$$

且

$$\dot{q}^\alpha = K_p(\varphi^\alpha)\dot{P} \tag{4-133}$$

组分 β 的本构方程为：

$$\begin{cases} \dot{\in} = \dfrac{\dot{q}^\beta - 2v^\beta\dot{P}}{E^\beta} & (a) \\[3mm] \dot{\varepsilon}^\beta = \dfrac{(v^\beta-1)\dot{P} + v^\beta\dot{q}^\beta}{E^\beta} & (b) \end{cases} \tag{4-134}$$

根据式[4-132（a）]和式（4-133），塑性比例常数为：

$$\dot{\lambda}^\alpha = \frac{1}{2}\left\{\dot{\in} - \dot{P}\left[\frac{K_p(\varphi^\alpha)-2v^\alpha}{E^\alpha}\right]\right\} \tag{4-135}$$

将式（4-135）代入式[4-132（b）]可得组分 α 的水平应变率：

$$\dot{\varepsilon}^\alpha = \frac{1}{2}\left\{K_p(\psi^\alpha)\dot{\in} - [K_p(\psi^\alpha)K_p(\varphi^\alpha) - 2v^\alpha[K_p(\psi^\alpha) + K_p(\varphi^\alpha)] + 2(1-v^\alpha)]\frac{\dot{P}}{E^\alpha}\right\} \tag{4-136}$$

同理，根据式（4-135）可得组分 β 的水平应变率：

$$\dot{\varepsilon}^\alpha = \frac{1}{2}v^\beta\dot{\in} + [2(v^\beta)^2 + v^\beta - 1]\frac{\dot{P}}{E^\beta} \tag{4-137}$$

由式（4-110）：

$$\langle \dot{\varepsilon} \rangle = [\eta^\beta v^\beta + \eta^\alpha K_p(\psi^\alpha)/2]\,\dot{\in} -$$

$$\left\{ \left\langle \frac{1-v}{E} \right\rangle - 2(v^\beta)^2 \frac{\eta^\beta}{E^\beta} + \frac{\eta^\alpha}{2E^\alpha}[K_p(\psi^\alpha)K_p(\varphi^\alpha) - 2v^\alpha[K_p(\psi^\alpha) + K_p(\varphi^\alpha)]] \right\} \dot{P} = 0$$

$$(4\text{-}138)$$

则:

$$\dot{P} = \Lambda^p_\alpha \dot{\in} \qquad (4\text{-}139)$$

其中:

$$\Lambda^p_\alpha = \frac{\eta^\beta v^\beta + \eta^\alpha K_p(\psi^\alpha)/2}{\langle(1-v)/E\rangle - 2(v^\beta)^2\eta^\beta/E^\beta + \eta^\alpha/(2E^\alpha)[K_p(\psi^\alpha)K_p(\varphi^\alpha) - 2v^\alpha(K_p)(\psi^\alpha) + K_p(\varphi^\alpha)]}$$

宏观垂直应力变化率与相应的应变变化率关系为:

$$\dot{Q} = \eta^\alpha K_P(\varphi^\alpha)\dot{P} + \eta^\beta(E^\beta \dot{\in} + 2v^\beta\dot{P}) = \{\eta^\beta E^\beta + \Lambda^p_\alpha[\eta^\alpha K_p(\varphi^\alpha) + 2v^\beta\eta^\beta]\}\,\dot{\in}$$

$$(4\text{-}140)$$

令:

$$E^p_\alpha = \eta^\beta E^\beta + \Lambda^p_\alpha[\eta^\alpha K_p(\varphi^\alpha) + 2v^\beta\eta^\beta]$$

则 α 组分和 β 组分的应力演化分别为:

$$\dot{q}^\alpha = K_p(\varphi^\alpha)\left(\frac{\Lambda^p_\alpha}{E^p_\alpha}\right)\dot{Q}, \quad \dot{q}^\beta = \left(\frac{E^\beta + 2v^\beta\Lambda^p_\alpha}{E^p_\alpha}\right)\dot{Q}, \quad \dot{P} = \left(\frac{\Lambda^p_\alpha}{E^p_\alpha}\right)\dot{Q} \qquad (4\text{-}141)$$

由式(4-141)积分可得:

$$q^\alpha = q^{\alpha(1)} + K_p(\varphi^\alpha)\left(\frac{\Lambda^p_\alpha}{E^p_\alpha}\right)(Q - Q^{(1)}) \qquad (4\text{-}142)$$

$$q^\beta = q^{\beta(1)} + \left(\frac{E^\beta + 2v^\beta\Lambda^p_\alpha}{E^p_\alpha}\right)(Q - Q^{(1)}) \qquad (4\text{-}143)$$

$$P = P^{(1)} + \left(\frac{\Lambda^p_\alpha}{E^p_\alpha}\right)(Q - Q^{(1)}) \qquad (4\text{-}144)$$

β 组分的第二屈服点,由下面的方程确定:

$$f^\beta(\underline{\underline{\sigma}}^\beta) = -\left[P^{(1)} + \left(\frac{\Lambda^p_\alpha}{E^p_\alpha}\right)(Q^{(2)} - Q^{(1)})\right]K_p(\varphi^\beta) +$$

$$\left[q^{\beta(1)} + \frac{E^\beta + 2v^\beta\Lambda^p_\alpha}{E^p_\alpha}(Q^{(2)} - Q^{(1)})\right] - 2C^\beta\sqrt{K_p(\varphi^\beta)} = 0 \qquad (4\text{-}145)$$

即

$$Q^{(2)} = Q^{(1)} + \frac{E^p_\alpha[2C^\beta\sqrt{K_p(\varphi^\beta)} - q^{\beta(1)} + P^{(1)}K_p(\varphi^\beta)]}{E^\beta + [2v^\beta - K_p(\varphi^\beta)]\Lambda^p_\alpha} \qquad (4\text{-}146)$$

(4)塑性域演化

屈服组分的变化率方程为:

$$\begin{cases} \dot{\in} = \dfrac{\dot{q}^\alpha - 2v^\alpha\dot{P}}{E^\alpha} + 2\dot{\lambda}^\alpha \\ \dot{\varepsilon}^\alpha = \dfrac{(v^\alpha - 1)\dot{P} + v^\alpha\dot{q}^\alpha}{E^\alpha} + \dot{\lambda}^\alpha K_p(\psi^\alpha) \end{cases} \quad \alpha = s,c \qquad (4\text{-}147)$$

以及

$$\dot{q}^{\alpha} = K_p(\varphi^{\alpha})\dot{P} \tag{4-148}$$

根据第一阶段的弹塑性相同计算方法,可以得到:

$$\dot{P} = \Lambda^p_{\alpha\beta}\dot{\in} \tag{4-149}$$

其中:

$$\Lambda^p_{\alpha\beta} = \frac{\langle K_p(\psi)\rangle}{\langle\{K_p(\psi)[K_p(\varphi) - 2v] + 2 - 2v[K_p(\varphi) + 1]\}/E\rangle} \tag{4-150}$$

则:

$$\dot{Q} = \langle K_p(\varphi)\rangle\Lambda^p_{\alpha\beta}\dot{\in} \tag{4-151}$$

(5)算例和讨论

假设拓宽地基具有如下的刚度和强度特性:

$$E^s = 2\text{MPa}, \quad v^s = 0.3, \quad C^s = 15\text{kPa}, \quad \varphi^s = \psi^s = 0°$$

桩体材料具有如下的弹塑性特性:

$$E^c = 20\text{MPa}, \quad v^c = 0.3, \quad C^c = 0\text{kPa}, \quad \varphi^c = 35°, \quad \psi^s = 0°$$

加筋体积分数 $\eta^c = 0.3$。

图 4-16 是侧限条件下加固区应力应变响应。图 4-17 是荷载—沉降曲线的地基土的响应,为加固区的弹性分析和弹塑性分析,由图可知,在规定的荷载水平例如 $Q = 200\text{kPa}$,弹性分析显著低估了加固区的沉降。同时因为 $C^c = 0\text{kPa}$,初始屈服点为 0,所以桩体的屈服在 $Q^{(1)} = 0$ 开始屈服。

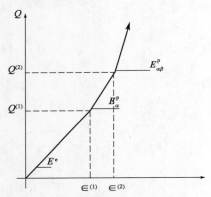

图 4-16 侧限条件下加固区应力应变响应

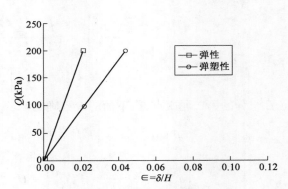

图 4-17 荷载-沉降曲线

图 4-18 是由石灰桩和碎石桩处理软基的对比分析,所有的参数保持不变,由于桩体和软土相比有较高的黏聚力,摩擦角可以忽略不计,即 $C^c = 50\text{kPa}$,$\varphi^c = \psi^c = 0°$。由图中可以看出,利用石灰桩复合地基在加荷的初始阶段减小沉降,但随着荷载的增加,其沉降变得越来越大。这是因为具有高黏聚力的石灰桩的初始屈服点等于 40kPa,而碎石桩的初始屈服为零,相反,在较高荷载条件下,由于碎石桩有较高的摩擦角,一旦发生屈服则限制了加固区的沉降范围。荷载沉降曲线的弹塑性和塑性段的都有较高的斜率,也证实了这一点。

图 4-19 是碎石桩的塑性膨胀角对荷载-沉降曲线的影响,膨胀角从 $\varphi = 0°$ 到 $\varphi = 35°$,在一定荷载条件下,沉降减小。参考图 4-17,弹塑性切线模量 E^p_{α} 相对应的桩体材料的屈服,对于 $\psi^c = 0°$ 时的曲线斜率为 4.16MPa 显著低于初始弹性斜率 $E^e = 8.35\text{MPa}$,大于完全的

塑性演化的切线模量 $E_{\alpha\beta}^p = 3.97\mathrm{MPa}$ 。

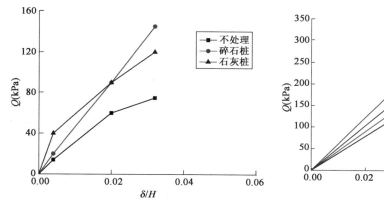

图 4-18　不同桩型的对比处理图　　　　　图 4-19　膨胀角对荷载-沉降曲线的影响

4.3.4 初始应力场对路堤下复合地基沉降影响

只要各组分保持弹性,沉降分析化为沉降曲线的初始斜率 E^e,由于线弹性的叠加原理,沉降曲线与复合地基中由重力引起的初始应力场无关,但初始应力场显著影响地基的弹塑性响应。由于由重力引起的初始应力场的表达式可采用如下形式:

$$\alpha = s, \quad c : \underline{\underline{\sigma}}_0^\alpha(x_1) = \underline{\underline{\Sigma}}_0(x_1) = \begin{bmatrix} -q_0^\alpha = -\Sigma_0(x_1) \\ -P_0 = -K_0\Sigma_0(x_1) \end{bmatrix} \tag{4-152}$$

其中: $\Sigma_0(x_1) = \gamma(H - x_1)$ 表示垂直压应力分量,与深度成正比例增加。其中, γ 表示比重,初始应力分布平衡重力场。

由式(4-122),服从屈服准则,有下面的不等式:

$$0 \leqslant x_1 \leqslant H, \quad \alpha = r, c : \gamma(H - x_1)(1 - K_0 K_p) - 2C^\alpha \sqrt{K_p(\varphi^\alpha)} \leqslant 0 \tag{4-153}$$

由于路堤的荷载 Q 均匀地作用复合地基上,其位移场为:

$$\underline{u}(x_1) = -u(x_1)\underline{e}_1 \quad u(x_1 = 0) = 0, \quad u(x_1 = H) = \delta \tag{4-154}$$

相应的应变分布为:

$$\underline{\underline{\epsilon}}(x_1) = \begin{bmatrix} -\epsilon(x_1) = -u'(x_1) \\ 0 \end{bmatrix} \tag{4-155}$$

则路堤总的表面沉降为:

$$\delta = \int_0^H \epsilon(x_1)\,\mathrm{d}x_1 \tag{4-156}$$

式中: H ——软土地基深度。

同时,加固区以及各组分相应的应力分布为:

$$\underline{\underline{\Sigma}}(x_1) = \begin{bmatrix} -\Sigma(x_1) = -\Sigma_0(x_1) - Q \\ -P(x_1) = -P_0(x_1) - \Delta P(x_1) \end{bmatrix} \tag{4-157}$$

$$\underline{\underline{\sigma}}^\alpha(x_1) = \begin{bmatrix} -q^\alpha(x_1) = -\Sigma_0(x_1) - \Delta q^\alpha(x_1) \\ -P(x_1) = -P_0(x_1) - \Delta P(x_1) \end{bmatrix} \tag{4-158}$$

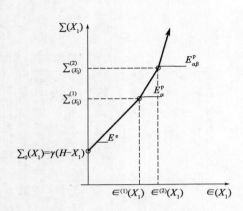

图 4-20　在一定深度加固区应力应变响应

在一定深度加固区,应力应变响应由分段线性曲线描述,如图 4-16 所示,每一段的斜率和图 4-20 相同。

由于在弹性演化的初始阶段,控制方程(4-116)、方程(4-117)和方程(4-120)的微分表达式:

$$\alpha = s,c:\dot{q}^{\alpha} = \frac{E^{\alpha} + v^{\alpha}\Lambda^{e}}{E^{e}}\dot{Q}; \dot{P} = \frac{\Lambda^{e}}{E^{e}}\dot{Q} \qquad (4\text{-}159)$$

根据式(4-152)和式(4-156):

$$\alpha = s,c:q^{\alpha} = \Sigma_{0} + \frac{E^{\alpha} + v^{\alpha}\Lambda^{e}}{E^{e}}(\Sigma - \Sigma_{0});$$

$$P = K_{0}\Sigma_{0} + \frac{\Lambda^{e}}{E^{e}}(\Sigma - \Sigma_{0}) \qquad (4\text{-}160)$$

假设侧应力 P 是各组分中的大主应力,各组分的屈服条件:

$$-\left[K_{0}\Sigma_{0} + \frac{\Lambda^{e}}{E^{e}}(\Sigma - \Sigma_{0})\right]K_{p}(\varphi^{\alpha}) + \Sigma_{0} + \frac{E^{\alpha} + 2v^{\alpha}\Lambda^{e}}{E^{e}}(\Sigma - \Sigma_{0}) - 2C^{\alpha}\sqrt{K_{p}(\varphi^{\alpha})} \leqslant 0 \qquad (4\text{-}161)$$

相应的第一屈服点和第二屈服点分别为:

$$\Sigma^{(1)}(x_{1}) = \Sigma_{0}(x_{1}) + \underset{\alpha=s,c}{\text{Min}}\left\{\frac{2E^{e}C^{\alpha}\sqrt{K_{p}(\varphi^{\alpha})} + \Sigma_{0}(x_{1})E^{e}[K_{0}K_{p}(\varphi^{\alpha}) - 1]}{E^{\alpha} + [2v^{\alpha} - K_{p}(\varphi^{\alpha})]\Lambda^{e}}\right\} \qquad (4\text{-}162)$$

$$\Sigma^{(2)}(x_{1}) = \Sigma^{(1)}(x_{1}) + \frac{E_{\alpha}^{p}[2C^{\beta}\sqrt{K_{p}(\varphi^{\beta})} - q^{\beta(1)}(x_{1}) + P^{(1)}(x_{1})K_{p}(\varphi^{\beta})]}{E^{\beta} + [2v^{\beta} - K_{p}(\varphi^{\beta})]\Lambda_{\alpha}^{p}} \qquad (4\text{-}163)$$

$$q^{\beta(1)}(x_{1}) = \Sigma_{0}(x_{1}) + \left(\frac{E^{\alpha} + 2v^{\alpha}\Lambda^{e}}{E^{e}}\right)(\Sigma^{(1)} - \Sigma_{0})(x_{1}) \qquad (4\text{-}164)$$

$$P^{(1)}(x_{1}) = K_{0}\Sigma_{0}(x_{1}) + \left(\frac{\Lambda^{e}}{E^{e}}\right)(\Sigma^{(1)} - \Sigma_{0})(x_{1}) \qquad (4\text{-}165)$$

根据 $\Sigma(x_{1}) = Q + \Sigma_{0}(x_{1}) = Q + \gamma(H - x_{1})$,上面的公式确定的第一屈服点和第二屈服点作为加固区深度的线性函数,则:

$$Q^{(1)}(x_{1}) = \underset{\alpha=s,c}{\text{Min}}\{a^{\alpha}x_{1} + b^{\alpha}\} \qquad (4\text{-}166)$$

其中:

$$a^{\alpha} = \frac{-\gamma\{E^{e}[K_{0}K_{p}(\varphi^{\alpha}) - 1]\}}{E^{\alpha} + [2v^{\alpha} - K_{p}(\varphi^{\alpha})]\Lambda^{e}} \qquad (4\text{-}167)$$

$$b^{\alpha} = \frac{2E^{e}C^{\alpha}\sqrt{K_{p}(\varphi^{\alpha})} + \gamma H\{E^{e}[K_{0}K_{p}(\varphi^{\alpha}) - 1]\}}{E^{\alpha} + [2v^{\alpha} - K_{p}(\varphi^{\alpha})]\Lambda^{e}} \qquad (4\text{-}168)$$

$$Q^{(2)}(x_1) = Q^{(1)}(x_1)\left(1 + \frac{E_\alpha^p}{E^e}\right) + cx_1 + d \tag{4-169}$$

其中：

$$c = \frac{-\gamma\left[E_\alpha^p(K_0 K_p(\varphi^\beta) - 1)\right]}{E^\beta + \left[2v^\beta - K_p(\varphi^\beta)\right]\Lambda_\alpha^p} \tag{4-170}$$

$$d = \frac{2E_\alpha^P C^\alpha \sqrt{K_P(\varphi^\beta)} + \gamma H\{E_\alpha^p[K_0 K_p(\varphi^\beta) - 1]\}}{E^\beta + \left[2v^\beta - K_p(\varphi^\beta)\right]\Lambda_\alpha^p} \tag{4-171}$$

算例：

假设路堤的软土地基深度 $H = 7\text{m}$。

软土地基具有如下的特征：

$\gamma = \gamma^s = 18\text{kN/m}^3$，　$E^s = 2\text{MPa}$，

$v^s = 0.3$，　$C^s = 40\text{kPa}$，$\varphi^s = \psi^s = 0$

桩体具有性质：

$\gamma = \gamma^c = 18\text{kN/m}^3$，　$E^c = 20\text{MPa}$，

$v^c = 0.3$，$C^c = 0\text{kPa}$，　$\varphi^c = 35°$，　$\psi^c = 0$

并且：置换率为 $\eta^c = 0.3$，复合地基的初始状态定义为侧压力系数 $K_0 = 0.6$，相应的屈服点剖面如图4-21所示。

由于屈服点为深度的线性函数，由图可知，桩首先屈服，且第一屈服点随深度增加。

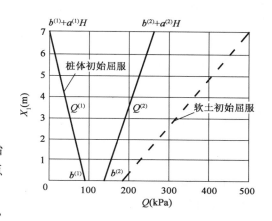

图 4-21　第一和第二屈服点作为深度函数的剖面图

$$Q^{(1)}(x_1) = \text{Min}\{43.9x_1 + 181; -12.07x_1 + 84.5\} = \underset{a^{(1)}}{-12.07}x_1 + \underset{b^{(1)}}{84.5} \tag{4-172}$$

第二屈服点随深度减小。

$$Q^{(2)}(x_1) = \underset{a^{(2)}}{23.5}x_1 + \underset{b^{(2)}}{138} \tag{4-173}$$

由式（4-173）重力引起的应力场，路堤荷载 Q 从零逐渐增加，分为四个连续阶段：

（Ⅰ）$0 \leqslant Q \leqslant b^{(1)}$。这个阶段，在加固区的顶面处桩体开始发生塑性变形，导致塑性区的形成，当荷载增加，塑性区向下扩散，相应的轴应变率的分布为：

$$\dot{\in} = \begin{cases} \dot{Q}/E^e & \text{如果 } 0 \leqslant x_1 \leqslant H(1 - Q/b^{(1)}) \quad \text{弹性区} \\ \dot{Q}/E_c^p & \text{如果 } H(1 - Q/b^{(1)}) \leqslant x_1 \leqslant H \quad \text{桩体塑性} \end{cases} \tag{4-174}$$

沉降率为：

$$\dot{\delta} = \int_0^H \dot{\in}\, dx_1 = \frac{Q}{E^e}H\left(1 - \frac{Q}{b^{(1)}}\right) + \frac{Q}{E_c^p}H\left(\frac{Q}{b^{(1)}}\right) \tag{4-175}$$

则：

$$0 \leqslant Q \leqslant b^{(1)} : \delta = H\frac{Q}{E^e}\left[1 + \frac{Q}{2b^{(1)}}\left(\frac{E^e}{E_c^p} - 1\right)\right] \tag{4-176}$$

由于：
$$\delta(Q = 0) = 0$$

（Ⅱ）$b^{(1)} \leqslant Q \leqslant b^{(2)}$。桩在整个加固内发生塑性变形，软土保持弹性，于是：

$$\dot{\delta} = \int_0^H \left(\frac{\dot{Q}}{E_c^p}\right) \mathrm{d}x_1 = \frac{\dot{Q}H}{E_c^p} \tag{4-177}$$

则：

$$b^{(1)} \leqslant Q \leqslant b^{(2)} : \delta = \delta(b^{(1)}) + \frac{Q - b^{(1)}}{E_c^p}H \tag{4-178}$$

（Ⅲ）$b^{(2)} \leqslant Q \leqslant b^{(2)} + a^{(2)}H$。底部（$x_1 = 0$）的土层开始屈服，并逐渐向上扩散，得到第三阶段的荷载：

$$\dot{\in} = \begin{cases} \dot{Q}/E_{\alpha\beta}^p & \text{如果 } 0 \leqslant x_1 \leqslant (Q - b^{(2)})/a^{(2)} \\ \dot{Q}/E_r^p & \text{如果}(Q - b^{(2)})/a^{(2)} \leqslant x_1 \leqslant H \end{cases} \tag{4-179}$$

相应的沉降率为：

$$\dot{\delta} = \int_0^H \dot{\in} \, \mathrm{d}x_1 = \frac{\dot{Q}}{E_{\alpha\beta}^p}\left(\frac{Q - b^{(2)}}{a^{(2)}}\right) + \frac{\dot{Q}}{E_c^p}\left(H - \frac{Q - b^{(2)}}{a^{(2)}}\right) \tag{4-180}$$

则：

$$\delta = \delta(b^{(2)}) + \left(\frac{Q - b^{(2)}}{E_c^p}\right)H + \frac{(Q - b^{(2)})^2}{2a^{(2)}}\left(\frac{1}{E_{\alpha\beta}^p} - \frac{1}{E_c^p}\right) \tag{4-181}$$

（Ⅳ）$Q \geqslant b^{(2)} + a^{(2)}H$。表示在复合地基处范围内的各组分处于完全塑性，则相应的沉降率和总沉降分别为：

$$\dot{\in} = \frac{\dot{Q}}{E_{\alpha\beta}^p} \tag{4-182}$$

沉降率：

$$\dot{\delta} = \frac{\dot{Q}H}{E_{\alpha\beta}^p} \tag{4-183}$$

总沉降：

$$\delta = \delta(a^{(2)}H + b^{(2)}) + \left(\frac{Q - (a^{(2)}H + b^{(2)})}{E_{\alpha\beta}^p}\right)H \tag{4-184}$$

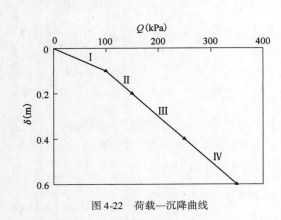

图 4-22　荷载—沉降曲线

如图 4-22 所示为对应的上面四个阶段的荷载—沉降曲线。

4.4　基于多相模型均匀化理论的公路加筋路堤力学性质

4.4.1　加筋路堤作为两相系统的控制方程

加筋路堤是将加筋体按周期性置入土体中，且加筋结构的体积分数很小，加筋体的力学性质远远大于周围土的力学性质，如图 4-23 所示。可以将加筋路堤看作是两个相互作用连续介质的复合系统，即基质相和加筋相。

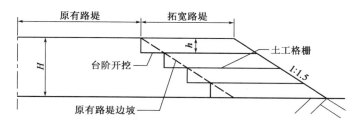

图 4-23　土工格栅在新老路堤结合部的应用

1）加筋路堤两相平衡微分方程

根据基质相和加筋相的控制方程（4-10）~控制方程（4-13），可得加筋路堤的平衡微分方程：

基质相：

$$\mathrm{div}\ \underline{\underline{\sigma}}^{m} + \rho^{m}\ \underline{F}^{m} + \underline{I} = 0 \tag{4-185}$$

加筋相：

$$\mathrm{div}\ \underline{\underline{n}}^{r} + \rho^{r}\ \underline{F}^{r} - \underline{I} = 0 \tag{4-186}$$

式中：$\underline{\underline{\sigma}}^{m}$，$\underline{\underline{n}}^{r}$——基质相和加筋相的 Cauchy 应力张量；

$\rho\underline{F}^{m}$，$\rho\underline{F}^{r}$——作用在基质相和加筋相的外体力密度；

$\underline{I}$——基质相和加筋相的相互作用。

$$\underline{\underline{n}}^{r} = n_{\alpha\beta}^{r}\ \underline{e}_{\alpha} \otimes \underline{e}_{\beta} \quad (\alpha,\beta = 1,2) \tag{4-187}$$

式中：$\underline{e}_{1}$，$\underline{e}_{2}$——加筋平面的单位向量。

应力边界条件：

加筋路堤的应力边界条件：

$$\underline{\underline{\sigma}}^{m} \cdot \underline{v} = \underline{T}^{m} \quad 和 \quad \underline{\underline{n}}^{r} \cdot \underline{v} = \underline{T}^{r} \tag{4-188}$$

当基质相和加筋相完全黏结时，即加筋体与基质体形成均匀化的整体，其控制微分方程为：

$$\mathrm{div}\ \underline{\underline{\Sigma}} + \rho\underline{F} = 0 \tag{4-189}$$

其中：

$$\underline{\underline{\Sigma}} = \underline{\underline{\sigma}}^{m} + \underline{\underline{n}}^{r} \quad 和 \quad \rho\underline{F} = \rho^{m}\ \underline{F}^{m} + \rho^{r}\ \underline{F}^{r} \tag{4-190}$$

其边界条件化为：

$$\underline{\underline{\Sigma}} \cdot \underline{v} = \underline{T} = \underline{T}^{m} + \underline{T}^{r} \tag{4-191}$$

2）弹塑性本构方程

由弹性理想塑性的假设：

基质相的应变张量：

$$\underline{\underline{\varepsilon}}^{m} = \frac{1}{2}(\ \underline{\mathrm{grad}}\ \underline{\xi}^{m} + {}^{t}\ \underline{\mathrm{grad}}\ \underline{\xi}^{m}) \tag{4-192}$$

弹性本构关系表达为：

$$\underline{\underline{\sigma}}^{m} = \underline{\underline{C}}^{m} : (\underline{\underline{\varepsilon}}^{m} - \underline{\underline{\varepsilon}}_{p}^{m}) \tag{4-193}$$

式中：$\underline{\underline{C}}^{m}$——四阶弹性模量张量；

$\underline{\underline{\varepsilon}}_{p}^{m}$——塑性应变张量,塑性应变的演化由下面的流动法则给出：

$$\dot{\underline{\underline{\varepsilon}}}_{p}^{m} = \dot{\lambda} \frac{\partial g^{m}}{\partial \underline{\underline{\sigma}}^{m}} \quad 且 \quad \dot{\lambda} = \begin{cases} \geq 0 & f^{m}(\underline{\underline{\sigma}}^{m}) = \dot{f}^{m}(\underline{\underline{\sigma}}^{m}) = 0 \\ = 0 & 其他 \end{cases} \tag{4-194}$$

式中：$\dot{\lambda}$——比例常数;

f^{m}, g^{m}——基质相的屈服函数和塑性势。

加筋相的应变张量：

$$\underline{\underline{\varepsilon}}^{r} = \frac{1}{2}(\underline{grad}\ \underline{\xi}^{r} +^{t}\underline{grad}\ \underline{\xi}^{r}) \tag{4-195}$$

弹性本构关系表达为：

$$\underline{\underline{n}}^{r} = \underline{\underline{C}}^{r} : (\tilde{\underline{\underline{\varepsilon}}}^{r} - \tilde{\underline{\underline{\varepsilon}}}_{p}^{r}) \tag{4-196}$$

式中：$\tilde{\underline{\underline{\varepsilon}}}^{r}, \tilde{\underline{\underline{\varepsilon}}}_{p}^{r}$——加筋相的总应变和塑性应变。

$$\tilde{\underline{\underline{\varepsilon}}}^{r} = \varepsilon_{\alpha\beta}^{r}\ \underline{e}_{\alpha} \otimes \underline{e}_{\beta} \quad (\alpha,\beta = 1,2) \tag{4-197}$$

$\underline{\underline{C}}^{r}$ 是平面应力刚度张量：

$$\underline{\underline{C}}^{r} = C_{\alpha\beta\gamma\delta}^{r}\ \underline{e}_{\alpha} \otimes \underline{e}_{\beta} \otimes \underline{e}_{\gamma} \otimes \underline{e}_{\delta l} \quad (\alpha,\beta,\gamma,\delta = 1,2) \tag{4-198}$$

加筋相塑性应变的演化服从流动法则：

$$\dot{\tilde{\underline{\underline{\varepsilon}}}}_{p}^{r} = \dot{\lambda} \frac{\partial g^{r}}{\partial \underline{\underline{n}}^{r}} \quad 且 \quad \dot{\lambda} = \begin{cases} \geq 0 & f^{r}(\underline{\underline{n}}^{r}) = \dot{f}^{r}(\underline{\underline{n}}^{r}) = 0 \\ = 0 & 其他 \end{cases} \tag{4-199}$$

式中：$\dot{\lambda}$——比例常数;

f^{r}, g^{r}——加筋相的屈服函数和塑性势。

相互作用相的相对位移：

$$\underline{\Delta} = \underline{\xi}^{r} - \underline{\xi}^{m} \tag{4-200}$$

相应的本构关系为：

$$\underline{I} = \underline{\underline{c}}^{I} \cdot (\underline{\Delta} - \underline{\Delta}^{p}) \tag{4-201}$$

式中：$\underline{\underline{c}}^{I}$——基质相与加筋相相互作用的刚度张量；

$\underline{\Delta}^{p}$——相互作用塑性应变变量,满足：

$$\dot{\underline{\Delta}}_{p} = \dot{\lambda} \frac{\partial f^{I}}{\partial \underline{I}} \quad 且 \quad \dot{\lambda} = \begin{cases} \geq 0 & f^{I}(\underline{I}) = \dot{f}^{I}(\underline{I}) = 0 \\ = 0 & 其他 \end{cases} \tag{4-202}$$

3）本构参数的确定

根据加筋结构的力学和几何特性,确定以上本构关系的参数,首先定义加筋体积分数:

假设加筋体的厚度为 d 与两个连续加筋层的间距 h 相比很小,如图 4-23 所示:即加筋体积分数为:

$$\eta = \frac{d}{h} \ll 1 \tag{4-203}$$

由于加筋体积分数很小,而土的体积分数 $1 - \eta$ 接近 1,则基质相的力学性质等同于路堤填料的力学性质。

（1）基质相的本构关系可表达为:

$$\underline{\underline{\sigma}}^m = \lambda \mathrm{tr}(\underline{\underline{\varepsilon}}^m - \underline{\underline{\varepsilon}}_p^m)\ \underline{\underline{1}} + 2\mu(\underline{\underline{\varepsilon}}^m - \underline{\underline{\varepsilon}}_p^m) \tag{4-204}$$

式中: λ , μ ——拉梅系数。

屈服函数为:

$$f^m(\underline{\underline{\sigma}}^m) = \sigma_I^m(1 + \sin\varphi) - \sigma_{\text{III}}^m(1 - \sin\varphi) \leqslant 0 \tag{4-205}$$

塑性势为:

$$g^m(\underline{\underline{\sigma}}^m) = \sigma_I^m(1 + \sin\psi) - \sigma_{\text{III}}^m(1 - \sin\psi) = C \tag{4-206}$$

式中: φ , ψ ——摩擦角和膨胀角;

σ_I^m , σ_{III}^m ——大主应力和小主应力;

C ——任意常数。

（2）加筋相的本构关系

根据各向同性的假设,本构关系表达为:

$$\underline{\underline{n}}^r = \alpha^r \mathrm{tr}(\underline{\underline{\tilde{\varepsilon}}}^r - \underline{\underline{\tilde{\varepsilon}}}_p^r)\ \underline{\underline{\tilde{1}}} + \beta^r(\underline{\underline{\tilde{\varepsilon}}}^r - \underline{\underline{\tilde{\varepsilon}}}_p^r) \tag{4-207}$$

其中:

$$\alpha^r = \frac{v^r}{1 - v^{r2}}\eta E^r \quad \text{和} \quad \beta^r = \frac{1}{1 + v^r}\eta E^r \tag{4-208}$$

式中: E^r , v^r ——加筋体的弹性模量和泊松比。

根据如下的关系式:

$$\underline{\underline{\sigma}}^r = \sigma_{\alpha\beta}^r\ \underline{e}_\alpha \otimes \underline{e}_\beta = \frac{\underline{\underline{N}}^r}{d} = \frac{h\ \underline{\underline{n}}^r}{d} = \frac{\underline{\underline{n}}^r}{\eta} \tag{4-209}$$

式中: $\underline{\underline{\sigma}}^r$ ——加筋层的局部应力;

$\underline{\underline{N}}^r$ ——加筋体的张力。

假设加筋体服从 Tresca 强度条件,对于平面应力状态:

$$\sup\{|\sigma_I^r| - \sigma_0; |\sigma_{\text{II}}^r| - \sigma_0\} \leqslant 0 \tag{4-210}$$

式中: σ_I^r , σ_{II}^r ——加筋平面的主局部应力分量,根据式（4-209）,加筋相的强度条件为:

$$f^r(\underline{\underline{n}}^r) \leqslant 0 \Leftrightarrow 0 \leqslant n_I^r , \quad n_{\text{II}}^r \leqslant n_0 = \eta\sigma_0 \tag{4-211}$$

式中: n_I^r , n_{II}^r ——加筋应力张量的主值。

则塑性流动法则：

$$\dot{\varepsilon}_{p,\alpha}^{r} = \begin{cases} \dot{\lambda} & \dot{\lambda} = \begin{cases} \geqslant 0 & n_{\alpha}^{r} = n_{0}^{r}, \dot{n}_{\alpha}^{r} = 0 \\ = 0 & \text{其他} \end{cases} \\ -\dot{\lambda} & \dot{\lambda} = \begin{cases} \geqslant 0 & n_{\alpha}^{r} = 0, \dot{n}_{\alpha}^{r} = 0 \\ = 0 & \text{其他} \end{cases} \end{cases} \tag{4-212}$$

（3）相互作用相

在各向同性的假设条件下，相互作用的屈服函数为：

$$f^{I}(\underline{I}) = |\underline{I}| - I_{0} \leqslant 0 \tag{4-213}$$

式中：$I_{0} = \dfrac{T_{0}}{h}$，其中，T_{0} 为单个加筋体的拉拔强度。

4.4.2　加筋路堤弹塑性边值问题

假设 Ω 表示弹塑性两相系统的几何域，其运动学由其位移向量来描述：

$$\underline{\xi}^{m} = \xi_{1}^{m}\underline{e}_{1} + \xi_{2}^{m}\underline{e}_{3} + \xi_{3}^{m}\underline{e}_{3} \quad \underline{\xi}^{r} = \xi_{1}^{r}\underline{e}_{1} + \xi_{2}^{r}\underline{e}_{2} + \xi_{3}^{r}\underline{e}_{3} \tag{4-214}$$

且满足几何相容条件：

$$\xi_{3}^{m} = \xi_{3}^{r} \tag{4-215}$$

如果它们是分段连续可微的，且满足下面的位移边界条件：

$$\begin{cases} \xi_{i}^{m} = \xi_{i}^{m(d)} & \text{在 } \partial\Omega_{\xi_{i}^{m}} \\ \xi_{i}^{r} = \xi_{i}^{r(d)} & \text{在 } \partial\Omega_{\xi_{i}^{r}} \end{cases} \tag{4-216}$$

式中：$\partial\Omega_{\xi_{i}^{m}} \cup \partial\Omega_{\xi_{i}^{r}} = \partial\Omega$ 和 $\partial\Omega_{\xi_{i}^{m}} \cap \partial\Omega_{\xi_{i}^{r}} = \varnothing$。

则两个位移场为运动许可速度场。

广义应力场 $\{\underline{\underline{\sigma}}^{m}, \underline{n}^{r}, \underline{I}\}$ 为分段连续可微的，且分别满足下面的平衡方程和边界条件：

$$\begin{cases} \text{div } \underline{\underline{\sigma}}^{m} + \rho^{m}\underline{F}^{m} + \underline{I} = 0 \\ [\underline{\underline{\sigma}}^{m}] \cdot \underline{n} = 0 & \text{在 } \sum_{\underline{\underline{\sigma}}^{m}} \text{上} \end{cases} \tag{4-217}$$

$$\begin{cases} \text{div } \underline{n}^{r} + \rho^{r}\underline{F}^{r} - \underline{I} = 0 \\ [\underline{n}^{r}] \cdot \underline{n} = 0 & \text{在 } \sum_{\underline{n}^{r}} \text{上} \end{cases} \tag{4-218}$$

式中：$[\underline{\underline{\sigma}}^{m}]$，$[\underline{n}^{r}]$——单位法向为 $\underline{n}$；

　　　　$\underline{\underline{\sigma}}^{m}$、$\underline{n}^{r}$——穿过间断面 $\sum_{\underline{\underline{\sigma}}^{m}}$ 和 $\sum_{\underline{n}^{r}}$ 的间断应力场。

两相系统的边界条件为：

$$T_{i}^{m} = T_{i}^{m(d)} \quad \text{在 } \partial\Omega_{T_{i}^{m}} \text{上} \tag{4-219}$$

$$T_{i}^{r} = T_{i}^{r(d)} \quad \text{在 } \partial\Omega_{T_{i}^{r}} \text{上} \tag{4-220}$$

且：$\partial\Omega_{\xi_{i}^{\alpha}} \cap \partial\Omega_{T_{i}^{\alpha}} = \varnothing$ 和 $\partial\Omega_{\xi_{i}^{\alpha}} \cup \partial\Omega_{T_{i}^{\alpha}} = \partial\Omega$

$$\alpha = m, r \tag{4-221}$$

则广义应力场为静力许可应力场。

如果满足基质相,加筋相和相互作用的强度条件的应力场 $\{\underline{\underline{\sigma}}^m; \underline{\underline{n}}^r; \underline{I}\}$:

$$\begin{cases} f^m(\underline{\underline{\sigma}}^m) = \sigma_{\mathrm{I}}^m(1 + \sin\varphi) - \sigma_{\mathrm{III}}^m(1 - \sin\varphi) \leqslant 0 \\ 0 \leqslant n_{\mathrm{I}}^r, \quad n_{\mathrm{II}}^r \leqslant n_0^r \\ f^I(I) = |\underline{I}| - I_0 \leqslant 0 \end{cases} \tag{4-222}$$

为塑性许可应力场。

当加筋体与基质体完全黏结,即加筋体与基质体无滑移破坏,则以上的多相模型化为经典的均匀化方法,服从下面的宏观强度条件:

$$F(\underline{\underline{\Sigma}}) \leqslant 0 \tag{4-223}$$

由式(4-190)得:

$$\underline{\underline{\Sigma}} = \underline{\underline{\sigma}}^m + \underline{\underline{n}}^r \tag{4-224}$$

且:

$$\begin{cases} f(\underline{\underline{\sigma}}^m) \leqslant 0 \\ 0 \leqslant \underline{\underline{n}}^r \leqslant n_0 \end{cases} \tag{4-225}$$

4.4.3　基于屈服设计的路堤稳定性分析

1)两相系统的支撑函数或 π 函数

将加筋路堤看作是两相系统,运用屈服设计的运动学方法,有必要计算每一相及相互作用相的支撑函数或 π 函数。

定义:假设 $\langle\cdot, \cdot\rangle$ 表示 R^n 中的内积, $\|\cdot\|$ 表示欧氏模, $C \subset R^n$, $cl(C)$ 为 C 的闭包, $ri(C)$ 为 C 的内部,则:

设 $C \subset R^n$,称函数:

$$\pi^*(x \mid C) = \sup\{\langle x, y\rangle \mid y \in C\} (x \in R^n) \tag{4-226}$$

为 C 的支撑函数或 π 函数。

根据支撑函数的定义分别写出基质相、加筋相、相互作用相的支撑函数:

基质相:

$$\pi^m(\underline{\underline{d}}^m) = \sup\{\underline{\underline{\sigma}}^m : \underline{\underline{d}}^m; f^m(\underline{\underline{\sigma}}^m) \leqslant 0\} = \begin{cases} 0 & \mathrm{tr}\,\underline{\underline{d}}^m \geqslant (\sum_I |d_I^m|)\sin\varphi \\ +\infty & \text{其他} \end{cases} \tag{4-227}$$

式中: $\underline{\underline{d}}^m$ ——由基质相的虚速度场 $\underline{U}^m$ 所计算的应变率。

间断面的虚速度跳跃 $[\underline{U}^m]$,按照单位法向量 $\underline{v}$,相应支撑函数为:

$$\pi^m(\underline{v}; [\underline{U}^m]) = \sup\{(\underline{\underline{\sigma}}^m \cdot \underline{v}) \cdot [\underline{U}^m]; f^m(\underline{\underline{\sigma}}^m) \leqslant 0\} = \begin{cases} 0 & [\underline{U}^m] \cdot \underline{v} \geqslant |[\underline{U}^m]|\sin\varphi \\ +\infty & \text{其他} \end{cases} \tag{4-228}$$

加筋相:

$$\pi^r(\underline{\underline{d}}^r) = \sup\{\underline{\underline{n}}^r : \underline{\underline{d}}^r; f^r(\underline{\underline{n}}^r) \leqslant 0\} = n_0[\langle \tilde{d}_{\mathrm{I}}^r \rangle + \langle \tilde{d}_{\mathrm{II}}^r \rangle] \tag{4-229}$$

式中：$\langle X \rangle$ —— X 的正定部分；

$\tilde{d}^r_I$，$\tilde{d}^r_{II}$ —— $\underline{\underline{d}}^r$ 的主分量，$\underline{\underline{d}}^r = d^r_{\alpha\beta} \underline{e}_\alpha \otimes \underline{e}_\beta$。

相应的速度间断的支撑函数为：

$$\pi^r(\underline{v};[\underline{U}^r]) = \pi^r(\underline{\underline{\delta}}^r = \frac{1}{2}\{\underline{v} \otimes [\underline{U}^r] + [\underline{U}^r] \otimes \underline{v}\}) \tag{4-230}$$

式中：$\underline{U}^r$ —— 加筋相的虚速度场。

相互作用：

$$\pi^I(\underline{I}) = \sup\{\underline{I}.(\underline{U}^r - \underline{U}^m); |\underline{I}| \le I_0\} = I_0|\tilde{U}^r - \tilde{U}^m| \tag{4-231}$$

式中：$\tilde{U}^r$、$\tilde{U}^m$ —— 分别为加筋相总虚速度场、基质相总虚速度场。

2）上限运动法

由于加筋路堤被看作是两相系统，基质相和加筋相具有不同的运动学，即基质相的虚速度为 $\underline{U}^m$ 和加筋相的虚速度为 $\underline{U}^r$。根据上限定理，有：

$$W_e(\underline{U}^m, \underline{U}^r) = W_i(\underline{U}^m, \underline{U}^r) \tag{4-232}$$

式中：W_e —— 外力的虚功，且：

$$W_e(\underline{U}^m, \underline{U}^r) = -\gamma \int_{\Omega^m} U^m_y \mathrm{d}\Omega^m \tag{4-233}$$

W_i 为内力的虚功，且：

$$W_i(\underline{U}^m, \underline{U}^r) = \int_{\Omega^m}(\underline{\underline{\sigma}}^m : \underline{\underline{d}}^m)\mathrm{d}\Omega + \int_{\Omega^r}(\underline{\underline{n}}^r : \underline{\underline{d}}^r)\mathrm{d}\Omega + \int_{\Omega^r \cap \Omega^m} I\dot\Delta\mathrm{d}\Omega \tag{4-234}$$

相应的应变率张量为：

$$\underline{\underline{d}}^m = \frac{1}{2}(\underline{\underline{grad}}\ \underline{U}^m + {}^t\underline{\underline{grad}}\ \underline{U}^m), \underline{\underline{d}}^r = \frac{1}{2}(\underline{\underline{grad}}\ \underline{U}^r + {}^t\underline{\underline{grad}}\ \underline{U}^r), \dot\Delta = \underline{U}^r - \underline{U}^m \tag{4-235}$$

根据速度场 $(\underline{U}^m, \underline{U}^r)$，由不同的强度条件定义最大阻力功，即内力功的最大值：

$$W_{rm}(\underline{U}^m, \underline{U}^r) = \int_{\Omega^m}\pi^m(\underline{\underline{d}}^m)\mathrm{d}\Omega + \int_{\Omega^r}\pi^r(\underline{\underline{d}}^r)\mathrm{d}\Omega + \int_{\Omega^r \cap \Omega^m}\pi^I(\dot\Delta)\mathrm{d}\Omega \tag{4-236}$$

两个速度场是不连续的其间断面 Σ^m 和 Σ^r 的速度间断时最大阻力功：

$$W_{rm}(\underline{U}^m, \underline{U}^r) = \int_{\Omega^m}\pi^m(\underline{\underline{d}}^m)\mathrm{d}\Omega + \int_{\Omega^r}\pi^r(\underline{\underline{d}}^r)\mathrm{d}\Omega + \int_{\Omega^r \cap \Omega^m}\pi^I(\dot\Delta)\mathrm{d}\Omega +$$
$$\int_{\Sigma^m}\pi^m(\underline{v};[\underline{U}^m])\mathrm{d}\Sigma + \int_{\Sigma^r}\pi^r(\underline{v};[\underline{U}^r])\mathrm{d}\Sigma \tag{4-237}$$

根据定义最大阻力功为内力功的上界，根据(4.4-47)得到加筋路堤稳定性的必要条件为：

$$H \le H^+ \Rightarrow \forall (\underline{U}^m, \underline{U}^r), \quad W_e(\underline{U}^m, \underline{U}^r) \le W_{mr}(\underline{U}^m, \underline{U}^r) \tag{4-238}$$

式中：H^+ —— 加筋路堤的临界高度，由量纲分析可得：

$$H^+ = \frac{n_0}{\gamma}K^+\left(\varphi, \frac{L}{H}, \frac{I_0 L}{n_0}\right) \tag{4-239}$$

式中：K^+ —— 无量纲的参数。

3）基于上界运动法加筋路堤的破坏机构

拓宽加筋路堤的虚速度场看作是两相系统,加筋路堤的破坏为螺旋破坏机理,如图 4-24、图 4-25 所示,将 OAB 看作是刚体运动,绕点 Ω 的角速度为 ω,破坏线 OB 是对数螺旋的弧,其角为填料的摩擦角,破坏线由角参数 θ_1 和 θ_2 确定。

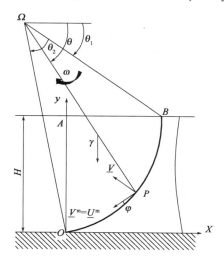

图 4-24　基质相和加筋相的虚速度场　　　图 4-25　螺旋破坏机构

首先分别定义基质相和加筋相的速度场:

在点 M 内基质相的虚速度:

$$\underline{U}^m(M) = \begin{cases} -(\omega\,\underline{e}_z) \wedge \underline{\Omega M} & M \in OAB \\ 0 & 其他 \end{cases} \tag{4-240}$$

相应的应变率张量处处为零($\underline{\underline{d}}^m = 0$),速度间断出现在破坏线任意点 P,其法向 $\underline{v}$,即:

$$\underline{V}^m(P) = [\underline{U}^m](P) = \underline{U}^m(P^+) - \underline{U}^m(P^-) = \underline{U}^m(P)\,\forall P \in OB \tag{4-241}$$

由于 $\underline{U}^m(P^-) = 0$,加筋相的虚速度:

$$\underline{U}^r(M) = \begin{cases} [\underline{U}^m(P) \cdot \underline{e}_x]\,\underline{e}_x & M \in DEF \\ \underline{U}^m(M) & 其他 \end{cases} \tag{4-242}$$

相应的沿破坏线的速度间断为:

$$\underline{V}^r(P) = \begin{cases} \underline{U}^m(P) & P \in OF \\ \underline{U}^m(P) - U^m_x(P)\,\underline{e}_x & P \in FD \end{cases} \tag{4-243}$$

相对应的应变率等于零。在三角区 DEF:

$$d^r = \frac{\partial U^r_x}{\partial x} = 0 \tag{4-244}$$

相互作用相:

在三角区 DEF:

$$\dot{\Delta} = U^r_x - U^m_x = U^m_x(P) - 0 = V^m_x(P) \tag{4-245}$$

在其他地方处处为零。

根据以上的破坏机理计算最大阻力功：

由于基质相即路堤填料是纯摩擦材料，对最大阻力功的贡献为零，根据式（4-244）加筋相对最大阻力功的贡献为：

$$W_{mr}^{r}(\underline{U}^{r}) = \int_{OD} \pi^{r}(\underline{v};\underline{V}^{r}) \, ds \tag{4-246}$$

根据式（4-226）~式（4-228）和式（4-242）：

$$W_{mr}^{r} = \int_{OF} n_0 \langle v_\chi U_\chi^m(P) \, ds \rangle + \int_{FD} n_0 \langle v_\chi (U_\chi^m(P) - U_\chi^m(P)) \rangle \, ds \tag{4-247}$$

土体和加筋体相互作用对最大阻力功的贡献为：

$$W_{mr}^{int}(\underline{U}^m,\underline{U}^r) = \int_{DEF} \pi^I(\dot{\Delta}) \, ds = \int_{DEF} I_0 |U_\chi^m(P)| \, ds \tag{4-248}$$

则总的最大阻力功为：

$$W_{mr}(\underline{U}^r) = W_{mr}^r + W_{mr}^{int} = \int_{OF} n_0 \langle v_\chi U_\chi^m(P) \rangle \, ds + \int_{DEF} I_0 |U_\chi^m(P)| \, d\chi dy \tag{4-249}$$

第二个面积分与滑移区有关，转化为沿 FD 的曲线积分：

$$\int_{DEF} I_0 |U_\chi^m(P)| \, d\chi dy = \int_{FD} I_0 |U_\chi^m(P)| (-v_\chi) l(P) \, ds, \, dy = -v_\chi \, ds \tag{4-250}$$

由于 v_χ 和 U_χ^m 都是负值：

$$\langle v_\chi U_\chi^m \rangle = |v_\chi U_\chi^m| \tag{4-251}$$

最大阻力功的表达式：

$$W_{mr}(\underline{U}^r) = W_{mr}^r + W_{mr}^{int} = \int_{OF} n_0 \langle v_\chi U_\chi^m(P) \rangle \, ds + \int_{FD} I_0 l(P) \langle v_\chi U_\chi^m(P) \rangle \, ds \tag{4-252}$$

对于给定的对数螺旋 OD 和固定的 ω 值，滑移区的宽度 l 可由下式得出：

$$l_0 = \frac{n_0}{I_0} \tag{4-253}$$

则最大阻力功为：

$$W_{mr}(\underline{U}^r) = \int_{OD} \text{Min}\{n_0; I_0 l(P)\} \langle v_\chi U_\chi^m(P) \rangle \, ds \tag{4-254}$$

式中：$l(P)$ ——沿破坏线的 P 点处加筋体的锚固长度。

上式的物理意义在于最大阻力功的计算应用单块的旋转破坏机理，加筋体的的初始强度 n_0 被介于 n_0 与拉拔阻力 $I_0 l(P)$ 间的最小值代替。

4）加筋路堤的屈服设计

根据加筋路堤对数螺旋破坏机理最大的塑性功可表达为如下形式：

$$W_{mr} = n_0 |\omega| H^2 w_{mr}\left(\varphi, \frac{L}{H}, \frac{I_0 L}{H}; \theta_1, \theta_2\right) \tag{4-255}$$

由式（4-233）可得外力的功为：

$$W_e = \gamma \omega H^3 w_e\left(\varphi, \frac{L}{H}, \frac{I_0 L}{H}; \theta_1, \theta_2\right) \tag{4-256}$$

式中：w_{mr}, w_e ——无量纲的量。

根据式（4-238）可得：

$$H \leqslant H^+ \Rightarrow \forall (\omega, \theta_1, \theta_2), \quad \gamma \omega H^3 w_e \leqslant n_0 | \omega | H^2 w_{mr} \tag{4-257}$$

对于 $\omega > 0$,可得加筋路堤临界高度的上界值。

$$H^+ = \frac{n_0}{\gamma} K^+ \leqslant \frac{n_0}{\gamma} \operatorname*{Min}_{\theta_1, \theta_2} \left(\frac{w_{mr}}{w_e} \right) = \frac{n_0}{\gamma} K^u \left(\varphi, \frac{L}{H}, \frac{I_0 L}{n_0} \right) \tag{4-258}$$

无量纲因子 K^+ 所对应值 K^u 为无量纲参数 $I_0 L / n_0 = L / l_0$ 的函数,其控制加筋路堤破坏的条件。

根据上限定理,得到的加筋路堤上限值为路堤填料内摩擦角和加筋体长度与路堤相对高度的函数。可以看出路堤填料是影响加筋路堤稳定性的重要指标。

假设加筋路堤高为 H,加筋体的长度为 $L = H$,路堤填料为纯摩擦材料,其摩擦角分别为 $\varphi = 20°$, $\varphi = 30°$, $\varphi = 40°$,每一个摩擦角对应非量纲因子 K^+ 的值 K^u。

如图 4-26 所示,随着路堤填料摩擦角和 L / l_0 的增加,无量纲的稳定系数也随之而增加。其稳定系数趋于一个渐进值。如图 4-27 所示,路堤填料摩擦角 $\varphi = 30°$,加筋体相对长度 L / H 的不同值,随着加筋体长度的增加其稳定性也随之增加。

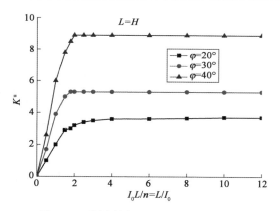

图 4-26 不同摩擦角的安全系数的上界计算　　　图 4-27 不同长度的安全系数的上界计算

4.4.4 路堤均匀化和宏观屈服准则

当基质相和加筋相完全黏结时,根据式(4-188)和式(4-189),其平衡方程为:

$$\operatorname{div} \underline{\underline{\Sigma}} + \rho \underline{F} = 0 \tag{4-259}$$

其宏观应力为:

$$\underline{\underline{\Sigma}} = \eta^m \underline{\underline{\sigma}}^m + \eta^r \underline{\underline{n}}^r \tag{4-260}$$

式中:$\underline{\underline{\sigma}}^m$, $\underline{\underline{n}}^r$ ——基质相和加筋相的 Cauchy 应力张量;

η^m, η^r ——体积分数,由于加筋体的体积远远小于路堤填料的体积。

加筋路堤的宏观应力可由下面的张量形式表示:

$$\overline{\underline{\underline{\Sigma}}}_{ij} = \bar{\sigma}_{ij}^m + \xi k_t n_i n_j \quad i, j = 1, 2, 3 \tag{4-261}$$

式中:k_t ——整个拓宽加筋路堤单位横截面加筋体的抗拉强度;

ξ ——加筋强度变化的系数,其变化范围为 $-1 \leqslant \xi \leqslant 0$;

n_i ——加筋方向的单位法向量。

对于均匀铺设的加筋体可表示为:

$$k_t = \frac{T}{h} \tag{4-262}$$

式中：T——加筋体每单位长度的极限力；

h——加筋体间的间距。

根据均匀化的理论导出平面应变条件下，加筋路堤屈服准则，由于加筋路堤的屈服可能由路堤填料和加筋体共同屈服引起，也可能仅由填料的屈服引起。均匀化加筋路堤的屈服条件是各向异性的，其屈服条件可表达为：

$$f(p,q,\psi) \leqslant 0 \tag{4-263}$$

其中：

$$p = \frac{\bar{\sigma}_x + \bar{\sigma}_y}{2}, \quad q = \frac{\bar{\sigma}_x - \bar{\sigma}_y}{2}, \quad \tan2\psi = \frac{2\bar{\tau}_{xy}}{\bar{\sigma}_x - \bar{\sigma}_y} \tag{4-264}$$

式中：$\bar{\sigma}_x$，$\bar{\sigma}_y$，$\bar{\tau}_{xy}$——加筋路堤的宏观应力状态。

图 4-28 和 4-29 表示在空间 p、q、$\bar{\tau}_{xy}$ 中的屈服面。均匀化的加筋路堤的屈服函数与中主应力无关。

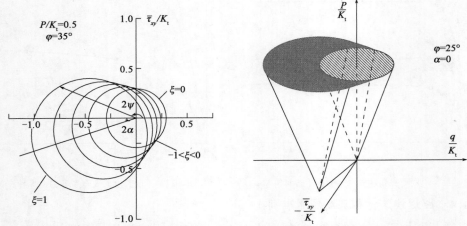

图 4-28 不同加筋强度的极限应力状态   图 4-29 加筋路堤宏观屈服面

如图 4-28 所示的在 p、q 和 $\bar{\tau}_{xy}$ 空间中 p 为常数时的横截面，每个圆表示由式（4-261）所确定的加筋体不同抗拉强度的变化。

路堤填料的应力状态满足 Mohr-Coulomb 屈服条件：

$$(\sigma_x^m + \sigma_y^m)\sin\varphi - \sqrt{(\sigma_x^m - \sigma_y^m)^2 + 4\tau_{xy}^2} = 0 \tag{4-265}$$

式中：φ——内摩擦角，基质填料看作是无黏性的。

对于 $\xi = 0$ 对应的圆表示典型的各向同性材料破坏状态，对于 $\xi = -1$ 对应的圆表示加筋复合体中加筋体的屈服状态，所有圆的包线表示整个加筋结构体的宏观破坏准则，$-1 < \xi < 0$ 的直线段准则表示由于加筋体中力的变化引起复合加筋体的破坏。

图 4-29 表示在空间 p、q、$\bar{\tau}_{xy}$ 的宏观屈服准则，由两个圆锥段和两个平面组成。如果复合加筋体的屈服应力状态看成是作用在其上面的极限荷载，则根据屈服设计的下限定理荷载是安全的。屈服面 $f(p,q,\bar{\tau}_{xy}) = 0$ 可以描述为一个分段函数。

由图 4-28 所示,定义:

$$R = \sqrt{q^2 + \bar{\tau}_{xy}^2} = \frac{1}{2}\sqrt{(\bar{\sigma}_x - \bar{\sigma}_y)^2 - 4\bar{\tau}_{xy}^2} \tag{4-266}$$

宏观屈服函数的解析表达式为:

当 $\xi = 0$ 时,即加筋体对整个结构体没有影响:

$$\frac{R}{k_t} = \frac{p}{k_t}\sin\varphi;\quad |2\psi - 2\alpha| \leqslant \frac{\pi}{2} - \varphi \tag{4-267}$$

式中: α ——加筋体与 x – 轴间的夹角。

当 $-1 < \xi < 0$ 时:

$$\frac{R}{k_t} = \frac{p}{k_t}\frac{\sin\varphi}{\sin(2\psi + \varphi - 2\alpha)};\quad \frac{\pi}{2} - \varphi < |2\psi - 2\alpha| \leqslant \frac{\pi}{2} - \varphi + \tan^{-1}\left(\frac{k_t}{2p\tan\varphi}\right) \tag{4-268}$$

当 $\xi = -1$ 时:

$$\frac{R}{k_t} = -0.5\cos(2\psi - 2\alpha) + \sqrt{\left(\frac{p}{k_t} + 0.5\right)^2 \sin^2\varphi - 0.25\sin^2(2\psi - 2\alpha)}\ \frac{\pi}{2} -$$

$$\varphi + \tan^{-1}\left(\frac{k_t}{2p\tan\varphi}\right) < |2\psi - 2\alpha| \leqslant \pi \tag{4-269}$$

4.4.5　加筋路堤屈服设计

利用屈服设计的理论得出加筋路堤的整体稳定解,屈服设计理论应用到各向异性加筋路堤要求建立静力许可应力场和运动许可速度场。

拓宽加筋路堤在平面应变条件下的塑性应力场可表达为:

$$f(\bar{\sigma}_x, \bar{\sigma}_y, \bar{\tau}_{xy}) = R - F(p, \psi) = 0 \tag{4-270}$$

式中: R , p , ψ ——由式(4-266)和式(4-267)给出,当函数 F 与 ψ 无关时表示各向同性的屈服准则。

应力状态分量可表达为 R 和 ψ 的函数:

$$\bar{\sigma}_x = p + R\cos2\psi \tag{4-271}$$

$$\bar{\sigma}_y = p - R\cos2\psi \tag{4-272}$$

$$\tau_{xy} = R\sin2\psi \tag{4-273}$$

对于加筋路堤不同段的宏观屈服准则的具体函数 $F(p, \psi)$ 由式(4-267)、式(4-268)和式(4-269)以及一组双曲型偏微分方程给出:

$$\frac{\partial\bar{\sigma}_x}{\partial x} + \frac{\partial\bar{\tau}_{xy}}{\partial y} = 0 \tag{4-274}$$

$$\frac{\partial\bar{\tau}_{yx}}{\partial x} + \frac{\partial\bar{\sigma}_y}{\partial y} = -\gamma \tag{4-275}$$

由式(4-274)和式(4-275)控制应力状态的分布; γ 表示重度,坐标 y 与重力方向一致。

假设式(4-270)表示为极限应力状态,引入变量 m 和 v ,定义为:

$$\tan2m = \frac{1}{2F}\frac{\partial F}{\partial\psi},\quad \cos2v = \frac{\partial F}{\partial p}\cos2m \tag{4-276}$$

则式(4-274)和式(4-275)的解可由特征线得出,特征线为:

$$\frac{\mathrm{d}y}{\mathrm{d}x} = \tan(\psi - m - v) \qquad 沿\ s_1 - 特征线 \qquad (4\text{-}277)$$

$$\frac{\mathrm{d}y}{\mathrm{d}x} = \tan(\psi - m + v) \qquad 沿\ s_2 - 特征线 \qquad (4\text{-}278)$$

沿特征线的应力关系：

$$\sin\left[2(m - v)\right]\frac{\partial p}{\partial s_1} + 2F\frac{\partial \psi}{\partial s_1} + \gamma\cos(2m)\left[\cos(2v)\frac{\partial x}{\partial s_1} - \sin(2v)\frac{\partial y}{\partial s_1}\right] = 0^{s_1} \quad (4\text{-}279)$$

$$\sin\left[2(m + v)\right]\frac{\partial p}{\partial s_2} + 2F\frac{\partial \psi}{\partial s_2} + \gamma\cos(2m)\left[\cos(2v)\frac{\partial x}{\partial s_2} + \sin(2v)\frac{\partial y}{\partial s_2}\right] = 0^{s_2} \quad (4\text{-}280)$$

则由式(4-277)、式(4-278)和式(4-279)、式(4-280)可解满足屈服条件的加筋路堤的边值问题。

由相同的方式通过解一组双曲偏微分方程可得运动场的速度 v_x 和 v_y，而这组偏微分方程可以应用相关联的流动法则得出应变率和 ψ 的关系，利用应变率的关系：

$$\dot{\in}_x = \frac{\partial v_x}{\partial x}, \qquad \dot{\in}_y = \frac{\partial v_y}{\partial y}, \qquad \dot{\in}_{xy} = -\frac{1}{2}\left(\frac{\partial v_x}{\partial y} + \frac{\partial v_y}{\partial x}\right) \qquad (4\text{-}281)$$

建立速度 v_x 和 v_y 与主应力倾角 ψ 的函数关系，速度特征线与式(4-277)和式(4-278)一致。

根据如果有间断速度场，速度场中的速度间断线与两族特征线之一重合。速度跳跃与间断线的夹角为膨胀角。对于各向同性的土，根据相关联的流动法则其膨胀角与内摩擦角相等，对于各向异性的材料膨胀角不唯一。

导出各向异性加筋结构体在给定屈服条件下膨胀角，考虑屈服条件 $p = $ 常数的横截面（图4-30），向量 $\dot{\varepsilon}$ 由正交流动法则确定，应力向量 R 与 q 轴的夹角为 2ψ，$\dot{\varepsilon}$ 与 q 轴的夹角为 2η，η 为大主应变率与 x 轴的夹角。从图4-30也可确定式(4-276)中的夹角 m。图4-31为各向同性，即 F 仅是 p 的函数且屈服面上处 $m = 0$。在这里考虑的屈服条件是关于 p 的一阶均匀函数，由图4-30可知，直线连接屈服面周线上的点。

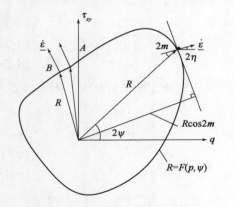

图4-30　$p = $ 常数时屈服面的横截面

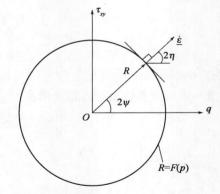

图4-31　各向同性

对于各向同性的屈服条件，膨胀角等于内摩擦角与 R 和 p 的关系可由下式给出：

$$\sin\varphi = \frac{R}{p} \qquad (4\text{-}282)$$

式(4-279)对各向异性材料的膨胀角偏大。

考虑图 4-30 的 AB 两点,对 AB 间的极限应力状态由于 R 的变化由式(4-279)得出不同的膨胀角。对于 AB 间的不同的点根据正交流动法则给出这些点相同的方向,对于各向异性材料膨胀角可由下式给出:

$$\sin\varphi = \frac{R\cos 2m}{p} \tag{4-283}$$

对于各向异性土的屈服设计上限运动方法,在间断面上的膨胀角与间断的方向无关,而对于各向异性的材料,由于膨胀角的改变,使得间断面与特征线 s_1 和 s_2 联系起来。

根据式(4-275)和式(4-276)以及图 4-30,可得 $\eta = \psi - m$,式(4-275)和式(4-276)表明应力特征线与大主应变率的方向的夹角为 $\pm v$,则其和速度特征线重合。

4.4.6　加筋路堤整体稳定性分析

根据上限定理可表示为在运动许可破坏机构中面力和体力所做的功的变化率小于或等于能量耗散并可得:

$$\int_v \dot{D}(\dot{\varepsilon}_{ij})\,\mathrm{d}v \geqslant \int_{S_v} T_i v_i \mathrm{d}S_v + \int_{S_t} T_i v_i \mathrm{d}S_t + \int_V \gamma_i v_i \mathrm{d}V \tag{4-284}$$

式(4-284)左边表示加筋路堤在开始破坏期间的功的耗散率,右边包括所有外力的功率,其中 T_i 表示边界 S_v 和 S_t 的应力向量,v_i 表示在运动许可速度场中的速度向量,γ_i 表示比重向量,V 表示结构体积。式(4-284)的关键要素是建立一个许可破坏机构,由正交流动法则定义变形土体的膨胀性,单位体积的变形土体的内功率由下式计算:

$$\dot{d} = (\dot{\varepsilon}_1 - \dot{\varepsilon}_3)c\cos\varphi \tag{4-285}$$

式中:$\dot{\varepsilon}_1$,$\dot{\varepsilon}_3$ ——最大和最小主应变率。

在整个破坏机构的变形域内积分可得式(4-284)的左面的表达式,根据相关联的流动法则要求速度跳跃向量与间断面成 φ 角,间断面每单位面积的功的耗散率为:

$$\dot{d} = c[v]\cos\varphi \tag{4-286}$$

式中:$[v]$ ——速度间断的大小。

建立破坏机构最重要的部分是建立其矢端曲线,根据图 4-32,运动边界条件为 q,运动速度分别为 $v_1, v_2, \cdots, v_n$,矢短曲线分别由速度唯一确定。对于图 4-32,加筋体均匀分布,其强度为:

$$k_t = \frac{nT_t}{H} \tag{4-287}$$

式中:n——加筋层数;

　　　T_t ——单层加筋体的抗拉强度;

　　　H ——路堤的高度。

这里所考虑的加筋路堤的超载预压和 OD 的边界是未知的,OA 是固定的边界面,如图 4-32 所示。

根据图 4-32,上限定理可写为:

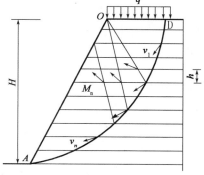

图 4-32　加筋路堤破坏

$$\int_v k_l \langle \dot{\varepsilon}_l \rangle \mathrm{d}v = \int_{OD} q_i V_i \mathrm{d}S + \int_v \gamma_i V_i^* \mathrm{d}v \quad (i = 1,2) \tag{4-288}$$

式中：k_l——加筋路堤每单位横截面积加筋体的抗拉强度。

$$k_l = \frac{\gamma H}{k_t} \tag{4-289}$$

$\langle \dot{\varepsilon}_l \rangle$——沿加筋方向的应变率。

$$\langle \dot{\varepsilon}_l \rangle = \begin{cases} |\dot{\varepsilon}_l| & \dot{\varepsilon}_l < 0 \\ 0 & \dot{\varepsilon}_l \geqslant 0 \end{cases} \tag{4-290}$$

q_i——作用在 OD 上的面力。

γ_i——填料的重度。

式(4-288)的左边可看作是所有加筋层耗散率的和。

在这里假设加筋体足够长不会发生拉拔破坏，从而只考虑加筋路堤加筋体的滑移破坏。

根据图 4-32 的破坏机理，将其看作是沿破裂面的刚体滑动，根据运动许可速度场的条件，所有的速度间断与破裂面呈 φ（等于填料的内摩擦角，如图 4-33 所示）。其矢端曲线如图 4-34 所示。

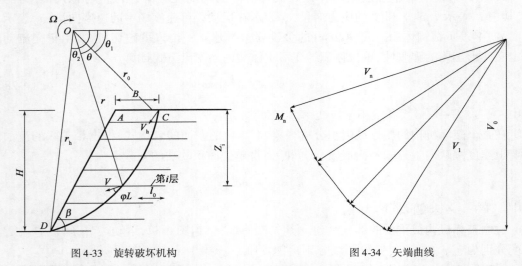

图 4-33　旋转破坏机构　　　　　　　　图 4-34　矢端曲线

由刚体破坏机理，在加筋体中所有的能量耗散沿速度间断面发生，根据图 4-32，每单位面积的速度间断面的能量耗散为：

$$\dot{d} = \int_0^{t/\sin\eta} k_l \dot{\varepsilon}_x \sin\eta \mathrm{d}x = k_l [V] \cos(\eta - \varphi) \sin\eta \tag{4-291}$$

式(4-288)的左边可由式(4-292)代替：

$$\dot{D} = \sum_n l k_l [V] \cos(\eta - \varphi) \sin\eta \tag{4-292}$$

式中：n——速度间断直线段的数目；

l——单个速度间断直线段的长度；

$[V]$——速度跳跃的大小；

η——加筋体与破裂面的夹角(图 4-35);

φ——路堤填料的内摩擦角,加筋方向与 x – 轴同向,即 $\alpha = 0$。

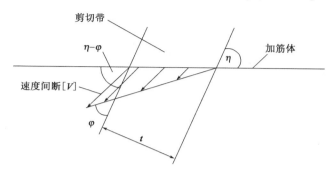

图 4-35   加筋体在破裂层的变形

4.4.7   加筋路堤优化

1)加筋体强度的优化

如图 4-33 所示,破坏面为对数螺旋方程:

$$r = r_0 e^{(\theta - \theta_1) \tan\varphi} \tag{4-293}$$

式中:φ——路堤填料的内摩擦角;

r_0——与角 θ_1 相关的对数螺旋半径。

旋转破坏的条件是要求速度间断向量与破坏面的夹角为 φ,其大小为:

$$v = \dot{\omega} r_0 e^{(\theta - \theta_1) \tan\varphi} \tag{4-294}$$

式中:$\dot{\omega}$——角速度的变化率。

根据正交流动法则和黏聚力为零,破坏面上的应力张量和速度间断相互正交,则加筋路堤在破坏过程中土体沿破坏面的能量耗散为零,由式(4-294)可知能量耗散主要来自加筋体。

加筋体破坏面中耗散率增量等于加筋体中的力与速度间断的点积,即:

$$\mathrm{d}\dot{D} = k_t r \mathrm{d}\theta \frac{\cos(\theta - \varphi)}{\cos\varphi} n \cdot v \tag{4-295}$$

式中:n——加筋方向的单位向量。

根据式(4-293)和式(4-294),耗散率的增量式(4-295)可表达为:

$$\mathrm{d}\dot{D} = k_t \dot{\omega} r_0^2 (\sin\theta\cos\theta + \sin^2\theta\tan\varphi) e^{2(\theta - \theta_1) \tan\varphi} \mathrm{d}\theta \tag{4-296}$$

对式(4-296)在 $\theta_1 \sim \theta_2$ 积分,可得:

$$\dot{D} = \frac{1}{2} k_t \dot{\omega} r_0^2 \left[\sin^2\theta_2 e^{2(\theta_2 - \theta_1) \tan\varphi} - \sin^2\theta_1 \right] \tag{4-297}$$

由于加筋路堤边坡表面没有拉力,式(4-284)的右面化为两项,即描述土重所做的功率和孔隙水压的贡献,即:

$$W_\gamma = \gamma r_0^3 \dot{\omega} (f_1 - f_2 - f_3) \tag{4-298}$$

其中:

$$f_1 = \frac{1}{3(1 + 9\tan^2\varphi)}\big[(3\tan\varphi\cos\theta_2 - \sin\theta_2)e^{3(\theta_2-\theta_1)\tan\varphi} - 3\tan\varphi\cos\theta_1 - \sin\theta_1\big]$$

$$f_2 = \frac{1}{6}\frac{B}{r_0}\Big(2\cos\theta_1 - \frac{B}{r_0}\Big)\sin\theta_1$$

$$f_3 = \frac{1}{6}\frac{H}{r_0}\frac{\sin(\beta + \theta_2)}{\sin\beta}\Big(2\cos\theta_2 e^{(\theta_2-\theta_1)\tan\varphi} + \frac{H}{r_0}\cot\beta\Big)e^{(\theta_2-\theta_1)\tan\varphi}$$

$$\frac{B}{r_0} = \frac{1}{\sin\alpha}\Big[\sin(\theta_2 - \theta_1) - \frac{H}{r_0}\frac{\sin(\beta + \theta_2)}{\sin\beta}\Big]$$

孔隙水压的功率主要表示的是填料的体积变形,即:

$$\dot{W}_u = \gamma r_0^3 \dot{\omega} r_u f_5 \tag{4-299}$$

式中: r_u ——孔压系数。

$$f_5 = \tan\varphi\Big[\int_{\theta_1}^{\theta}\frac{z_1}{r_0}e^{2(\theta-\theta_1)\tan\varphi}\mathrm{d}\theta + \int_{\theta}^{\theta_2}\frac{z_2}{r_0}e^{2(\theta-\theta_1)\tan\varphi}\mathrm{d}\theta\Big]$$

$$\frac{z_1}{r_0} = \frac{r}{r_0}\sin\theta - \sin\theta_0;\ \frac{z_2}{r_0} = \frac{r}{r_0}\sin\theta - \sin\theta_2 e^{(\theta_2-\theta_1)\tan\varphi} + \Big[\frac{r}{r_0}\cos\theta - \cos\theta_2 e^{(\theta_2-\theta_1)\tan\varphi}\Big]\tan\beta$$

由能量耗散率相等,即由式(4-297)~式(4-299)可得:

$$\frac{k_t}{\gamma H} = \frac{2(f_1 - f_2 - f_3 + r_u f_5)}{\sin^2\theta_2 e^{2(\theta_2-\theta_1)\tan\varphi} - \sin^2\theta_1}\frac{r_0}{H} \tag{4-300}$$

其中:

$$\frac{H}{r_0} = \sin\theta_2 e^{(\theta_2-\theta_1)\tan\varphi} - \sin\theta_1$$

式(4-300)表示均匀分布的加筋体强度严格的下限。其优化条件使 $\frac{k_t}{\gamma H}$ 最大。

2)加筋长度的优化

计算最小的加筋长度,考虑两个不同的破坏机理,即拉拔破坏和滑移破坏。

(1)拉拔破坏

假设每单位宽度加筋体的拉拔力 T_p 正比于上覆压力 γz^* 以及土和加筋体之间的摩擦系数 μ_b。

$$T_p = 2\gamma z^*(1 - r_u)l_e\mu_b \tag{4-301}$$

其中:

$$\mu_b = f_b\tan\varphi \tag{4-302}$$

式中: f_b ——黏结系数。

第 i 层的有效长度根据图4-33的几何关系得出:

$$l_{ei} = L + (\cos\theta_2 + \sin\theta_2\cot\beta)r_0 e^{(\theta_2-\theta_1)\tan\varphi} - (\cos\theta + \sin\theta\cot\beta)r_0 e^{(\theta-\theta_1)\tan\varphi} \tag{4-303}$$

且下面的关系成立:

$$\sin\theta e^{(\theta-\theta_1)\tan\varphi} = \sin\theta_1 + \frac{z_i}{r_0} \tag{4-304}$$

式中: z_i ——第 i 加筋层的深度。

假设加筋体的强度是均匀的,下面的关系式计算加筋层的深度:

$$z_i = (i - 0.5)\frac{H}{n} \quad i = 1,2,\cdots,n \tag{4-305}$$

加筋层的拉拔能量耗散率与抗拉能量耗散率分别为：

$$\dot{D}_p = \sum_{i=1}^{k} T_p r_0 \dot{\omega}\left(\sin\theta_0 + \frac{z_i}{r_0}\right) \tag{4-306}$$

$$\dot{D}_t = \sum_{i=k+1}^{n} T_t r_0 \dot{\omega}\left(\sin\theta_0 + \frac{z_i}{r_0}\right) \tag{4-307}$$

式中：k——加筋体发生拉拔破坏的层数；

n——全部加筋总数。

根据式（4-287）T_t 可表达为 k_t 的函数。无量纲加筋强度具有如下形式：

$$\frac{k_t}{\gamma H} = \frac{\left\{\left(\frac{r_0}{H}\right)^2 (f_1 - f_2 - f_3 + r_u f_5) - 2 f_b \tan\varphi(1 - r_u) \cdot \sum_{i=1}^{k}\left[\frac{z_i^*}{H}\frac{l_{ei}}{H}\left(\sin\theta_1 + \frac{z_i}{r_0}\right)\right]\right\}}{\frac{1}{n}\sum_{i=k+1}^{n}\left(\sin\theta_1 + \frac{z_i}{r_0}\right)}$$

$$\tag{4-308}$$

（2）滑移破坏

直接的滑移破坏如图 4-36 和图 4-37 所示，假设 BCED 以速度 v_0 滑动，ABD 以速度 v_1 滑动，滑移的摩擦系数 μ_d 可表达为：

$$\mu_d = \tan\varphi_w = f_d \tan\varphi \tag{4-309}$$

式中：f_d——滑移系数。

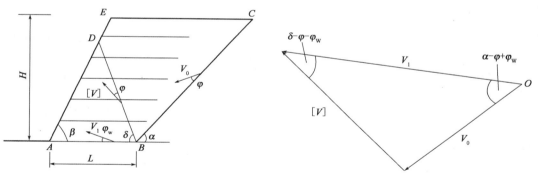

图 4-36　直接滑移的破坏模式　　　　　　　　图 4-37　矢端曲线

根据正交流的法则，v_0 和 $[v]$ 与 BC 面和 BD 面的夹角分别为 φ，向量 v_1 与加筋面 AB 的夹角为 φ_w。

如图 4-38 所示，矢端曲线用于计算 v_1 和 $[v]$ 的大小，所有加筋层的长度为 L。加筋体必要长度的下界可通过式（4-284）计算，式（4-284）的左面由加筋层的破坏面 BD 功的耗散率代替，而右面表示 BCED 和 ABD 重力的功率，最大长度应该以角 δ 和 α 为变量的式（4-284）求得。

3）加筋路堤破坏机理的优化

在运动屈服设计中，如果加筋路堤的破坏机理的类型确定下来，如图 4-38 所示的破坏机理，利用运动屈服设计法，根据优化方法能找到明确的几何参数，即最优限。例如图 4-38a）为最简单的破坏机理,破坏面沿表面 BC,其破坏的几何参数为角 θ,假设路堤的高度已知,路堤填料为无黏性土即 $c = 0$,其保持路堤的稳定的加筋量未知,且假设加筋体的长度无限长,则破坏只出现抗拉破坏,不会出现拉拔破坏,由式(4-286)当 $c = 0$ 时路堤填料的功耗散率为零,根据式(4-310)破坏过程中的能量耗散主要来自加筋体,按照式(4-284)滑块 ABC 的重力所做的功率等于加筋体功的耗散率得出防止路堤破坏所必须加筋量的下限,即根据式(4-284)和图 4-38a)可得:

$$nTv\cos(\theta - \varphi) = S_{ABC}\gamma v\sin(\theta - \varphi) = \frac{\gamma H}{2}(\cot\theta - \cot\beta)v\sin(\theta - \varphi) \qquad (4\text{-}310)$$

式中:n——加筋层数;

v——滑块 ABC 的速度;

S_{ABC}——面积。

则加筋量的下限为:

$$\frac{nT}{\gamma H^2} = \frac{k_t}{\gamma H} = \frac{1}{2}(\cot\theta - \cot\beta)\tan(\theta - \varphi) \qquad (4\text{-}311)$$

$k_t/\gamma H$ 的最大值为最优限,可由下式确定:

$$\frac{d\left(\dfrac{k_t}{\gamma H}\right)}{d\theta} = 0 \qquad (4\text{-}312)$$

由于图 4-38a)的破坏机理只出现一个变量 θ,其解不可能有好的下限,即不可能接近真实的保持路堤稳定的必要的加筋体的强度。而图 4-38b)有五个变量角,容易产生较好的限,其速度可通过始端曲线的几何关系求得。这两个破坏形式都是平移破坏机理。

根据旋转破坏机理如图 4-38c)所示,滑块 ABC 绕 O 点滑动,加筋体的屈服沿破坏面 BC,如果 BC 面是对数螺旋,即满足方程 $r = r_0\exp[(\theta - \theta_0)\tan\varphi]$,速度间断与破坏面的夹角为 φ,则其破坏机理满足运动许可的,$k_t/\gamma t$ 的下界可通过单块机理求得,如果使路堤保持稳定无量纲的 $k_t/\gamma t$ 和加筋体强度已确定,则根据 $k_t = nT_t/H$ 计算求得必要的加筋层数。

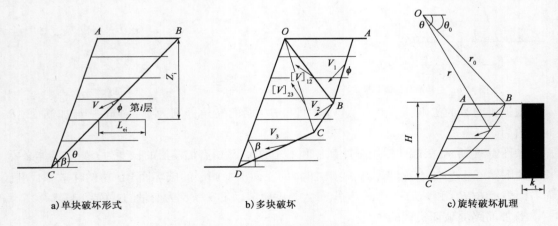

a)单块破坏形式　　　　b)多块破坏　　　　c)旋转破坏机理

图 4-38　可能的加筋路堤破坏机理

第5章 内陆河湖相软弱地基路堤沉降与稳定监测

5.1 沉降与稳定监测方法

5.1.1 监测目的、原则和流程

在软土地基上修筑公路时,最突出的问题是稳定和沉降。为掌握路堤的变形动态,需要对路堤沉降与稳定进行动态观测。动态观测项目除设计有明确的要求外,一般视工程的重要性和地基的特殊性以及观测对施工的影响程度等来确定。高速公路、一级公路或二级公路设计车速高,路面平整性要求高,所以规定施工过程中必须进行沉降和稳定观测,这样一方面保证路堤在施工中的安全和稳定,另一方面能正确预测工后沉降,使工后沉降控制在设计的允许范围之内。

1)监测的目的和原则

软土路基的监测是采用专门的仪器对软基和路堤进行监督和测量,以取得软基动态资料,分析路堤的变形和稳定状况,监测的目的主要有:

(1)以工程监测的结果指导现场施工,确定和优化施工参数,进行信息化施工。

(2)根据监测结果,及时发现危险的先兆并分析原因,判断工程的安全性,采取必要的工程措施,防止发生工程破坏事故和环境事故。

(3)评价工程的技术状况,检验设计参数和设计理论的正确性。

(4)为设计、施工、管理和科学研究提供资料。

监测的一般原则如下:

(1)监测点应设在观测数据容易反馈的部位。地基条件差、地形变化大和设计问题多的部位和土质调查点附近均应设置观测点,桥头纵向坡脚、填挖交界的填方端、沿河、凌空等特殊路段均应酌情增设观测点。

(2)无论在路堤的纵向还是横向,测点越多,测得的结果越能反映路堤真实情况,但测点多,费用、测试工作量、测点保护工作量都会增加,而且测点会对施工造成不便。从满足监测需要与施工便利性考虑,一般路段沿纵向每隔100~200m设置一个观测断面,桥头路段应设计2~3个观测断面。

(3)沿河、临河等凌空面大且稳定性差的路段,必要时应进行地基土体内部水平位移的观测。对于成层软土地基需进行土体内部竖向和水平向位移观测。

(4)测点的设置不仅要根据设计的要求,同时还应针对施工中掌握的地质、地形等情况增设。

(5)在施工期间位移观测应每填筑一层土观测一次;如果两次填筑时间间隔较长,每3d至少观测一次。路堤填筑完成后,堆载预压期间观测应视地基稳定情况而定,一般半月或每

月观测一次。对于孔隙水压力的观测,每填筑一层后,应每隔1h观测一次,连续观测2~3d。

(6)当路堤稳定出现异常情况而可能失稳时,应立即停止加载并果断采取措施,待路堤恢复稳定后,方可继续填筑。

2)施工监测流程

在软土地基路堤施工监测整个过程中,需要完成以下工作:

(1)监测方案设计

应视为整个工程设计的一部分,在工程设计的可行性研究阶段、初步设计阶段、施工设计阶段及运行阶段均应同步进行监测方案设计,包括以下内容:

①确定监测项目:监测项目应根据工程的类型与复杂程度,工程的地形、地质环境条件、工程的施工方法与施工程序,工程的使用寿命及工程的破坏对生命财产造成的损失的大小综合确定。

②明确测点布置:测点的布置应有针对性与代表性,应能了解整个工程的全貌,同时又能详细掌握工程重要部位及薄弱环节的变化状况,一般选择一个或几个最重要的断面,重点、全面地布置监测仪器,在可能出现最大、最小测值、平均测值的部位布置测点。

③选择监测仪器类型:应根据工程的等级、规模及重要性等对不同的仪器方案进行经济评价,明确各监测项目使用的仪器类型、型号、量程、精度、灵敏度、使用寿命等,各种仪器均应能满足准确可靠、经久耐用及长期稳定等基本要求。

④仪器安装埋设有关的工程设计:监测方案设计同时应进行仪器埋设的沟槽开挖与回填、钻孔与封孔、电缆的走向设计、电缆沟的开挖与回填,仪器及电缆的保护、观测房(站)的设计。

⑤编制监测计划:监测方案设计中应编制监测计划,计划应分为施工前、施工期、运营期三个阶段分别编制,应明确各阶段各种仪器的测次、观测频率、观测精度、观测资料的分析方法与主要监控指标。

⑥监测自动化设计:当工程需要实现自动化监测时,应进行自动化设计。进行自动化设计时应明确主站与从站的布置、数据采集系统接入的传感器类型数量、数据通信方式。软件包括仪器档案库、原始资料库、数据处理系统、数据分析系统等。

(2)监测仪器的采购、检验与率定

用于软土地基路堤施工监测的仪器所处环境十分恶劣,有的需承受高水头压力,有的仪器要求在严寒及高温场中工作,由于路堤施工及运行周期长,要求仪器有很长的使用寿命(一般仪器埋设完成后无法修理或更换)。因此,除仪器的类型、量程、精度、灵敏度等应满足使用和设计要求外,还应使仪器具有高可靠性,长期稳定性能好,能适应高温、低温、雷击等恶劣环境,防水密封性能好及便于施工,操作简单,便于维修,费用低廉,能实现观测自动化等特点。采购时应根据工程的需要综合比较选择合适的仪器,并按规范及设计的要求对仪器进行检验及率定,确保采购的仪器均为合格产品。

(3)监测仪器的安装与埋设

监测仪器的安装与埋设应严格按有关规范及设计要求进行,防止主体工程施工对监测仪器的破坏,确保仪器埋设成功。同时应确定科学的仪器埋设方案,以免影响主体工程的施工进行,避免仪器埋设施工对主体工程造成破坏或留下隐患。

（4）监测仪器的现场观测

现场观测应按规范、设计及仪器使用说明书的要求进行，根据不同的监测项目按规定测次要求在固定的时间定期观测，但在特殊情况下，如筑堤时快速加载，工程出现安全隐患时应加密测次。观测结果的精度应满足规定的精度要求，观测时还需将测值与前次测值对比，如有异常，立即重测，排除观测和记录误差，还应同时观测水位、温度、降雨及主体工程填筑速度等相关原因量。

（5）监测资料的整理分析

一方面，对原始观测数据进行可靠性检验，判断监测仪器的性能是否稳定、正常，各种观测数据物理意义的合理性及观测数据是否符合一致性、相关性、连续性和对称性等原则，对监测资料进行误差分析、处理和修正，根据观测数据计算各物理量测值并绘制有关的过程线图、分布图及相关图。另一方面，根据监测所得的软基动态资料，分析路堤的变形和稳定状况，确定合理的填土速率、预压卸载时间、路面施工时间等，确保路堤施工的安全和稳定。

5.1.2　监测内容及仪器

软弱地基路堤沉降与稳定监测主要包括地表位移和土体内部位移，位移方向包括竖向位移和水平位移。水平向位移又包括垂直路堤中心线的横向水平位移和平行路堤中心线的纵向水平位移。各监测内容和仪器见表 5-1、表 5-2。

路堤沉降与稳定监测内容　　　　　　表 5-1

监测内容		仪器名称	监测目的
沉降与稳定监测	地表位移 地表竖向位移	沉降板或沉降杯	用于沉降管理，根据测定数据调整填土速率；预测沉降趋势，确定预压卸载时间和结构物及路面施工时间；提供施工期间沉降土方量的计算依据
	地表水平位移	水平位移边桩	用于稳定管理，监测地表水平位移及隆起情况，以确保路堤施工的安全和稳定
	土体位移 土体竖向位移	深层沉降标	地基某一层位以下沉降量
		深层分层沉降标	为了研究软基在填土荷载的作用下地基不同层位的竖向变形，需要进行分层沉降观测
	土体水平位移	地下水平位移标（测斜仪、测斜管）	用于稳定管理与研究，用作掌握分层位移量，推定土体剪切破坏的位置，必要时采用

路堤沉降与稳定监测仪器　　　　　　表 5-2

序号	仪器名称	埋设位置
1	沉降板	埋设在路堤左、右肩和路中心下原地面上
2	水平位移边桩	在路堤两侧趾部以及边沟外缘及外缘以远 10m 处
3	深层沉降标	埋设在软土层顶面、软土层中或处理区底面
4	深层分层沉降标	埋至软土层底下硬土层中，分层观测点为沿管深间隔 1m 设置
5	地下水平位移标（测斜仪、管）	埋至软土层底下硬土层中，测点沿测斜导管间隔 50cm

1）地表竖向位移

地表竖向位移观测是在路堤的天然地面或一定深度位置埋设沉降仪器进行高程测量，以确定路基或构造物在一定时间内的沉降量，采用的观测设施由沉降板、水准点和水准仪三部分组成。

沉降板位于路中心及左右路肩的基底。沉降板由沉降底板、沉降杆、保护套管和套管帽等部件组成（图5-1）。底板尺寸不小于 50cm×50cm×3cm，测杆直径以 4cm 为宜，保护套管尺寸以能套住测杆并使标尺能进入套管为宜。随着填土的增高，测杆和套管相应接高，每节长度不宜超过 50cm。接高后的测杆顶面应略高于套管上口，套管上口应加盖封住管口，避免填料落入管内而影响测杆下沉自由度。盖顶高出碾压面高度不宜大于 50cm。

水准点应设在不受垂直向和水平向变形影响的坚固的地基上或永久建筑物上，其位置应尽量满足观测时不转点的要求，每 3 个月用路线测设中设置的水准点作为基准点校正一次。应采用 S1、S3 型水准仪，以二级中等精度要求的几何水准测量高程，观测精度应小于 1mm。为保证观测数据的准确性，要求每个月校正一次水准仪。

2）地表水平位移

地表水平位移通过测量基桩（混凝土桩）和变位桩（木桩）之间的距离得到。位移观测点（变位木桩）布设在路堤两侧的坡脚处，基桩必须布设在坡脚外路堤沉降影响范围以外，距离按不小于 30m 控制。其中基桩采用钢筋混凝土预制，混凝土的强度不低于 C25，长度不应小于 1.5m；断面可采用正方形或圆形，其边长或直径以 10～20cm 为宜，并在桩顶埋不易磨损的测头。其外观照片见图5-2。

图5-1　沉降板

图5-2　基桩

3）土体竖向位移

土体内部竖向位移是通过在土体内埋设沉降标进行观测，沉降标分为深层沉降标和分层沉降标。

（1）深层沉降标

深层沉降标是测定某一层以下土体压缩量的。它是将钻孔打到所要测量的层，在土层中埋入（压入）特制铁板（或铁锚），通过测量铁杆顶端的沉降变化反映铁杆底部土层的沉降变化，如图5-3所示。

深层沉降标的埋设位置应根据实际需要确定。如软土层较厚，排水处理又不能穿透整个层厚时,为了解排水井下未处理软土的固结压缩情况,深层沉降标可设置于末处理软土顶面。

（2）分层沉降标

分层沉降标可以在同一根测标上,分别观测土体沿深度方向各层次及某一层位土体的压缩情况。分层沉降标可贯穿整个软土层,各分层测点布设间距一般为1.0m,甚至更密。

①仪器结构

国内外现有的沉降仪大体上可分为机械式、舌簧式、电磁式、水管式、气压式等几种类型。这里主要介绍工程上常用的电磁式沉降仪。

该仪器由两大部分组成:测量系统和跟踪系统。测量系统包括沉降仪、钢卷尺(内置电缆)、探头和三脚架,跟踪系统包括沉降管和沉降环(图5-4)。

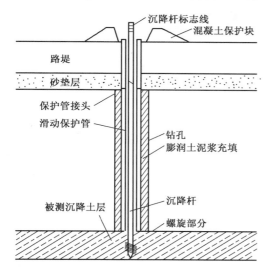

图 5-3　深层沉降仪布设示意图

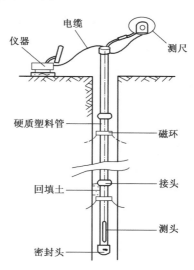

图 5-4　分层沉降仪布设示意图

分层沉降仪主要技术性能指标要求是:

a. 测量深度:50m 或 100m。

b. 灵敏度:±1mm。

c. 标尺误差:< ±1mm/10m。

d. 密封性能:>1MPa。

②工作原理

电磁式沉降仪的工作原理是在土体中埋设一竖管,隔一定距离设置一磁环,当土体发生沉降时和土体同步沉降,利用电磁测头测出发生沉降后磁环的位置,将其与磁环起初的位置比较,即可算出测点(磁环)的沉降量,如图5-5所示。

图 5-5　分层沉降监测仪

4）土体水平位移

土体水平位移一般采用测斜仪进行观测。测斜仪可以测出软土路基不同深度的变形,便于对地基变形进行分层研究。沿河、临河等凌空面大而稳定性很差的路段,必要时需进行地下土体水平位移的观测,对于软土路基工程的重要工程部位也需进行测斜观测。根据绘制的观测曲线可以直观地了解地基的滑动趋势及滑动面的位置,有效地指导路堤的施工。

(1)测斜装置及主要技术指标

测斜装置主要由测斜仪和测斜导管组成(图 5-6)。

图 5-6　测斜仪和测斜导管

①测斜仪

ACCULOG-ix 型测斜仪和国产 CX-01 型数字显示测斜仪性能指标见表 5-3。

ACCULOG-ix 型测斜仪和国产 CX-01 型数字显示测斜仪的技术指标　　表 5-3

部件名称	项　目	国产 CX-01 型测斜仪	ACCULOG-ix 型测斜仪
测头	传感器灵敏度	每 500mm 测管 ±0.02mm	
	系统总精度	每 15m 测管 ±4mm	
	导轮间距基准	500mm	500mm
	测头尺寸	$\phi 32 \times 660$mm	$\phi 25 \times 750$mm
	测头重量	2.5kg	4.5kg
	测量范围	0 ~ ±53°	
测读仪	显示	数字显示	160×160 液晶像素,带图形显示
	功能键		6 个功能键及开关键,夜光灯键等
	存储容量		128k
	数据输出格式		ASCII,SP,G-TILT
	探头输出范围		RT-20M
	读数分辨率		50UV,20 位
	接口		通讯口:RS-232 9600 波特,远程超级终端
	电源	内部电源:5V 4Ah; 充电电源:220V 50Hz	内部电池 2 个 12V,2.3Ah 可充电密封铅酸电池
	插头		4 头插头用于外部电能输入及电池充电器输入
	连续工作时间		夜读状态下 8h
	工作温度		-10~70℃
	配套软件		Accutalk 2000

　　a. 国产 CX-01 型数字显示测斜仪由以下部分组成:

　　测头:测头内部装有加速度计,测头有良好的密封,能承受 80 ~ 100m 水深的压力,测头上下有两组导轮,便于沿测斜导管的导槽升降。

　　电缆:电缆把测头和测读仪连接起来,它除了向测头供电和测读仪传递信号外,还是测头测试点的深度尺和测头升降的绳索。为了使电缆在负重时不致有明显的长度变化,电缆芯线中设有一加强钢芯,电缆上每 0.5m 间距有一标志,标志所示距离从测头的两组导轮中点起记。

　　测读仪:测读仪由显示器、蓄电池组、电源变换线路和转换开关等装置构成。

　　充电电源:充电电源是向测读仪中的蓄电池组充电用,当蓄电池组电压降到 4.6V 时,必须进行充电,充电时间 10 ~ 16h,电压可达 5.6V 左右。

　　b. 进口 ACCULOG-ix 型测斜仪由以下部分组成:

　　RT-20M 探头:探头内部装有加速度计,探头有良好的密封,能承受 80 ~ 100m 水深的压力,探头上下有两组导轮,便于沿测斜导管的导槽升降。

　　电缆:电缆把探头和读数仪连接起来,它除了向探头供电和读数仪传递信号外,还是探头测试点的深度尺和探头升降的绳索。为了使电缆在负重时不致有明显的长度变化,电缆芯线中设有一加强钢芯,电缆上每 0.5m 间距有一标志,标志所示距离从探头的两组导轮中点起记。

　　读数仪:读数仪由三个插头、LCD 液晶显示窗和功能键等装置构成。

　　充电电源:充电电源是向读数仪中的蓄电池组充电用,当蓄电池组电压降到 11.8V 时,必须进行充电,充电时间 4 ~ 10h,电压可达 13.5V 左右。

　　②测斜导管

　　测斜导管预埋在岩土体的钻孔内,与岩土体结合为一体,所以测斜导管的位移就是岩土体的位移。测斜导管作为测斜装置的重要组成部分,其质量直接关系到测斜观测的精度。当前我国测斜导管的生产品种主要有铝合金测斜导管和 PVC(聚氯乙烯)塑料测斜导管。

　　(2)工作原理

　　测斜仪的工作原理如图 5-7 所示。它是测量测斜管轴线与铅垂线之间的夹角变化,从而计算土体在不同高程的水平位移。一般先在土体中埋设一竖直、互成 90° 四个导槽的管子(铝合金或 PVC 塑料管)。管子在土体中受力后发生变形,这时将测斜仪探头放入测斜管导槽内,每间隔一定距离(通常为 0.5m)测量变形后管子的轴与垂直线的夹角 θ_i,从而得到测斜导管每段的水平位移增量 (Δ_i),即:

$$\Delta_i = L\sin\theta_i \tag{5-1}$$

式中:L ——测头导轮间距。

　　把每段的水平位移增量自下而上逐段累加,便得到不同深度及孔口的总位移量 δ_i:

$$\delta_i = \sum \Delta_i = \sum L\sin\theta_i \tag{5-2}$$

5.1.3　监测仪器埋设及观测

1)监测点布置原则

　　一般应根据工程沿线地质特点,采取全线观测、重点突破的指导思想。针对具体情况,选择具有代表性的典型断面进行分层观测,以研究了解不同地基条件、不同填料及半填半挖高填路堤在施工期填方高度增加而引起沉降变化的基本规律,进而明确这些条件下地基和路堤各分层沉降变化的内在机理。在此前提下,对不良地基应进行全面的施工期沉降动态观测,以便随时了解施工工程中的地基沉降变化,发现异常应及时采取相应的措施。

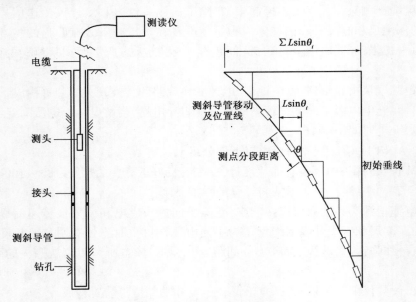

图 5-7　沉降仪工作原理图

（1）分层沉降观测

在不同处理方法或不同类型的软基、高路堤、填挖交界等选择典型断面进行分层沉降观测,并根据实际情况酌情增设观测点。

（2）地基沉降观测

一般每隔 50 ~ 100m 布设一观测断面。此外,在与跨度超过 30m 的桩基结构物相邻的两端各设一观测断面,跨度小于 30m 时仅在一端设置。一般路段沉降板埋置于路中心,桥头引道可增设路肩及坡脚位置的沉降板。在同一段内至少设置 2 个观测断面,桥头纵向坡脚、填挖交界的填方端、沿河等特殊路段均应酌情增设观测点。

（3）侧向位移观测

侧向位移点仅在预压施工高度达到极限高度的路段设置。一般沿纵向每隔 50m 设置一个观测断面;桥头路段应设置 2 ~ 3 个观测断面;桥头纵向坡脚、填挖交界的填方端、沿河等易产生失稳的特殊路段均应酌情增设观测点。

沿河、临河等凌空面大而稳定性很差的路段,必要时需进行地下土体水平位移的观测,对于软土路基工程的重要工程部位也需进行土体水平位移观测。根据绘制的观测曲线可以直观地了解地基的滑动趋势及滑动面的位置,有效地指导路堤的施工。

2）沉降板的埋设与观测

（1）埋设技术

沉降板的观测与埋设一般分两种方法。第一种方法是让沉降管始终保持在地面之下 20cm 左右。即在挖出沉降管后测量管口高程,回填夯实,待下一层填土压实完成后,再挖出沉降管,再次测管口高程,两次高程之差即沉降量。测量完成后接管,并测量高程,掩埋夯实,如此循环至路堤填筑至施工高程。第二种方法是让沉降管始终出露在地表之上并保持醒目标志,施工机械经过时尽量绕避。该法虽然观测方便,但观测点附近的压实度不能保证,所以不提倡该种方法。第一种观测方法,由于沉降管总是埋在压实层以下,每次测量均需人工开挖和掩埋,比较费时烦琐,但可以保证观测点附近的压实度,且受到施工破坏相对较少,所以应提倡采用。

埋设时,根据预定的埋设位置进行坐标放线,在既定的位置上人工开挖基坑,至适当的深度(管头在压实层下 10cm 左右),整平坑底,放入垫板,然后在垫板上放上焊接了钢管的沉降板;使钢管保持竖直,基底稳固,盖好管帽后,回填基坑土并夯实。掩埋好以后工作标点桩、沉降板观测标、工作基点桩、校核基点桩在观测期间均必须采取有效措施加以保护或专人看管。沉降板观测易遭施工车辆、压路机等碰撞和人为损坏,除采取有力的保护外,还应在标杆上竖有醒目的警示标志。测量标志一旦遭受碰损,应立即复位并复测。

(2)观测技术

用精密水准仪配合铟钢尺观测地面竖向位移时,可参照国家三等水准测量(GB 12898—1991)方法进行,但闭合差不得大于 $\pm 1.4\sqrt{n}$ mm(n 为测站数,下同)。起测基点的引测、校核,可参照国家二级水准测量方法进行,但闭合差不得大于 $0.72\sqrt{n}$ mm。竖向位移正负号规定为向下为正,向上为负。

观测的频率在施工期基本是每填一层观测一次,停工期间每 3d 观测一次。路堤填至预压施工高程后的第一个月,每 3d 观测一次,第 2~3 个月每 7d 观测一次,此后每 15d 观测一次。

3)位移桩的埋设与观测

(1)埋设技术

位移观测边桩根据需要应埋设在路堤两侧坡脚以及边沟外缘与外缘以远 10m 的地方,并结合稳定分析在预测可能的滑裂面与地面的切面位置布设测点,一般在坡脚以外设置 3~4 个位移边桩。同一观测断面的边桩应埋在同一横轴线上。

边桩的设置个数是以控制路基稳定为目的确定的。根据有关试验路资料和工程实践,一般地基失稳隆起位置大都在坡脚至以外 10m 处范围内,因此边桩应在这一范围内外设置。

边桩的埋置深度以地表以下不小于 1.2m 为宜,桩顶露出面的高度不应大于 10cm。埋置方法可采用打入或开挖埋设,周围要回填密实,桩周上部 50cm 用混凝土浇筑固定,确保边桩稳固。

(2)观测技术

在地势平坦、通视条件好的平原地区,水平位移观测可采用准线法;地形起伏较大或水网地区以采用单三角前方交会法观测为宜;地表隆起采用高程观测法。

视准线法要求布设三级点位,由位移标点和用以控制标点的工作基点,以及用以控制工作基点的校核基点三部分组成。工作基点桩要求设置在路堤两端或两侧工作边桩的纵排或横排延长轴线上,且在地基变形影响区外,用以控制位移边桩。位移边桩与工作点桩的最小距离以不小于 2 倍路基底宽为宜;单三角前方交会法要求位移边桩与工作基点桩构成三角网,并且通视。校核基点要设置在远离施工现场和工作基点而且地基稳定的位置。

观测工作在路堤填高超过极限高度后,应每天观测一次,在路堤填高未到极限高度之前可适当减少。观测必须持续到路堤达到预压施工高程。

4)分层沉降标的埋设与观测

(1)埋设技术

①送环器法

a.确定孔位,边钻孔边下套管,一直到预定深度后提出钻杆。

b.下导管,边下放边用接头接长并用螺丝拧紧固定接头,直至插入孔底20~30cm,然后上提套管30~40cm,用送环器将磁环送至预埋位置,轻轻压入土中。注意管插入孔底的导管口一定要用管帽密封。

c.继续上提套管至另一预埋位置30~40cm,用同样的方法放置第二个磁环,回填相应土层的土至该预埋位置,依次埋设完所有磁环。

d.埋置好所有的磁环后,在地面上埋设ϕ100mm的钢护管保护导管,为了观测及接长方便,准备了2m、1m、0.5m不同的长度,钢管两头均应套丝,以随着导管的接长而接长,在管口加盖保护,导管与护管之间的孔隙用土填充,以缓冲机械碰撞力。

②纸绳法

a.用纸绳把各个磁环用"活扣"绑在塑料导管设定位置,用一条尼龙绳子绑住各个"活扣";再将纸绳采用"活扣"绑住磁环的所有活页,用第二条尼龙绳子绑住各个"活扣"。

b.钻孔并下套管,至设计深度后提出钻杆。下放塑料导管,拔出全部钻探套管。然后将塑料导管和磁环下至预定位置后,先用第二条尼龙绳子拉断绑住活页的"活扣",使活页张开,靠钻孔的缩孔使磁环活页插入土中,对于没有缩孔的部分地层,可以填入部分虚土。静置1~2h后拉开第一条尼龙绳子,使磁环恢复自由活动。

c.测定塑料导管口的高程和磁环初始位置。

(2)观测技术

观测时先取掉护盖,测定管口高程。然后将测头沿导管徐徐下放,当接近磁环时,指示器开始有信号发出,此时减小下放速度,当信号消失的瞬间停止下放。由钢尺读得测头至管口的距离。再继续下放测头,指示器再次发出信号随后便立即消失。当过一定距离后指示器又开始发出信号,表示进入下一个磁环,减小下放速度,至信号消失的瞬间停止下放,读得测头至管口的距离。如此方法测完所有的磁环。根据测得的距离与管口的高程算出各个磁环的高程。各个磁环相邻两次高程之差即磁环沉降量的大小。

对于分层沉降量的观测频率应同沉降观测一样,随着沉降的观测而同时进行。为了保证观测精度,需进行两次平行观测,同一磁环测值误差不大于2mm。

5)测斜装置的埋设与观测

(1)埋设技术

测斜装置的埋设技术主要是钻孔和导管连接技术,其关键在于:

①定位准确。测斜导管应埋设于地基土体水平位移最大的平面位置,一般埋设于路堤边坡坡趾或边沟上口外缘1.0m左右的位置。

②在选定部位钻孔,孔径以大于测斜导管最大外径40mm为宜,钻孔的铅直度偏差不大于±1°。孔深达无水平位移处,即应埋入硬土层或基岩中不少于2m。由于护壁泥浆的沉

淀,钻孔深度要比导管设计深度大 20% 左右。

③接长管道时,应使导向槽严格对正,不得偏扭。为正常发挥测斜导管对其周围土体变形的监测作用,测斜导管管体必须具有适应沉降变形的能力,因此管体接头处应预留沉降段。每节管道的沉降段长度不大于 10cm,当不能满足预估的沉降量时,应缩小每节管长。

④测斜导管底部要装有底盖,底盖及各测斜导管连接处应进行密封处理(橡皮泥结合防水胶带),以防泥浆渗入管内。

⑤埋设过程如下:将有底盖的测斜导管放入钻孔内,用管接头将测斜导管连接,量好预留段长度,然后逐根边铆接、边密封、边下入孔内,注意使测斜导管内一对导槽应与预计位移主方向相近。在测斜导管下入钻孔过程中应向导管内注入清水来减小钻孔内水产生的浮力,提高埋设速度。同时,必须保证测斜导管内清洁干净。

⑥导向槽与欲测方位应用经纬仪严格对正。

⑦测斜导管与孔壁之间的空隙可用粗砂回填。

⑧埋设完成后,应及时将测斜导管有关资料记入埋设考证记录表。考证表的主要内容包括:工程名称、仪器型号、生产厂家、测斜孔编号、孔深、孔口高程、孔底高程、埋设位置、埋设方式、导槽方向、测斜导管规格、埋设示意图、主要埋设人员、埋设日期等。

⑨测斜导管埋好后,经一段时间稳定后,即可建立初值。

(2)观测技术

①仪器运输。

测斜仪的探头及读数仪在运输过程中必须提在手上,不得直接放在车辆中,以免振动造成结构损坏。电缆线装入编织袋中,可放在车上,注意轻拿轻放,决不能乱摔、脚踩或压放重物,因为电缆的两个接头损坏后是无法修复的。

②仪器连接。

将探头从仪器箱中取出,拧下防水盖,取下电缆上的保护盖,把电缆下插头仔细对准测头插座的企口插入,用扳手拧紧电缆上的压紧螺帽以防水(注意不要用力过大)。电缆上插头仔细对准读数仪上"输入"插座企口插入,用手拧紧。

③测读前检查。

确保电缆和探头的连接牢固,接好读数仪,每次测量前均应检查电压值,当电压低于 4.5V 时应充满电后重新检测,以保证数据的正确性,预定好测斜管的编号和参数,确定探头的正负极。

④测量。

确认读数仪电源开关置于"开"之后(探头在测孔中必须接通电源,以防探头损坏),将探头的导轮卡在测斜管的导槽内轻轻放入测斜管,放松电缆使探头匀速滑至孔底(触及孔底时切不可产生冲击),记下深度标志。探头在孔底停置 15min,以使探头在孔内温度下稳定。

将测头拉起至最近深度标志作为测读起点,利用电缆标志每 0.5m 测读一次,直至导管顶端。

将探头掉转 180°,重新放入测斜导管中,滑至孔底,重复上述步骤在相同深度处再测读一次。

⑤仪器收装与保护。

仪器使用后卸下探头电缆前,应仔细擦去探头及电缆上的泥水;卸下探头后,将防水盖拧上,同时电缆保护盖也要拧在下插头上。

每天收工后,必须用淡水冲探头,擦干后在导轮轴上涂润滑油,以保持其转动灵活。

5.2　沉降自动监测系统开发

5.2.1　沉降自动监测技术现状

我国沉降监测工作逐步由传统监测技术方法,向数字化、自动化、实时与高精度发展,相对应的监测设备则由简易式到机械式,发展到以电子式为主的专业仪器。

目前,基于 ATR(Automatic Target Recgonition)功能的全站仪自动变形监测系统,在国内外已得到较为广泛的重视与实践。在国外高精度自动变形监测系统中,徕卡仪器公司发展最早,20 世纪 80 年代制造了第一台视像马达经纬仪 TM3000V,配合监测软件 APS 组成高精度自动变形监测系统,在欧洲和新加坡已经使用。目前已用 TCA2003、TCA1800 自动全站仪代替上述仪器,研制开发出新一代的 TCA + APSWin 全自动变形监测系统,对大坝、边坡、地铁、隧道、桥梁、超高层建筑物进行大范围无人值守,全方位自动监测。并于 1997 年首次在香港九龙塘试验成功,实现 24h 连续观测,与常规方法测量结果比较无论在位移的方向和数量都相符合,证明系统是可靠的,能达到毫米级精度,该系统正式被香港地铁所接受。现在,该系统已在香港九龙塘地铁隧道运营监测,Lauterbrunnen 滑坡变形监测,新疆三屯河水库大坝外部变形监测、上海杨浦大桥变形测量等多项工程中得到成功实践,新加坡地铁公司已将其作为常规装备用于地铁监测。

中南大学 1998 年用两台 TCA1800 自动全站仪在五强溪水电站大坝进行边长交会试验观测,证明连续观测结果可靠,精度可达亚毫米级。由徕卡郑州欧亚测量系统有限公司与解放军测绘学院联合开发的 ADMS(Automatic Deformation Monitoring System) 自动变形监测软件,是在学习、消耗和吸收瑞士 Leica 公司研制的 APSWin(Automatic Polar System for Windows) 自动极坐标测量系统的基础上,通过实际的工程应用,并结合国内外用户的实际需求成功研制的。该系统已在新疆三屯河水库大坝外部变形监测等工程中得到了较好的应用。

武汉大学测绘学院梅文胜、张正禄等学者研制了测量机器人变形监测软件,该软件在进行初始化设置及给定监测计划后,能够严格按计划执行全自动观测,并自动对原始观测成果进行处理和分析。该软件实现了无人值守变形监测,如遇大雾、大雨等恶劣天气,仪器不能读数时,软件会自动控制测量机器人间隔一小段时间后在试,若仍不行,则自行再隔一段时间重试,直至观测条件正常。

监测与实时信息处理成为目前监测预警的主要发展方向。目前,高精度 GPS 技术、合成孔径雷达技术、3S 技术、激光技术、BOTDR 技术以及 CT 技术、MEMS 传感器、3G 移动网络等新技术、新设备和新方法不断得到应用。随着 GPS 全球定位系统的应用不断发展,GPS 技术广泛地应用于地面沉降监测系统中。对于大规模的区域地面沉降监测应该采用先进的全球定位系统(GPS)进行全方位的测量。GPS 具有覆盖范围广、精度高、速度快、全天候、全自动和测站间无需通视等优点,目前,GPS 测量精度达到了毫米级。天津市为了尝试使用 GPS 技术代替传统的水准测量方法监测地面沉降的可行性,在市区内选择了天津北站、天津西站、天津大学和中山门桥 4 个 GPS 地面沉降监测点,组成的高精度地面沉降 GPS 监测网。目前杭嘉湖地区控制面积近 $5000km^2$ 的地面沉降监测网已初步建立,共包括 GPS 点 81 个。另外,上海在进一步发挥 GPS 技术及更先进的 INSTR 技术基础上,自主研发了地面沉降自动化监测系统,可随时获得地面沉降数据,初步建立了地面沉降预警预报机制。GPS 可借助于人造地球卫星进行三边测量定位,但易受障碍物和天气的影响。

在数据传输方式上,当前市场上数据采集仪主要采用以下三种方式:

1)基于 CAN/RS485/MODBUS 总线协议的传输

该方法是将现场所有数据采集仪通过 CAN/RS485/MODBUS 总线进行数据汇集与传输,使得监测区域内各数据采集仪在同一传输链上,控制端可以对每个独立的采集仪进行控制,也可以实现数据同步收发,数据传输通道稳定,适用于工业自动化、楼宇自动化等应用场合。基于 CAN/RS485/MODBUS 总线传输网络拓扑结构如图 5-8 所示。

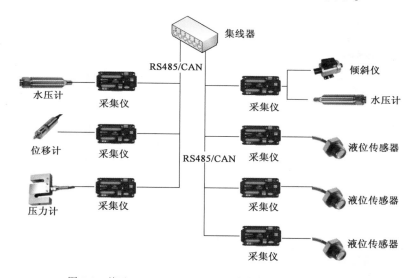

图 5-8 基于 CAN/RS485/MODBUS 总线传输网络拓扑结构图

2)通过 GPRS/CDMA 无线传输

针对野外监测系统,当前,市场上主流的数据传输方案是将每个数据采集仪均连接一个 GPRS/CDMA 传输模块,通过无线通信方式将数据传输至远程服务器。GPRS/CDMA 无线传输网络拓扑结构如图 5-9 所示。

此方法中数据采集仪之间不通过有线连接,解决了现场布线复杂、线缆易受破坏等难题,同时不受地形地貌影响,只需要 GPRS/CDMA 信号覆盖即可,每个数据采集仪单独连接 GPRS/CDMA 传输模块也不会对其他监测点造成干扰,适用于大型区域内环境监测、气象监测等应用场合。

3)基于 ZigBee 技术无线传输

近年来,物联网技术的蓬勃发展,也孕育了多种新的短距离无线通信技术,因其低功耗、免布线、低成本等优点,在小型区域节点数据传输应用场合中,无线技术逐步取代传统有线技术。ZigBee 技术就是应用最广泛的一种无线局域网技术,它适用于短距离范围内、小数据量、低速率下的各种电子设备之间的双向无线通信。

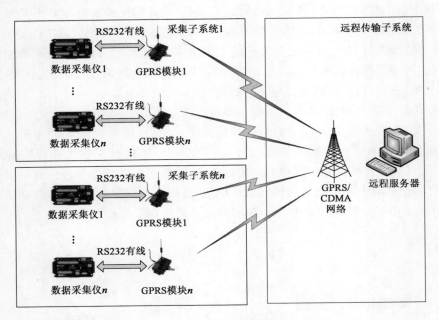

图 5-9　GPRS/CDMA 无线传输网络拓扑结构图

　　市场上已有部分数据采集仪中集成 ZigBee 模块,利用 ZigBee 传输协议将各个数据采集仪作为节点进行组网,其网络拓扑结构包括星型拓扑结构、网状拓扑结构、树型拓扑结构。由于 ZigBee 模块工作频段为 868/915Mhz、2.4Ghz,传输速率低,点对点传输距离为 50 ~ 200m,在生态农业、环境监测、智能家居领域应用较为广泛。典型的基于 ZigBee 无线传输网络拓扑结构如图 5-10 所示。

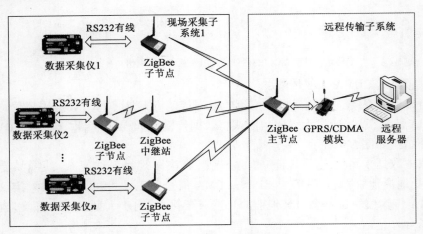

图 5-10　基于 ZigBee 无线传输网络拓扑结构图

5.2.2　自动监测系统结构和测量原理

　　目前,国内常采用的软土地基路基沉降监测方法是沉降板法(沉降板的形式有接杆式、套筒式、水杯式等),该方法工艺较费工、费时,观测精度不高且常与施工机械相互干扰,观测精度受人为因素影响大。路基沉降自动监测系统不仅克服了人工使用传统仪器测量费时费力、精度不高的问题,还克服了道路交付使用后长期监测问题。路基沉降自动监测系统可以用于路基施工过程中沉降自动监测,不影响道路建设的各项施工;还可以用于道路施工完成以后长时间对路基沉降量的自动化测量和实时监测,且不增加其他费用。

1)路基沉降自动监测系统结构

路基沉降自动监测系统的硬件部分由传感器、数据采集处理模块、通信模块、电源模块和 PC 机组成,软件部分包括数据采集处理、通信和电源管理的单片机程序及其 PC 机后台相应的数据处理和沉降预测软件。路基沉降自动监测系统通过移动 GPRS 短信服务实现远程的实时监测和监测数据的实时远程传输。图 5-11 和图 5-12 分别是系统的结构和使用示意图。

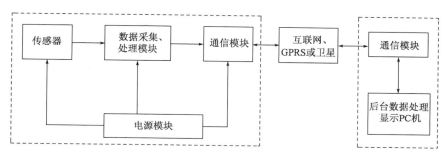

图 5-11 路基沉降自动监测系统结构框图

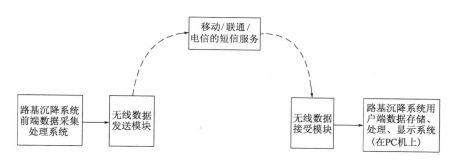

图 5-12 路基沉降自动监测系统使用示意图

2)路基沉降自动监测系统测量原理

路基沉降的整个测量过程如图 5-13 所示。基准传感器位于液体的某处深度,液体的压强致使传感器产生了输出电压值,该电压值反映了传感器所受到的压强,也反映了传感器所在位置的液体高度。当某个待测传感器在连通的液体另一处深度时,同样,它的电压值也反映了它所在处所受到的液体压强和它所在处的液体高度。利用传感器之间的电压差值,计算待测传感器相对高度,如果基准传感器液位不变,便可以得到待测传感器相对于基准传感器的沉降量了。

5.2.3 自动监测系统硬件和软件

1)传感器

采用硅压阻传感器把液位的高度转化为相应的电压量。根据传感器的市场供应情况以及成本因素,选择了 CYB 系列压力 0.2 等级的变送器,见图 5-14。主要参数:量程:0 ~ 50kPa;非线性、迟滞、重复性:≤0.2% FS;零点温漂:≤0.2% FS/4h。由于硅压阻式传感器输出信号较弱,需要变送器将输出信号直接转化为标准信号,该系统采用电容式压力变送器,具有独特的检测电路测电容的微小变化,并进行线性处理和温度自动补偿的功能。同时,该系统将压力变送器信号滤波、整形和放大进行自行设计,将 0 ~ 5m 大变形路基监测的信号转换成 0 ~ 5V 的电压信号输出,满足了监测软土地基路基大变形沉降的需求。

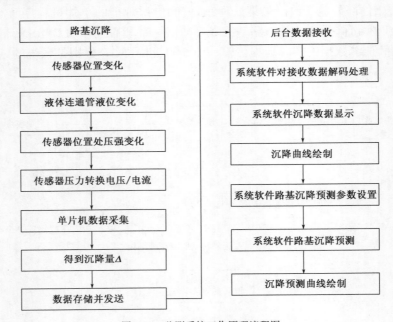

图 5-13　监测系统工作原理流程图

2)数据采集处理模块

数据采集处理模块包含的具体功能有 A/D 转换、微处理器、存储单元。存储单元把各个时段测量的数据存储起来,监测人员也可隔一段时间用 U 盘把存储的数据取走。综合考虑成本和节能因素,选择的单片机为 MSP430F2013,U 盘接口芯片使用了 CH376。前端硬件电路控制软件流程如图 5-15 所示。

3)无线收、发模块

数据的远程无线传输,使用了移动/联通/电信等的短信息服务,能实现 GPRS 功能的芯片选择的是西门子的 MC35。为提高系统的精度和适应较长距离的传输,该系统采用高强度的多芯双绞屏蔽线进行传输,除了提高系统的精度和避免内部之间和外部的干扰外,还能适应长距离的传输,满足在沉降监测过程中大变形沉降拉伸的高强度要求。监测系统数据采取接收模块如图 5-16 和图 5-17 所示。

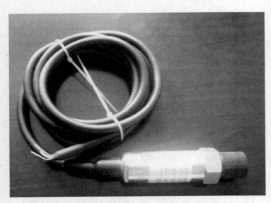

图 5-14　监测系统传感器

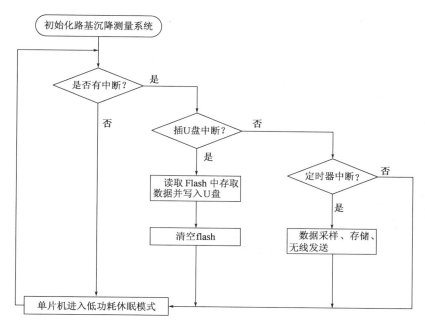

图 5-15 监测系统前端软件流程图

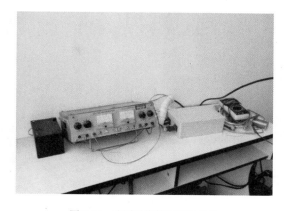

图 5-16 监测系统数据采取模块

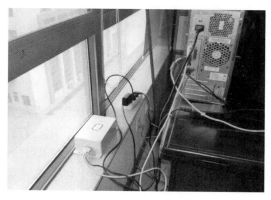

图 5-17 监测系统数据接收模块

4) 电源模块

电源模块考虑使用 220V 市电的情况。先用变压器把市电转化为 12/5V 的直流电,然后通过电源芯片把 5V 的电压分压分别给 CH376 和 MSP430F2013 供电。

该系统是基于 MSP430 系列单片机进行开发的硬件电路(图 5-18),实现对大变形路基监测信息的采集,其突出特点在于实现系统的低功耗特性,使得系统能够更好地进行长期自动监测。

5) 软件

用户端计算机软件操作平台为 Windows XP,使用 Visual C++ 6.0 作为用户端软件的开发工具;用户端软件按功能划分为路基沉降信息接收处理模块、路基沉降信息界面显示模块及路基沉降预测模块。软件三个进程分别处理三个不同的功能划分。一个进程处理路基沉降信息接收,一个进程处理路基沉降信息界面显示,一个进程进行路基沉降预测计算并显示预测结果(图 5-19)。

图 5-18　监测系统数据采取模块

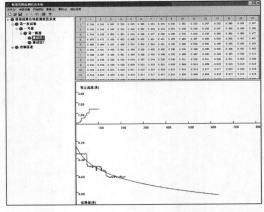

图 5-19　监测系统数据接收模块

5.2.4　自动监测系统技术指标

软土地基路基沉降自动监测系统技术指标如表 5-4 ~ 表 5-6 所示。从这些技术指标可以看出,研制开发的路基沉降自动监测系统与传统的沉降板法相比,具有以下特点:

(1)仪器体积小、量程大、精度高、安装方便、测量准确,不干扰施工及交通。

(2)可实现多层、多点布设。

(3)长期、全天候、实时监测。

(4)自动化多点数据获取。

(5)先进的无线网络,实现远程监控与管理。

(6)实时显示监测信息,并可利用已有数据进行路基沉降预测。

(7)除了适用于普通气候下公路工程建设中对软土地基路基沉降的实时监测以外,也适合于高寒地带的公路工程建设中对路基沉降的实时监测。

主要技术性能指标　　　　　　　　　　　　　　　　表 5-4

最大量程(mm)	测量精度(mm)	使用温度(℃)	使 用 年 限
5000	0.5	-40 ~ 60	>3 年

测点及埋设层数　　　　　　　　　　　　　　　　表 5-5

设 备 埋 设	最多分层数	最多测量点数
地基或路基中,无设备外露	4 层	4 测点 +1 基准点

数据获取、传输与管理　　　　　　　　　　　　　　　　表 5-6

USB 数据收集	GPRS 数据传输	数 据 存 储
可以	可以	>120 天,>4kb

5.2.5 自动监测系统性能测试

1）精度测试

（1）试验设计

试验目的：测试沉降改变量和相应输出电压的关系是否均在设定的精度范围内。

试验器材：传感器、卷尺、万用表(示波器)。

试验步骤：①阶梯的改变沉降高度；②读取相应输出电压；③记录所读取电压值；④验证所得数据是否在设定精度范围内。

（2）试验结果分析

测试结果见表 5-7 和图 5-20，从中可以看出，理论值的换算关系为 1mV 电压对应约 1mm 沉降量。由于有一个直径 1.6cm 的传感器，所以会产生一个约 80mV 电压的系统误差，从测试结果可以明显地发现这个系统误差。测试数据产生最大偏差的是沉降量 700mm 对应的电压值 785mV，但误差范围仍旧在 0.1% FS 的范围之内。测试结果表明，系统精度能达到设计要求。

系统精度测试结果　　　　　　　　　　表 5-7

设置沉降量（mm）	100	200	300	400	500	600	700	800	900	1000
电压（mV）	180	278	380	481	580	683	785	880	977	1080
测试沉降量（mm）	100	200	300	401	500	602	703	800	897	1000
误差（%）	0	0	0	0.25	0	0.33	0.43	0	−0.33	0

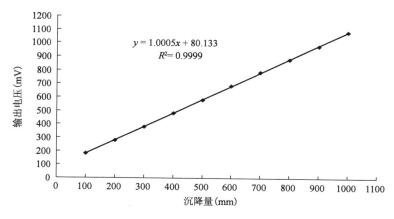

图 5-20　系统测试沉降量与输出电压的关系

2）传输线长度与信号衰减关系测试

因为系统在实际使用过程中，现场埋设的传感器和数据采集模块的距离较大，因此需要测试传输线长度与信号衰减关系。

（1）试验设计

试验目的：测试传输线长度和输出信号衰减的关系。

试验器材：传输线、示波器(万用表)。

试验步骤：①阶梯的改变传输线长度；②用示波器读取相应输出电压；③记录所读取电

压值;④总结传输线和信号衰减的关系。

（2）试验结果分析

测试结果见表5-8和图5-21,从中可以看出,随着系统传输线长度的增加,输出信号成衰减趋势,但传输线长度对信号衰减的影响并不明显,能满足工程中埋设的传感器和数据采集模块的距离较大的要求。

传输线长度与信号衰减关系测试结果　　　　表5-8

长度（m）	1	10	20	30	40	50	60	70	80	90	100
电压（mV）	683	683	683	683	682	683	682	682	681	681	680

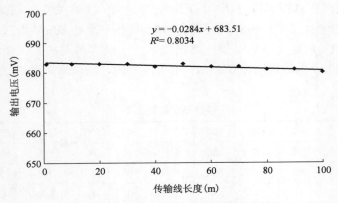

图 5-21　系统测试传输线长度与输出电压关系

3）大变形沉降量测试

在大变形量情况下对路基自动监测系统进行测试。考虑到现场测试时,很难使地基产生达到5000mm大的沉降量,因此测试时采取室内人工改变观测点位移传感器和基准点传感器高差的方式,使其产生大变形。测量结果如图5-22所示。从图中可以看出,在室内对路基自动监测系统进行测试,由于环境和气象的因素都是不变的,所以沉降监测结果十分理想,测量点和基准点测量得到的监测沉降差值与人工手动测量的沉降值曲线几乎重合。

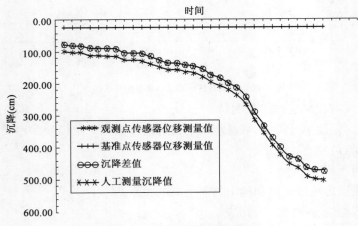

图 5-22　大变形沉降试验监测结果

5.2.6 自动监测系统工程应用

1）工程简介

在察尔汗至格尔木高速公路察尔汗盐湖修筑了路基沉降观测试验场进行沉降监测。项目所处察尔汗盐湖区,自然环境恶劣(高寒、高海拔),盐层厚度 10 ~ 18m,最厚 23.5m,部分地段岩盐层最厚达 17.7m。盐晶空隙之间全部充满卤水,水位距地表 2 ~ 5m。岩盐遇淡水或低矿化度水极易溶解,成为盐渍化软土地基,工程性质差,地基沉降过大、路基沉陷、路面开裂破坏等工程病害突出。

2）工程地质和水文地质条件

项目所在区域位于柴达木盆地,柴达木盆地从边缘至中央依次为高山、戈壁、风蚀丘陵、冲洪(湖)积平原及盐湖沼泽地貌,海拔 2625 ~ 3350m。项目区地层为第四系全新统和更新统地层,水平分带特征明显,岩性主要为盐晶、有机质黏土、黏土、粉土、细砂等(图 5-23),具体分布及特征如下:

(1)盐晶:灰白色,中密 ~ 密实,砂砾状结构,含盐量一般在 90% 以上,以氯盐为主,其次为硫酸盐,含少量泥质,为氯盐型过盐渍土。

(2)有机质黏土:黑灰色,软塑 ~ 可塑,成分以黏粒为主,其次为粉粒,含盐晶 10% ~ 15% 和有机质 5% ~ 10%,有臭味。

(3)低液限黏土:红褐色、褐黄色,可塑 ~ 硬塑,成分以黏粒为主,次为粉粒,摇振反应轻微,干强度中等,岩芯呈土柱状。

(4)低液限粉土:黄褐色,湿 ~ 很湿,成分以粉、黏粒为主,手捻有砂感,干强度低,摇振反应中等,岩芯呈土柱状。

(5)含粉土细砂:褐色,湿 ~ 饱和,稍松 ~ 稍密,成分以细砂粒为主占 40% ~ 50%,次为中粗砂粒占 25% ~ 35%,粉黏粒含量为 5% ~ 15%,岩芯呈散粒状,有缩径现象,具轻微砂土地震液化。

(6)细砂:褐色 ~ 灰色,湿 ~ 饱和,稍松 ~ 稍密,成分以细砂粒为主占 45% ~ 50%,次为中粗砂粒占 35% ~ 40%,含粉黏粒含量为 5% ~ 10%,岩芯呈散状无胶结,具轻微液化。

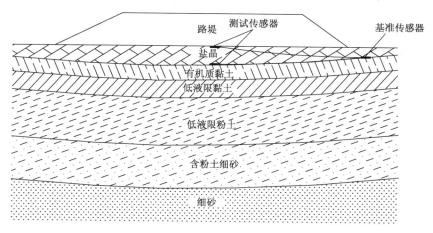

图 5-23　地质剖面图

3）沉降自动监测系统现场布设

沉降自动监测系统传感器分基准传感器和测试传感器,测试位移传感器是埋设在地基中,根据观测要求可以埋设一层或多层,本次测试埋设了两层,一层埋设在地面表层,另一层埋设在距地面2m深度处(图5-24);基准传感器埋设在距观测点一定距离外,保证其不受现场试验和施工的干扰(图5-25)。

图5-24　测试传感器埋设　　　　　　　　图5-25　基准传感器埋设

基准传感器埋设时,砌筑一个基准平台将基准传感器砌筑到基准平台内,基准平台稳定、坚固、不易被扰动。埋设好基准传感器和测试传感器后,将信号线缆连接到系统采集和数据传送子系统的接线端口(图5-26)。系统埋设时,需注意以下事项:

(1)考虑到系统所处自然环境冬季温度低,连通液管中的液体采用-40℃的防冻液。把液体注入连通液管时,先将连通液管最末端口打开,当管中液体流出时,不断抬高末端管口,使液体保持有溢出状态,直到注满整个液管。液体连通管最上端固定,并半封闭,减少液体挥发。

(2)为了提高系统的精度和避免内部之间和外部的干扰,使系统能适应长距离的传输,满足在沉降监测过程中大变形沉降拉伸的高强度要求,系统采用高强度的多芯双绞屏蔽线进行传输。

系统为了能够进行长期的监测,防止被盗,需将系统整体埋入土中,埋入前需对系统进行测试,保证系统埋入土中后信号传输正常。同时,由于电池电解液密度和温度成反比关系。在-20℃的情况下,胶体蓄电池的实际可使用的容量只有原容量的30%~40%。将电池和传感器一起埋入土中,能减少温度对其工作性能的影响(图5-27)。

图5-26　系统信号线缆连接　　　　　　　图5-27　系统埋入土中

4）路基沉降监测结果分析

分别采用沉降板和路基沉降自动监测系统对路基沉降进行监测,监测结果见表5-9,其中监测系统监测路基沉降值＝地表观测点沉降差值＋距地面2m观测点沉降差值。从中可以看出,基准点传感器的测量值为0.243～0.247m,初期有轻微变动后逐渐趋于稳定;观测点传感器位移值变化较小,地基沉降相对稳定;路基自动监测系统观测沉降值与沉降板观测沉降值接近,能满足工程要求。

现场沉降监测结果　　表5-9

观测日期	基准点传感器测量值（m）	观测点传感器测量值（m）		沉降差值（m）		路基沉降值（m）	
		地表	距地面2m	地表	距地面2m	监测系统	沉降板
2013年10月4日	0.243	0.351	1.185	0.108	0.942	—	—
2013年10月5日	0.244	0.355	1.187	0.111	0.943	0.004	0.005
2013年10月6日	0.245	0.358	1.188	0.113	0.943	0.002	0.003
2013年10月7日	0.245	0.359	1.191	0.114	0.946	0.004	0.003
2013年10月9日	0.246	0.361	1.191	0.115	0.945	0.000	0.002
2013年10月11日	0.246	0.365	1.192	0.119	0.946	0.007	0.005
2013年10月13日	0.247	0.367	1.195	0.120	0.948	0.003	0.003
2013年10月16日	0.247	0.369	1.196	0.122	0.949	0.003	0.004
2013年10月19日	0.247	0.369	1.198	0.122	0.951	0.002	0.003
2013年10月22日	0.247	0.370	1.199	0.123	0.952	0.002	0.002

5.3　沉降与稳定监测数据分析与评价

5.3.1　监测结果分析

通过分析吴堡—子洲高速公路软弱地基试验工程K33＋500断面的实测沉降与稳定观测数据,对路堤的稳定性进行评价。吴堡—子洲高速公路K33＋500路段,位于陕北绥德县满堂川乡姚家沟,地貌单元属于黄土残原区的沟谷淤积区,勘探资料显示,在该路段范围地表有一层次生黄土灰黑、黄褐色,夹淤泥质亚黏土,软—流塑。软土层厚度7m,由于形成时间短,没有充分固结,属欠压密状态。根据勘探资料,地基承载力仅100kPa,由于本路段路堤填高达15m,所以路堤的稳定性存在较大问题。试验工程采用碎石桩地基处理方法,桩长8m,桩径0.5m,桩间距1.4m。试验工程观测于2005年10月开始,至2006年7月结束。

1）地表水平位移

地表水平位移观测结果见图5-28。从中可以看出,除2006年4月9日,路堤填土至10.214m高度时,侧向变位出现13mm,地下水位上升10cm,说明地基有不稳定的迹象,其原因是当时填土速率过快所致,其后由于停止填土数天,即恢复正常。一般情况下,路堤坡趾侧向位移速率小于5mm/d,路堤处于稳定状态。

2）土体水平位移

路堤填筑时,2005年10月1日至2005年11月14日为年前抢工期,2005年11月15日至2006年4月28日为冬季休整停工期,从2006年4月29日至2006年12月25日为年后施工至观测结束期。土体水平位移与深度关系曲线根据施工情况分三个阶段绘制(图5-29)。从中可以看出：

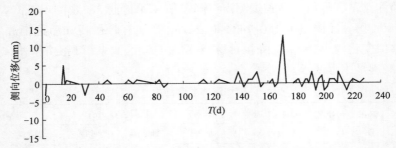

图 5-28　试验工程 K33 + 500 断面地表水平变位随时间变化曲线

(1)年前抢工期路堤填筑速率较快,土体水平位移变化较快,最大水平位移发生在 4.5m 处的 31d 内,总位移为 8.69mm,日偏移量为 0.28mm,其次为 0.5m 处,但变化量都小于路堤填筑的稳定控制标准(一般为 5mm/d),路堤稳定。

(2)冬季停工期前期,土体水平位移增量相对较大,随着停工期时间的推移,位移变化速率越来越缓慢,最后趋于稳定。

(3)年后施工时,土体各深度处的水平位移变化曲线呈一逐渐递减的抛物线,随着时间的推移,变化量越来越小,最后曲线基本上趋于水平,位移量不再变化。土体水平位移变化变化速率远小于路堤填筑的稳定控制标准,说明地基已经稳定。

断面 K33 + 500 侧向位移在深度 0.5m、4.5m 处有较大变化,选取 0.5m、4.5m 和 9.0m 三点为代表深度点,对这三处的侧向位移随时间的变化结合路堤填筑高度及地质条件进行分析。图 5-30 ~ 图 5-32 为断面 K33 + 500 各代表深度处的侧向位移随时间变化曲线。

从图 5-30 ~ 图 5-32 中可以看出:0.5m 深度处的侧向位移在路堤填筑开始的前一周为正值,随着时间的延长,侧向位移逐渐变为负值,4.5m 深度处的侧向位移一直为负值,负值表示侧向位移向路堤外侧移动,这是由于填筑路堤导致地基向路堤外侧滑动引起的。

从地质剖断面可以看出,K33 + 500 断面地层自上而下依次为耕表土、冲洪积次生黄土、中更新统离石老黄土及三叠系上统胡家村组砂岩,耕表土层厚为 0.3 ~ 0.5m,冲洪积次生黄土层厚为 4.0 ~ 5.0m。由于耕表土和冲洪积次生黄土局部为淤泥质土,性质较差,在这种地质条件下,断面 K33 + 500 侧向位移在深度 0.5m 和 4.5m 处有较大变化。

3)地表竖向位移

K33 + 500 断面地表竖向位移统计结果见表5-10。从中可以看出,在年前施工期和年后施工期,由于施工队伍抢时间施工,平均填筑速率均较快。路堤最大沉降速率为 76.35mm/月,平均每天沉降量约为 2.55mm,小于 10mm/d。

从不少软基路堤发生破坏的工程实例可以看出,破坏的原因多是由于填筑速率的控制不按设计要求或施工过程不加强观测造成的。本工程实际发生的填筑速率远超过设计值,并且在年后施工期间,当路堤超过极限高度之后仍保持较快的填筑速率,虽然采取了停止加载措施,但在这么危险的施工条件下路堤的稳定性不是停止加载所维持的,而是由于在冬季有一个长达 4 个多月的停工期起到了重要的作用。从表 5-10 可以看出,年后施工期的月平均沉降量比年前施工期的月沉降量要小得多,说明在冬季停工期间,软弱地基在路堤荷载作用下,发生了充分的排水固结,地基强度有明显的提高。

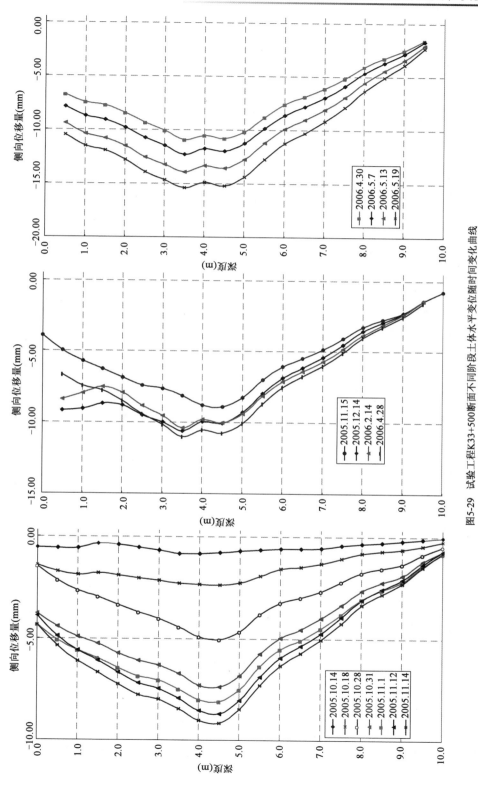

图5-29　试验工程K33+500断面不同阶段土体水平变位随时间变化曲线

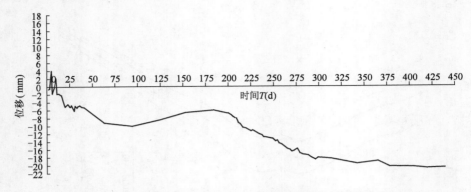

图 5-30　K33 + 500 断面深度 0.5m 处的水平位移随时间变化曲线

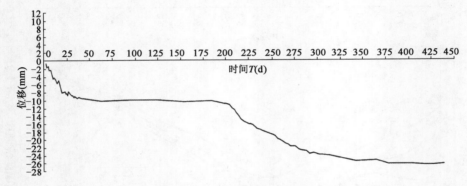

图 5-31　K33 + 500 断面深度 4.5m 处的水平位移随时间变化曲线

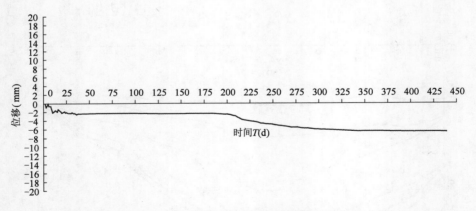

图 5-32　K33 + 500 断面深度 9.0m 处的水平位移随时间变化曲线

4）土体竖向位移

K33 + 500 断面土体竖向位移结果见图 5-33。从中可以看出, K33 + 500 断面沉降主要发生在 6m 以上。从地质剖断面可以看出, K33 + 500 断面地层耕表土层厚为 0.3 ~ 0.5m, 冲洪积次生黄土层厚为 4.0 ~ 5.0m。由于耕表土和冲洪积次生黄土局部为淤泥质土, 性质较差, 在这种地质条件下, 土体竖向位移主要发生在深度 6m 以上地层。

K33 +500 断面地表竖向位移统计值　　　　　表 5-10

工 期 分 类		年前施工期	冬季停工期	年后施工期
K33 +500 断面	时间	2005.10.01—2005.11.14 （共 44d）	2005.11.15—2006.04.28 （共 133d）	2006.04.29—2006.07.04 （共 67d）
左路肩	填土厚度（m）	6.449	0	8.889
	填土速率（m/d）	0.147	0	0.133
	沉降量（mm）	112	20	58
	平均沉降量（mm/月）	76.35	4.5	25.97
中心	填土厚度（m）	6.449	0	8.889
	填土速率（m/d）	0.147	0	0.133
	沉降量（mm）	132	22	103
	平均沉降量（mm/月）	60	4.95	46.12
右路肩	填土厚度（m）	6.449	0	8.889
	填土速率（m/d）	0.147	0	0.133
	沉降量（mm）	100	20	67
	平均沉降量（mm/月）	68.19	4.5	30.0

5）孔隙水压力

K33 +500 断面孔隙水压力结果见图 5-34。从中可以看出，在完成一次填土之后，孔隙水压力很快上升至一个新的高点，其后逐步消散，在冬季停工期，孔隙水压力变化不大，停工期后重新填土，孔隙水压力迅速增加。1 个月内孔隙水压力即消散稳定在一个固定值，说明本地软土固结速率较快，在 1 个月内可完成主固结沉降过程。

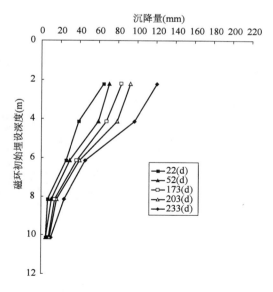

图 5-33　K33 +500 断面路中心土体竖向位移曲线

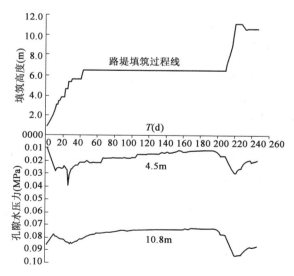

图 5-34　k33 +500 断面孔隙水压力随时间变化曲线

从试验工程 K33 + 500 断面路堤沉降与稳定观测数据分析可知,该路堤填筑处于稳定状态。冬季停工期间,软弱地基在路堤荷载作用下,发生了充分的排水固结,地基强度有了明显的提高,该停工期的存在对于路堤的稳定起到很大的作用。判断软弱地基路堤的稳定,不能仅根据一般施工中设置的沉降板和水平位移桩这些简单方法,而应结合土体水平位移观测判定滑动面位置,土体竖向位移和孔隙水压力观测判定地基土固结与强度增长等综合进行分析判断。

5.3.2　监测异常数据的判别分析

1) 监测异常数据类型

异常数据包括两种类型:第一种是噪声异常数据,是采集或记录过程中的错误引起的,会误导分析的结果;第二种是真实异常数据,包含着从应用角度看非常有意义的知识。软弱地基路堤沉降与稳定监测过程中可能会出现这两种异常数据,其产生的原因如下:

(1)噪声异常数据

路堤沉降与稳定监测过程中,埋设的监测仪器受外界因素干扰(施工、环境改变等),仪器可能出现损坏或性能下降等,同时监测人员也可能出现仪器操作错误、读数错误等,这些都是导致出现噪声异常数据的原因。

(2)真实异常数据

软弱地基路堤填筑过程中,如果加荷过快,当在地基中一定范围内剪应力达到某一临界值时,将使地基以弹性变形为主进入以塑性变形为主阶段,此时侧向变形及沉降速率将明显增大,如果荷载再继续增加,地基中塑性区将继续扩大,以至于有可能发生地基的整体破坏和路堤失稳。这些监测数据对判断填筑期路堤是否稳定有重要意义,可以看作是真实异常数据。

路堤沉降与稳定监测过程中出现噪声异常数据时,应采取测值修正、重测或更换仪器等办法处理;当监测过程中出现真实异常数据时,则应停止施工,及时查明情况,进行综合分析评判,并采取一些必要的应急措施。因此,软弱地基路堤沉降与稳定监测中,对异常数据的原因作出准确判断是极为重要的。

2) 异常数据的评判准则

(1)噪声异常数据评判

采用监控模型预报评判准则。用预处理过的观测资料同沉降与稳定预测模型库中所存储的各种数学模型的预报值进行比较,实测值中凡是其偏差超过统计上所允许的合理误差限的离群值,则判为异常值。

此种判别方法就是运用统计学理论对观测资料进行检查的方法,对异常数据进行检验时,根据某一置信水平,可以采用"3σ 原则检验法"和"t 分布检验法"。当样本容量大于 30 时,采用"3σ 原则检验法",当样本容量小于 30 时,采用"t 分布检验法"。此准则的使用有赖于沉降与稳定预测模型有较高的可靠性和精度。

(2)真实异常数据评判

判断监测的软弱地基路堤沉降与稳定数据是否反映土体的真实变形,需要建立相应的判别准则,经过判别准则判断确认是异常的数据,进一步进行异常原因的分析。为确保路堤沉降与稳定与监测工作的安全,根据高速公路的施工特点,结合实际操作经验,对观测数据综合应用监测指标和监测关系曲线作为真实异常值的评判准则。

①监测指标评判准则

软弱地基路堤在施工过程中,路堤监测指标要能有效、快速地判断施工路堤的沉降与稳定状况,反映路堤填筑速率是否安全。若监测值在监控指标之范围内,则为正常;反之,则认为异常,需要进一步分析判断。

目前,公路软弱地基路堤沉降与稳定监控指标主要有日沉降(位移)量、月沉降(位移)量和沉降(位移)速率等,其具体值往往按经验确定。从国内高速公路施工经验看,采用监测路堤中心线地面沉降速率和坡角水平位移速率的方法对路堤稳定性进行控制是方便、有效的。沉降速率的标准(10~15mm/d)对于复合地基可取得严些,对于固结排水法处理的地基可取得松些。国内几条高速公路所采用的标准见表5-11。

路堤填筑过程中沉降控制标准　　表5-11

标　　准	公　路　名　称				
	京津塘高速公路	杭甬高速公路	佛开高速公路	深汕高速公路试验工程	泉厦高速公路
垂直沉降速率(mm/d)	10	≤10	<10	13~15	10
水平位移速率(mm/d)	5	≤5	<5	5~6	2

《公路软弱地基路堤设计与施工技术细则》(JTG/T D31-02—2013)采用双标准控制方法,即路堤中心线地面沉降速率每昼夜不大于10mm,坡脚水平位移速率每昼夜不大于5mm。因此,本书对软弱地基路堤施工监测评判指标定为:垂直沉降速率≤10mm/d,水平位移速率≤5mm/d。观测结果应结合沉降和位移发展趋势进行综合分析,并以水平控制为主,如超过此限应立即停止加载。当停止加载后,每天仍需进行沉降与稳定观测,并且当连续3d的观测值在控制值之内时才可继续加载。

②监测关系曲线评判准则

a. 路堤中心沉降量和坡趾最大侧向位移关系曲线判别准则

利用路堤中心沉降量 S 和坡趾最大侧向位移 δ_H 进行判别。日本富永和桥本指出:当 δ_H/S 值急剧增加时,意味着地基接近破坏。当预压荷载较小时, S-δ_H 曲线应与 S 轴有个夹角 θ ,测点在 E 线上移动。预压荷载接近破坏荷载时, δ_H 增加要比 S 增加显著,如图5-35中的 I - II 曲线所示。

b. 荷载(填土高度)与沉降速率或侧向位移速率关系曲线判别准则

当填土荷载与沉降速率(或侧向位移速率)关系曲线出现明显向上非线性转折拐点时,即曲线斜率突然增大,则意味着该监测点附近的土体出现塑性破坏,路堤存在失稳的可能性。

c. 荷载压力增量与对应孔隙水压力增量的关系曲线判别准则

如图5-36所示,当测点的荷载压力 $P_0 + \sum \Delta P > P_c$ 时, $\sum \Delta u$-$\sum \Delta P$ 曲线呈线性变化,则该测点部位地基处于弹性平衡状态;当 $\sum \Delta u$-$\sum \Delta P$ 曲线呈非线性向上转折,则该测点地基土出现塑性剪切屈服,并迅速出现剪切破坏。当软弱地基中2个以上(含2个)的测点出现塑性剪切屈服时,则路堤地基将有在短期内剪切破坏的可能。

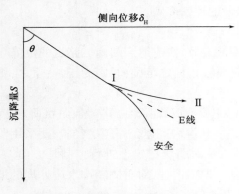

图 5-35　沉降量和侧向位移关系曲线　　　　图 5-36　荷载压力增量和孔隙水压力增量关系曲线

综上分析,软弱地基路堤沉降与稳定监测异常数据的判别方法为:

(1)首先采用监控模型预报评判准则进行判断,看监测值是否在预报模型的置信区间内,若不满足要求则监测数据判断为噪声异常数据。需采取测值修正、重测或更换仪器等办法重新进行数据观测。

(2)采用监测指标评判准则和监测关系曲线评判准则进行进一步判断,若监测数据不在监控指标范围或监测关系曲线出现不稳定状态,则判断监测数据为真实异常数据,路堤可能出现失稳,应停止加载,及时查明情况,并采取一些必要的应急措施。

3)异常数据的成因分析

沉降与稳定监测数据具有时空性的特点,即沉降观测点间存在空间性关联关系和单一测点前后测次间测值时间上的关联关系。因此对异常数据的成因,可从以下两方面进行分析:

(1)利用相邻监测点间存在的关联性进行判别

土体发生变形或破坏往往是有一定的范围的,不是孤立的某个点。当监测路段土体工作状态正常时,则监测数据都应该处于正常的状态;当土体发生破坏时,则监测数据都应发生相应的变化,表现出异常特征。软弱地基路堤沉降与稳定监测时,监测路段一般需要布置多个断面和观测点(比如,沉降观测点分别布置在同一断面的左、右路肩和中线上)。根据布置的相邻观测点间存在的关联性可以分析监测到的异常数据,当某一监测值代表土体的真实变形量,则这些点的测值应该一致地反映被监测部位土体的工作性态;如果某一测点的测值发生异常,而其相关测点的测值正常,则认为土体的结构正常,认定监测系统发生了异常。

(2)利用监测点的时序性进行判别

对同一沉降与稳定监测点而言,在一段时间内的观测值就构成了一时间序列。土体的变形破坏通常有一个过程,若同一测点在某一观测时段内连续出现异常值,称这一异常序列为一个"异常过程",则表明监测部位土体结构性态有发生变化的可能。

对监测异常数据分析可以采用灰色关联分析技术。灰色关联分析技术是对一个系统发展变化态势的定量描述和比较的方法,是灰色系统理论中最基本的方法之一。其基本思想是通过确定参考数列和若干比较数列的几何形状相似程度来判断其联系是否密切,它反映了曲线间的关联程度,大者为优。采用灰色关联技术,寻找检验点的最佳关联点(为保证评判的可靠性,每个检验点的最佳关联点宜选用 2 个以上),如果异常测值的关联点也发生异常,且异常方向一致,则认为测值的确反映了土体的实际变形,测值的异常是由土体的结构变化引起的;否则,认为异常是由监测系统的异常引起的。

4)实例分析

这里仍选取上节中的吴堡—子洲高速公路软弱地基试验工程 K33+500 断面的实测沉降与稳定观测数据,采用上述方法对异常数据进行分析。

(1)噪声异常数据

采用监控模型预报评判准则进行判断。利用双曲线法和星野法对观测数据建立沉降预报模型,将实测值与模型预测值进行比较,各断面沉降预测曲线如图 5-37、图 5-38 所示,从图中可以看出:

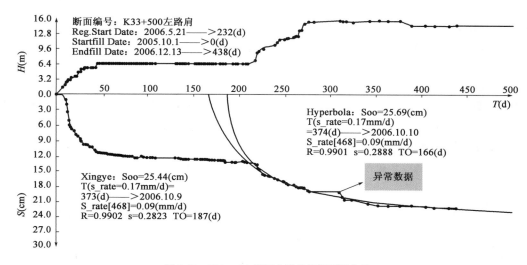

图 5-37　K33+500 断面左路肩沉降预测曲线

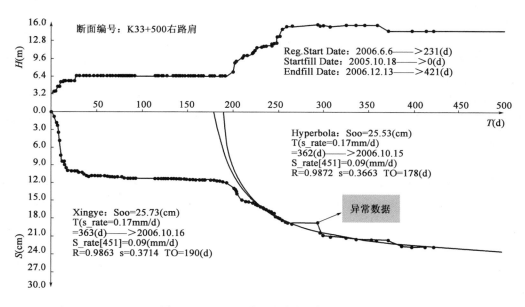

图 5-38　K33+500 断面右路肩沉降预测曲线

①曲线线性回归效果较好,路堤满载后的实测值与模型预测值较接近。

②2006年5月15日(累计观测天数226d)路堤左路肩、中心、右路肩观测沉降值分别为12mm、16mm、11mm,该值不在预报模型的置信区间内,且该异常值是孤立出现的,可以看作为噪声异常数据。

(2)真实异常数据

真实异常数据可以采用监测指标评判准则或监测关系曲线评判准则进行判断,本书采用监测指标评判准则进行判断。软弱地基路堤施工监测评判指标定为:垂直沉降速率不大于10mm/d,水平位移速率不大于5mm/d。根据上节沉降与稳定监测数据的分析与评价结果可知,2006年4月9日,路堤填土至10.214m高度时,侧向变位出现13mm,地下水位上升10cm,该数值可以看作为真实异常数据。表明地基有不稳定的迹象,查明原因是当时填土速率过快所致,采取停止施工的方法,几天后即恢复正常。

(3)利用灰色关联分析方法进行异常数据分析

寻找K33+500中的最佳关联点,根据实际工程的特点,由于路堤施工分为年前施工期、冬季停工期、年后施工期三个阶段,因此计算时选取三个阶段中的2005年11月1日、2006年3月10日、2006年5月1日时观测的K33+500断面中点沉降曲线与其余测点的沉降曲线的关联度,见表5-12。

相邻测点与K33+500中线沉降曲线的关联度　　　　　表5-12

时　　间	K33+240 左路肩	K33+240 中线	K33+240 右路肩	K33+400 左路肩	K33+500 左路肩	K33+500 右路肩	K33+530 左路肩
2005年11月1日	0.765	0.778	0.689	0.895	0.968	0.964	0.912
2006年3月10日	0.769	0.761	0.764	0.912	0.987	0.984	0.926
2006年5月1日	0.781	0.803	0.779	0.941	0.991	0.989	0.943

从表5-12的计算结果可看出:

①与点K33+500中点的关联度,在选定的不同时刻,与其同断面的测点左、右路肩表现出很高的关联性,而与其相邻断面K33+530左路基测点的关联度也较高,可确定K33+500左右路基这两个点位为K33+500中点的最佳关联点。

②与某点的关联度,在满足区域性划分的各种影响因素的条件下,距离是影响关联度大小的重要因素。相关点的关联度随距离的增加将相应地降低,如点K33+240的关联度就较其他断面测点要低。

③不同测点间的关联度,随着加载时间的增加趋向增大,说明地基在外载作用下,随时间增加,其沉降变形规律逐渐趋于稳定,不同测点间表现出较好的相关性。

④关联度高的K33+500断面左、中、右三观测点的曲线呈相同的变化规律,没有多个测点出现异常的情况。

第6章 内陆河湖相软弱地基路堤沉降与稳定控制

6.1 沉降预测

6.1.1 沉降预测方法

实际沉降过程与计算结果存在诸多差异。这些差异是多方面的因素引起的,例如分层总和法计算地基最终沉降时只考虑了主固结沉降,但实际沉降包括瞬时沉降、主固结沉降与次固结沉降。计算过程中因为对实际问题的地质条件、荷载条件、边界条件、初始条件等都作了很多简化,因而使计算结果与实际观测结果之间或多或少存在一定的偏差。因此,通过实际观测资料推算地基最终沉降量也是一种重要的方法。

目前国内习惯采用的沉降预测方法有双曲线法、星野法、浅冈法、Verhulst 曲线法、人工神经网络法、灰色模型等。这些方法都有优缺点,推算的结果是否可靠与实测资料的准确性、使用经验和技巧有一定的关系。

1)双曲线法

双曲线法假定地基沉降速度随时间以双曲线形式递减(图 6-1),沉降公式是:

$$S_t = S_0 + \frac{t - t_0}{\alpha + \beta(t - t_0)} \tag{6-1}$$

式中：t_0、S_0——拟合计算起始参考点的观测时间与沉降值;

$\quad\quad t$、S_t——拟合曲线上任意点的时间与对应的沉降值;

$\quad\quad \alpha$、β——从实测值求得的参数,表示直线的截距和斜率,见图 6-2。

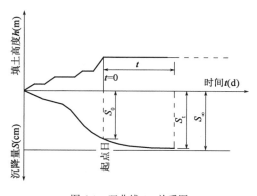

图 6-1 双曲线 S-t 关系图

图 6-2 α、β 求法

当 $t = \infty$ 时,最终沉降量 S_∞ 可用下式求得:

$$S_\infty = S_0 + \frac{1}{\beta} \tag{6-2}$$

荷载经过时间 t 后的残留沉降量 ΔS 用下式求得：

$$\Delta S = S_\infty - S_t \tag{6-3}$$

2）星野法

星野法根据现场实测沉降值证明了固结沉降是时间平方根的函数（图6-3），沉降计算公式为：

$$S_t = S_0 + \frac{AK\sqrt{(t-t_0)}}{\sqrt{1+K^2(t-t_0)}} \tag{6-4}$$

上式可改写成：

$$\frac{t-t_0}{(S_t-S_0)^2} = \frac{1}{A^2K^2} + \frac{1}{A^2}(t-t_0) \tag{6-5}$$

式中：S_0 ——瞬时加载产生的瞬时沉降量；

$\quad\quad K$ ——影响沉降速度的系数；

$\quad\quad A$ ——求 $t \to \infty$ 时最终沉降值的系数。

可用图解法求出系数 A 和 K、$(t-t_0)/(S_t-S_0)^2$ 与 $(t-t_0)$ 的关系，正是斜率为 $1/A^2$、截距为 $1/(A^2K^2)$ 的直线。计算时根据假定的几组 t_0、S_0 和实测值 S、t 点成曲线图（图6-4），从图中选取合适的假定线，就能根据直线斜率和截距确定 A 和 K 值。

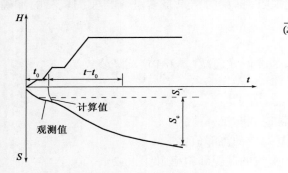

图6-3 星野法 $S-t$ 关系图

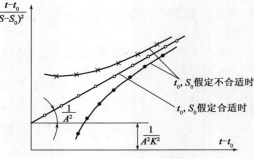

图6-4 参数 A、K 的确定

当式（6-4）中的时间 $t \to \infty$ 时，便可得到星野法计算最终沉降量的公式：

$$S = S_0 + A \tag{6-6}$$

3）浅岗法

浅岗法（Asaoka）是建立在太沙基单向固结方程的基础上的，垂直（体积）应变表示的固结微分方程为：

$$\frac{\partial \varepsilon}{\partial t} = C_v \frac{\partial^2 \varepsilon}{\partial z^2} \quad 或 \quad \dot{\varepsilon} = C_v \varepsilon_{zz} \tag{6-7}$$

式中：ε ——即 $\varepsilon(t,z)$ 竖向应变；

$\quad\quad z$ ——距黏土层顶面的深度；

$\quad\quad C_v$ ——固结系数。

设 t 时刻的沉降为 S_t，则有：

$$S_t = \int_0^H \varepsilon \mathrm{d}z \tag{6-8}$$

$$\dot{S}_t = \int_0^H \dot{\varepsilon} dz = C_v \int_0^H \varepsilon_{zz} dz = C_v \{ \varepsilon_z(t, z = H) - \varepsilon_z(t, z = 0) \} \tag{6-9}$$

在荷载一定的条件下,式(6-8)与式(6-9)等价:

$$S + \alpha_1 S' + \alpha_2 S'' + \cdots + \alpha_n S^{(n)} + \cdots = C \tag{6-10}$$

由于 S 的高阶微分系数迅速减小,实用上用其两项已很精确,即:

$$S + \alpha_1 S' = C \tag{6-11}$$

使时间 $t = \Delta t \cdot j (j = 1, 2, 3, \cdots)$,即分成若干时间小段,时间 t_j 的沉降量以 S_{tj} 表示,得到式(6-12)的差分形式:

$$S_{tj} = \beta_0 + \beta_1 S_{tj-1} \tag{6-12}$$

S_j 是离散化了的沉降量,式中的 β_0、β_1 是待定常数,可由图解法确定(图 6-5、图 6-6),步骤如下:

(1)将时间划分成相等的时间段 Δt,在实测的沉降曲线上读出 t_1、t_2 所对应的沉降值 S_1、S_2,并制成表格。

(2)在以 S_{i-1} 和 S_i 为坐标轴的平面上将沉降值 S_1、S_2 以点 (S_{i-1}, S_i) 画出,作出 $S_i = S_{i-1}$ 的45°直线。

(3)过系列点 (S_{i-1}, S_i) 作拟合直线与45°直线相交,交点对应的沉降为最终沉降值。

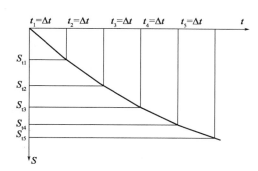

图 6-5　浅岗法 t_j-S_{tj} 关系图

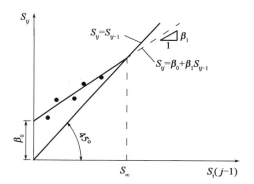

图 6-6　β_0、β_1 求解图

由式(6-2)可知,当 $S_{tj} = S_{tj-1}$ 时所得沉降即最终沉降 S_∞,故:

$$S_\infty = \frac{\beta_0}{1 - \beta_1} \tag{6-13}$$

4)Verhulst 曲线法

Verhulst 曲线亦称"S"形曲线、泊松曲线或逻辑推理曲线,多用于自然社会经济预测中。许多生物量和经济量都是时间 t 的单调增长函数 $y(t)$,其前期呈加速增长,经过某一点后增长速度越来越慢,最终趋于一个有限值,其散点图好像一条压扁的"S"形曲线,故又被称为"S"形成长曲线。成长曲线反映的实际是事物发展、成熟,然后达到一定极限的过程。Verhulst 曲线模型表达式为:

$$x^{(1)}(t) = \frac{a/b}{1 + \left(\dfrac{a}{b} \times \dfrac{1}{x^{(1)}(0)} - 1 \right) \mathrm{e}^{-a(t-1)}} \tag{6-14}$$

式中：$x^{(1)}(t)$ ——累加生成数列；

$\quad\quad x^{(1)}(0)$ ——原始数列；

$\quad\quad a、b$ ——待定系数；

$\quad\quad t$ ——时间。

由于该模型是根据一定的演变理论为前提推导出来的，所以往往能比简单时间序列法提供更加精确的时间预测，模型具有以下特点：

（1）在 $x^{(1)}$ 甚小时，$dx^{(1)}/dt$ 也甚小，系统发展缓慢（即初期发展慢）。

（2）在 $x^{(1)}$ 较大时，$dx^{(1)}/dt > 0$，系统发展较快（即中段发展快）。

（3）当 $x^{(1)}(t_c) = |a|/|b|$，则 $dx^{(1)}/dt = 0$，$x^{(1)}$ 不再增大（即后期逐渐趋于稳定）。

从观测的大部分填方段落沉降曲线，以及很多相关文献上查阅的资料看，实测沉降曲线形状常常如图 6-7 所示，典型沉降曲线大致可以分为三段，在开始阶段，沉降增长慢，曲线斜率小（ds/dt 值小），在中段，沉降发展逐渐增大，曲线斜率逐渐增大（ds/dt 值增大），沉降发展快，在后期沉降逐渐趋于稳定，增加值趋于 0，ds/dt 趋于 0，最终沉降 S 为一定值。由上述规律可以看出，这种沉降发生、发展、稳定的规律与费尔哈斯曲线模型相当吻合。

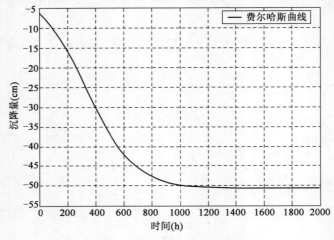

图 6-7　费尔哈斯 Verhulst 模型曲线

5）人工神经网络

人工神经网络中的 BP 网络（Back Propagation Network）是当前应用最为广泛的一种网络，它结构简单，工作状态稳定，易于硬件实现。BP 网络在有足够多的隐层和隐节点条件

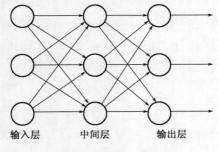

图 6-8　BP 神经网络结构

下，可以逼近任意的非线性映射关系；其学习算法属于全局逼近的方法，所以具有较好的泛化能力。BP 网络中个别神经元的损坏只对输出有较小的影响，即它具有较好的容错性。这些特点使 BP 网络在工程中得以广泛的应用。图 6-8 是最基本的 3 层 BP 网络，由输入层（n 个神经元）、中间层（p 个神经元）和输出层（q 个神经元）组成，同层节点间没有任何联系，不同层节点均采用向前连接方式。

三层 BP 神经网络模型实现特定的输入与输出的影射分为学习过程和应用过程两部分。其学习过程由前向计算过程和误差逆传播过程组成,通过把网络学习时输出层的误差向后传播,经反复迭代获得使输出层单元达到最小预测误差(均方误差最小)的神经网络节点间的连接权值,完成网络的训练。运用过程则是将待测点的实测沉降影响参数(如路堤高度、软土层厚度、施工观测时间)作为已训练好的神经网络的输入量,其输出量即沉降预测值。

误差逆传播学习过程通过一个使目标函数最小化过程完成输入到输出的影射。设在第 n 次迭代中输出端的第 j 个单元的输出为 $y_j(n)$,则该单元的误差信号为:

$$e_j(n) = d_j(n) - y_j(n) \tag{6-15}$$

拟合误差的代价函数为:

$$\xi(n) = 0.5 \sum_{j \in C} e_j^2(n) \tag{6-16}$$

其中 C 包括所有输出单元。实际上,学习的过程就是通过调整连接权系数以使代价函数最小。以下是学习步骤。

(1)网络初始化。

输入学习步长 η;给定最大学习误差 ε;给输入层至中间层(隐含层)的连接权矩阵 ω_{ji}、中间层至输出层的连接权矩阵 ω_{kj} 赋 $[-1, +1]$ 区间的随机值。

(2)为网络提供一组学习样本,为不使输入节点的绝对值影响网络的学习性能,首先对变量进行归一化处理,即:

$$x_j(n) = \frac{X'(n) - X_{\min}(n)}{X_{\max}(n) - X_{\min}(n)} \tag{6-17}$$

式中: $x_j(n)$ ——归一化处理后的值;

　　$X'(n)$ ——真实值;

　$X_{\max}(n)$ ——变量的最大值;

　$X_{\min}(n)$ ——变量的最小值;

　　　j ——该组训练样本对输入层第 j 个单元的输入值。

(3)对每个归一化处理后的样本进行如下计算:

①向前计算:对第 s 层的 j 单元,有:

$$v_j^{(s)}(n) = \sum_{i=0}^{p} \omega_{ij}^{(s)}(n) y_j^{(s-1)}(n) \tag{6-18}$$

其中, $y_j^{(s-1)}(n)$ 为前一层 $[(s\text{-}1)$ 层$]$ 的单元 i 送来的工作信号 $[i=0$ 时置 $y_0^{(s-1)}(n) = -1, \omega_0^{(s)}(n) = \theta_j^{(l)}(n)]$,取单元 j 的作用函数为 Sigmoid 函数,则:

$$y_j^{(s)}(n) = \frac{1}{1 + \exp[-v_j^{(s)}(n)]} \tag{6-19}$$

且

$$\phi'_j[v_j(n)] = y_j^{(s)}(n)[1 - y_j^{(s)}(n)] \tag{6-20}$$

若神经元 j 属于输入层,则有:

$$y_j^{(0)}(n) = x_j(n) \tag{6-21}$$

若神经元 j 属于输出层,则有:

$$y_j^{(s)}(n) = O_j(n) \quad 且 \quad e_j(n) = d_j(n) - O_j(n) \tag{6-22}$$

②反向计算误差 δ

对输出单元

$$\delta_j^{(s)}(n) = e_j^{(s)}(n)O_j(n)[1 - O_j(n)] \qquad (6-23)$$

对中间单元

$$\delta_j^{(s)}(n) = y_j^{(s)}(n)[1 - y_j^{(s)}(n)]\sum \delta_k^{(s+1)}(n)\omega_{kj}^{(s+1)}(n) \qquad (6-24)$$

③按下式修正权值

$$\omega_{ji}^{(s)}(n+1) = \omega_{ji}^{(s)}(n) + \eta\delta_j^{(s)}(n)y_i^{(s-1)}(n) \qquad (6-25)$$

(4)输入新的样本,进行下一轮的学习。

(5)判断:若 $\xi(n) < \varepsilon$,学习结束。

通过以上样本的学习,得到的结果将是一组连接权所组成的权矩阵。该组连接权把 BP 神经网络的输入层、隐层和输出层连接起来,再经过激励函数按一定的运算规则进行运算,最终实现从输入 p 个变量到输出 q 个变量的非线形影射。

6)灰色模型

灰色系统理论属于系统科学,它提供了在贫信息情况下求解系统问题的新途径。它将一切随机变量看作是一定范围内变化的灰色量,将随机过程看作是在一定范围内变化的、与时间有关的灰色过程。对灰色量用数据生成的方法,将杂乱无章的原始数据整理成规律性较强的生成序列,然后建立模型而进行预测。这样,就能在较高的层次上处理问题,从而较全面地揭示系统的长期变化规律。

灰色模型通常用的是等时距灰色模型 GM(1,1),其相应的方程为:

$$\frac{\mathrm{d}s}{\mathrm{d}t} + as = b \qquad (6-26)$$

式中: a,b ——常系数。

具体应用时,可从沉降观测资料中选取 $N+1$ 个等时间间隔的沉降增量观测数据(ΔS_0 , $\Delta S_1, \cdots, \Delta S_N$),作一次累加后得各时刻的总沉降($S_0, S_1, \cdots, S_N$),根据灰色建模理论,方程系数按下式确定:

$$\begin{Bmatrix} a \\ b \end{Bmatrix} = [B^{\mathrm{T}} \cdot B]^{-1} \cdot B^{\mathrm{T}} \cdot y_N \qquad (6-27)$$

$$B = \begin{bmatrix} -S_1 & \cdots & 1 \\ \vdots & \cdots & \vdots \\ -S_N & \cdots & 1 \end{bmatrix} \qquad (6-28)$$

$$y_N = [\Delta S_1, \Delta S_2, \cdots, \Delta S_N]^{\mathrm{T}} \qquad (6-29)$$

6.1.2 沉降预测方法的可靠性分析

1)预测方法的可靠性评价指标

从上节中可以看出,回归分析法预测软基沉降时,关键是确定拟合参数。沉降预测结果的可靠性,不仅与线性拟合的好坏(相关系数的大小)有关,还与拟合参数的准确性有关。为了对各种方法的预测结果的可靠性进行评估,下面用数学方法分别对双曲线法、星野法、浅岗法的沉降预测表达式进行分析,探讨其通过线性拟合求得的参数的误差对沉降预测结果的影响程度。

（1）双曲线法

对于双曲线法，当起始点 t_0 对应的沉降量 s_0 已知时，对式（6-2）最终沉降量作微分，得到最终沉降量增量的表达式如下：

$$\mathrm{d}s_\infty = -\frac{\mathrm{d}\beta}{\beta^2} = -\frac{1}{\beta} \cdot \frac{\mathrm{d}\beta}{\beta} \qquad (6\text{-}30)$$

由式（6-30）可得：

$$\frac{\mathrm{d}s_\infty}{s_\infty} = -\frac{1}{\beta s_\infty} \cdot \frac{\mathrm{d}\beta}{\beta} \qquad (6\text{-}31)$$

式（6-31）表明，最终沉降量变化率与拟合参数 β 变化率之间存在一个倍数关系，也就是说，当线性拟合求得的参数 β 存在一个误差（微小量），则导致沉降量预测值 s_∞ 产生一个相应的误差，两者之间存在一定的倍数关系。把 $\mathrm{d}s_\infty$ 看成是采取回归分析法引起的误差值，则最终沉降的相对误差为 $\mathrm{d}s_\infty / s_\infty$，它与拟合参数的相对误差 $\mathrm{d}\beta/\beta$ 间存在一个倍数关系，定义该倍数为最终沉降相对误差放大系数 $k_{双\infty}$，则：

$$k_{双\infty} = \frac{1}{\beta s_\infty} \qquad (6\text{-}32)$$

同理，经整理，得到 t_0 时刻以后地基剩余沉降的相对误差为：

$$\frac{\mathrm{d}s_\infty}{s_\infty - s_{t_0}} = -\frac{1}{\beta(s_\infty - s_{t_0})} \cdot \frac{\mathrm{d}\beta}{\beta} \qquad (6\text{-}33)$$

定义该倍数为剩余沉降相对误差放大系数 $k_{双剩余}$，则：

$$k_{双剩余} = \frac{1}{\beta(s_\infty - s_{t_0})} \qquad (6\text{-}34)$$

（2）星野法

对于星野法，当瞬时加载产生的瞬时沉降量 s_0 已知，对式（6-6）最终沉降量作微分，得到最终沉降量增量的表达式如下：

$$\mathrm{d}s_\infty = \mathrm{d}A \qquad (6\text{-}35)$$

由式（6-35）可得：

$$\frac{\mathrm{d}s_\infty}{s_\infty} = \frac{A}{s_\infty} \cdot \frac{\mathrm{d}A}{A} \qquad (6\text{-}36)$$

$$\frac{\mathrm{d}s_\infty}{s_\infty - s_{t_0}} = \frac{A}{s_\infty - s_{t_0}} \cdot \frac{\mathrm{d}A}{A} \qquad (6\text{-}37)$$

从式（6-38）、式（6-39）可知，最终沉降相对误差放大系数 $k_{星\infty}$ 和剩余沉降相对误差放大系数 $k_{星剩余}$ 分别为 $k_{星\infty} = A/s_\infty$ 和 $k_{星剩余} = A/(s_\infty - s_{t_0})$。

（3）浅岗法

对于浅岗法，对式（6-13）最终沉降量作微分，得到最终沉降量增量的表达式如下：

$$\mathrm{d}S_\infty = \frac{\mathrm{d}\beta_0}{1 - \beta_1} + \frac{\beta_0}{1 - \beta_1} \cdot \frac{\mathrm{d}\beta_1}{1 - \beta_1} \qquad (6\text{-}38)$$

由于 $S_\infty = \beta_0/(1 - \beta_1)$，则有：

$$dS_\infty = S_\infty \cdot \left(\frac{d\beta_0}{\beta_0} + \frac{\beta_1}{1 - \beta_1} \cdot \frac{d\beta_1}{\beta_1} \right) \tag{6-39}$$

由式(6-39)可得:

$$\frac{dS_\infty}{S_\infty} = \frac{d\beta_0}{\beta_0} + \frac{\beta_1}{1 - \beta_1} \cdot \frac{d\beta_1}{\beta_1} \tag{6-40}$$

$$\frac{dS_\infty}{S_\infty - S_{t_0}} = \frac{S_\infty}{S_\infty - S_{t_0}} \cdot \left(\frac{d\beta_0}{\beta_0} + \frac{\beta_1}{1 - \beta_1} \cdot \frac{d\beta_1}{\beta_1} \right) \tag{6-41}$$

从式(6-40)中可以看出,最终沉降量 s_∞ 与其微小变量 ds_∞ 的比值与拟合参数 β_1 与其微小变量 $d\beta_1$ 的比值之间存在一个倍数关系,也就是说,当线性拟合求得的参数 β_1 存在一个误差(微小量),则导致沉降量预测值 s_∞ 产生一个相应的误差,两者之间存在一定的倍数关系。因此最终沉降相对误差放大系数 $k_{浅\infty}$ 为:

$$k_{浅\infty} = \frac{\beta_1}{1 - \beta_1} \tag{6-42}$$

从式(6-42)中可以看出,剩余沉降相对误差与拟合参数 β_0、β_1 存在一定的关系,记 $k_{浅剩余\beta_0}$、$k_{浅剩余\beta_1}$ 分别为浅岗法线性拟合参数 β_0、β_1 的误差放大系数,则:

$$k_{浅剩余\beta_0} = \frac{S_\infty}{S_\infty - S_{t_0}} \tag{6-43}$$

$$k_{浅剩余\beta_1} = \frac{S_\infty}{S_\infty - S_{t_0}} \cdot \frac{\beta_1}{1 - \beta_1} \tag{6-44}$$

从上述分析可知,利用回归分析法预测路堤的沉降时,判断预测结果的可靠性,不仅要看线性拟合的好坏,而且还要看它的拟合参数的误差放大系数 k_∞、$k_{剩余}$ 的大小。

2)工程实例分析

以吴子高速公路软弱地基试验工程 K33 +240 断面中点的观测数据为例进行分析,其中采用双曲线法和星野法拟合时,设置了不同的起始点,采用浅岗法拟合时,设置了不同的起始点和时间间隔,沉降预测结果及拟合参数的误差放大系数结果见表 6-1 ~ 表 6-3。

从表 6-1 ~ 表 6-3 中可以看出,设置起始点、时间间隔对各种方法的预测结果都有一定的影响。其中,对双曲线法、星野法的影响较小,而对浅岗法的影响较大。

(1)对于双曲线法,设置不同的起始点时,拟合参数误差放大系数 $k_{双\infty}$、$k_{双剩余}$ 均相差不大,其中 $k_{双\infty}$ 为 2 倍左右,$k_{双剩余}$ 为 0.1 倍左右,因此利用双曲线法进行回归时,可以直接根据线性拟合的相关系数来判断,回归相关系数较大,可认为相应的预测结果较可靠。

(2)对于星野法,设置不同的起始点时,拟合参数误差放大系数 $k_{双\infty}$、$k_{双剩余}$ 也相差不大,其中 $k_{星\infty}$ 为 0.7 倍左右,$k_{星剩余}$ 为 2.5 倍左右,因此利用星野法进行回归时,也可以直接根据线性拟合的相关系数来判断,回归相关系数较大,可认为相应的预测结果较可靠。

(3)对于浅岗法,设置不同的起始点和时间间隔时,拟合参数误差放大系数 $k_{浅\infty}$、$k_{浅剩余\beta_0}$、$k_{浅剩余\beta_1}$ 的值较大,且相差也较大。时间间隔 Δt 取值不同,沉降预测结果各不相同,不能仅凭线性拟合的相关系数来判断预测结果的可靠性,还需要考虑拟合参数的影响。因此,使用该方法预测沉降时,需要采用其他的预测方法对结果进行验证。

双曲线法设置不同起始点沉降预测结果

表 6-1

以满载后的某一天为起始点（d）	线性拟合情况			沉降预测结果		拟合参数的误差放大系数	
	参数 α	参数 β	相关系数 R^2	最终沉降预测值（mm）	剩余沉降预测值（mm）	$k_{双\infty}$	$k_{双剩余}$
0	0.00164	0.07824	0.994	236.8	75.8	2.577	0.169
6	0.00205	0.13731	0.993	229.6	63.6	2.125	0.115
9	0.00213	0.15183	0.993	226.5	59.5	2.075	0.111
15	0.00220	0.16519	0.991	224.7	54.7	2.024	0.111
30	0.00228	0.17336	0.991	223.6	52.6	1.962	0.110

星野法设置不同起始点沉降预测结果

表 6-2

以满载后的某一天为起始点（d）	线性拟合情况		沉降预测结果		拟合参数的误差放大系数	
	参数 A	相关系数 R^2	最终沉降预测值（mm）	剩余沉降预测值（mm）	$k_{星\infty}$	$k_{星剩余}$
0	161.26	0.996	241.6	80.3	0.667	2.008
6	166.54	0.993	240.3	74.3	0.693	2.241
9	167.20	0.994	236.9	69.9	0.706	2.392
15	170.43	0.898	237.4	67.4	0.718	2.529
30	171.33	0.992	233.6	62.6	0.733	2.737

浅岗法设置不同起始点和时间间隔沉降预测结果

表 6-3

以满载后的某一天为起始点（d）	时间间隔（d）	线性拟合情况			沉降预测结果		拟合参数的误差放大系数		
		参数 β_0	参数 β_1	相关系数 R^2	最终沉降预测值（mm）	剩余沉降预测值（mm）	$k_{浅\infty}$	$k_{浅剩余\beta_0}$	$k_{浅剩余\beta_1}$
0	3	126.8	0.9346	0.998	226.2	65.2	15.291	3.469	53.004
6	3	106.9	0.9687	0.996	206.8	40.8	31.949	5.069	161.949
6	6	269.7	0.8547	0.992	238.9	71.9	6.882	3.323	22.869
15	3	280.9	0.8136	0.995	231.6	61.6	5.345	3.760	20.097
15	6	156.7	0.9036	0.993	200.9	29.9	10.373	6.719	69.696

6.1.3 Verhulst 曲线在软弱地基路堤沉降预测中的应用

1）Verhulst 曲线模型求解

Verhulst 曲线模型表达式（6-14）可以表示为：

$$y_t = \frac{k}{1 + ae^{-bt}} (t \to \infty) \tag{6-45}$$

式中：y_t——第 t 期的沉降预测值，t 为时间；

a、b、k——待定参数。

利用一时间序列求出上述三个待定系数，即可建立 Verhulst 曲线方程，从而可以对今后的 y_t 进行预测。

Verhulst 曲线具有如下四个特点：

（1）不通过原点性，当 $t = 0$ 时，$y_0 = k/(1 + a) \neq 0$，故不通过原点。

（2）单调递增性。随着时间的增长，y_t 也将不断地增长，因为：

$$y' = kab(1 + ae^{-bt}) > 0 \tag{6-46}$$

（3）有界性，当时间 t 趋近于无穷大时，y_t 趋近于 k。

（4）呈"S"形，由于存在反弯点，Verhulst 曲线对时间呈"S"形。

利用三段计算法求 Verhulst 曲线方程中的各个参数有以下两点要求：

（1）时间序列中的数据项或时间的期数是 3 的倍数，并把总项数分为 3 段，每段含 $n/3 = r$ 项。

（2）自变量 t 的时间间隔相等或时间长短相等，前后连续，期数 t 由 1 开始顺编，也即取 $t = 1$、2、3、$\cdots$、n。

按此要求，则时间序列中各项数分别为 y_1、y_2、y_3、$\cdots$、y_n。将其分为 3 段：第 1 段为 $t = 1$、2、3、$\cdots$、r；第 2 段为 $t = r+1$、$r+2$、$r+3$、$\cdots$、$2r$；第 3 段为 $t = 2r+1$、$2r+2$、$2r+3$、$\cdots$、$3r$。

设 S_1、S_2、S_3 分别为 3 个段内各项数值的倒数和，即：

$$S_1 = \sum_{t=1}^{r} \frac{1}{y_i} \qquad S_2 = \sum_{t=r+1}^{2r} \frac{1}{y_i} \qquad S_3 = \sum_{t=2r+1}^{3r} \frac{1}{y_i} \tag{6-47}$$

即将 Verhulst 曲线方程式改为倒数形式：

$$\frac{1}{y_t} = \frac{1}{k} + \frac{ae^{-bt}}{k} \tag{6-48}$$

这样，3 段数值的倒数和分别为：

$$S_1 = \sum_{t=1}^{r} \frac{1}{y_t} = \frac{r}{k} + \frac{a}{k}\sum_{i=1}^{r} e^{-bt} = \frac{r}{k} + \frac{ae^{-b}(1 - e^{-rb})}{k(1 - e^{-b})} \tag{6-49}$$

$$S_2 = \sum_{t=r+1}^{2r} \frac{1}{y_t} = \frac{r}{k} + \frac{ae^{-(r+1)b}(1 - e^{-rb})}{k(1 - e^{-b})} \tag{6-50}$$

$$S_3 = \sum_{t=2r+1}^{3r} \frac{1}{y_t} = \frac{r}{k} + \frac{ae^{-(2r+1)b}(1 - e^{-rb})}{k(1 - e^{-b})} \tag{6-51}$$

由此，有：

$$S_1 - S_2 = \frac{ae^{-b}(1 - e^{-rb})^2}{k(1 - e^{-b})} \qquad S_2 - S_3 = \frac{ae^{-(r+1)b}(1 - e^{-rb})^2}{k(1 - e^{-b})} \tag{6-52}$$

为了消去 a 和 k，用 $S_2 - S_3$ 去除 $S_1 - S_2$，即得：

$$\frac{S_1 - S_2}{S_2 - S_3} = \frac{1}{e^{-rb}} \tag{6-53}$$

则参数 b 的计算公式为：

$$b = \frac{\ln \dfrac{(S_1 - S_2)}{(S_2 - S_3)}}{r} \tag{6-54}$$

又因为

$$\frac{(S_1 - S_2)^2}{(S_1 - S_2) - (S_2 - S_3)} = S_1 - \frac{r}{k} \tag{6-55}$$

所以,参数 k 的计算公式为:

$$k = \frac{r}{S_1 - \frac{(S_1 - S_2)^2}{(S_1 - S_2) - (S_2 - S_3)}} \tag{6-56}$$

有了 k,可由:

$$\frac{(S_1 - S_2)^2}{(S_1 - S_2) - (S_2 - S_3)} = \frac{a e^{-b}(1 - e^{-rb})}{k(1 - e^{-b})} \tag{6-57}$$

加以变换,得到 a 的计算公式:

$$a = \frac{(S_1 - S_2)^2 (1 - e^{-b}) k}{[(S_1 - S_2) - (S_2 - S_3)] e^{-b}(1 - e^{-rb})} \tag{6-58}$$

系数确定后,则由式(6-45)可求得任意时刻 t 的沉降 y_t,当 $t \to \infty$ 时,对应的 y_t 即最终沉降值。

2)Verhulst 曲线时间因子指数

根据对大量沉降观测资料的分析,不同因素影响下地基的沉降曲线基本上可以分为两类(图 6-9、图 6-10)。从图中可以看出:第一类沉降曲线开始比较平缓,且受填土速率、荷载强度的影响较大,路堤沉降稳定持续时间长;第二类沉降曲线开始很陡(沉降速率大),并且曲线在填筑中期已趋于平缓。

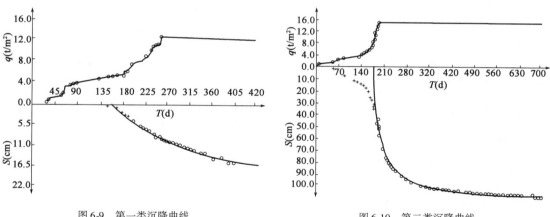

图 6-9　第一类沉降曲线　　　　　　　图 6-10　第二类沉降曲线

由于内陆河湖相软土力学指标比一般软土稍微偏好,这种沉积的软土具有层理和纹理的特征,有时夹细砂层,一般不会有很厚的均匀黏土层,且多存在硬壳层,地基沉降开始比较平缓,地基稳定时间较长,沉降曲线接近如图 6-9 所示的第一类沉降曲线。从费尔哈斯曲线可以看出,其变化规律与第二类沉降曲线刚好吻合。对于第一类沉降曲线由于沉降变化不易稳定,采用该方法进行沉降预测,会存在预测的最终沉降量结果偏小的问题。通过对费尔哈斯曲线的特点进行研究,发现通过对曲线中的时间因子增加一个指数,并对指数进行调整,可以较好地解决上述问题。

以吴子高速公路软基试验工程路堤沉降观测数据为例,分析费尔哈斯模型中时间因子指数与沉降预测结果的关系。以 K33＋400、K33＋500、K33＋530 断面现场沉降观测数据为例,利用最小二乘拟合法对费尔哈斯模型求解,其中时间因子指数分别定为:0.5、0.8、1.0、1.5,所得结果见表 6-4 ~ 表 6-6。

K33＋400 断面左路肩费尔哈斯曲线沉降预测结果 表 6-4

	回 归 方 程	最终沉降 （mm）	相关 指数	相关 系数	显著性	剩余 标准差
曲线 1	$Y = 174.83/[1 + \exp(5.987 - 0.32324X^{0.5})]$	174.83	0.967	0.966	246.234	5.711
曲线 2	$Y = 112.29/[1 + \exp(4.365 - 0.05122X^{0.8})]$	112.29	0.974	0.971	315.095	5.085
曲线 3	$Y = 96.72/[1 + \exp(3.791 - 0.01602X^{1.0})]$	96.72	0.978	0.974	369.818	4.712
曲线 4	$Y = 81.72/[1 + \exp(2.955 - 0.00093X^{1.5})]$	81.72	0.985	0.980	556.062	3.871
备注	X:时间（d）　Y:沉降（mm）				预估最终沉降量:81.72	

K33＋500 断面中桩费尔哈斯曲线沉降预测结果 表 6-5

	回 归 方 程	最终沉降 （mm）	相关 指数	相关 系数	显著性	剩余 标准差
曲线 1	$Y = 234.11/[1 + \exp(6.188 - 0.36256X^{0.5})]$	234.11	0.979	0.982	345.548	7.962
曲线 2	$Y = 177.18/[1 + \exp(4.526 - 0.05571X^{0.8})]$	177.18	0.984	0.985	450.514	7.007
曲线 3	$Y = 159.13/[1 + \exp(3.927 - 0.01712X^{1.0})]$	159.13	0.986	0.987	539.550	6.420
曲线 4	$Y = 137.41/[1 + \exp(3.055 - 0.00098X^{1.5})]$	137.41	0.992	0.989	871.455	5.078
备注	X:时间（d）　Y:沉降（mm）				预估最终沉降量:137.41	

K33＋530 断面左边坡费尔哈斯曲线沉降预测结果 表 6-6

	回 归 方 程	最终沉降 （mm）	相关 指数	相关 系数	显著性	剩余 标准差
曲线 1	$Y = 1312.31/[1 + \exp(5.182 - 0.23674X^{0.5})]$	1312.31	0.986	0.987	874.619	22.508
曲线 2	$Y = 1115.84/[1 + \exp(3.955 - 0.03262X^{0.8})]$	1115.84	0.991	0.994	1406.057	17.846
曲线 3	$Y = 787.14/[1 + \exp(3.308 - 0.01017X^{1.0})]$	787.14	0.993	0.994	1747.208	16.036
曲线 4	$Y = 562.94/[1 + \exp(2.504 - 0.00058X^{1.5})]$	562.94	0.996	0.996	2984.792	12.305
备注	X:时间（d）　Y:沉降（mm）				预估最终沉降量:562.94	

从表 6-4 ~ 表 6-6 可以看出,费尔哈斯曲线最终沉降预测结果随着时间因子指数的变化而变化,随着指数的逐渐减小后期沉降会逐渐增大,其后期次固结持续的时间也逐渐延长,

这就较好地解决了其他沉降曲线回归的最终沉降量偏小的问题。对于一般的软弱地基路段,指数取大一点较为合理;对于软弱地基深度较深或次固结时间较长的路段,指数宜取小一些。由于内陆河湖相软土性质不是很差,属于一般软弱地基路段,软土变形次固结小,因此采用费尔哈斯曲线进行沉降预测时,时间因子指数可以取大一些。通过对实测沉降观测数据回归发现,当指数取为 1.0 ~ 1.5 时,回归相关指数和相关系数均较高,故取该曲线预测的最终沉降值作为实测断面的预估最终沉降量。

6.2　超载预压机理及其卸载控制方法

堆载预压法(简称预压)是软土地基处理中的常用方法,该方法是在使用荷载作用在地基上之前进行堆载,促使地基在堆载的作用下提前固结沉降,以提高地基强度,减少在使用荷载作用下产生的沉降量。若预压堆载等于使用荷载(对于正常使用路基,使用荷载一般指路面顶面以下所有填方荷载的重量)称为等载预压;预压堆载超过使用荷载称为超载预压;预压堆载小于使用荷载称为欠载预压。等载预压在工程中一般情况下均可采用;在工期限制较严、预压时间较短时,可采用超载预压来加快预压期的沉降量;欠载预压适用于容许工后沉降标准较低或路堤填土高度不大的一般路段。

目前,在软土地基上修建高速公路,普遍存在着赶工期的现象,沉降和稳定问题十分突出,为缩短工期,往往采用超载荷压法处理措施。超载预压法其基本原理是土力学中的回弹再压缩理论,即通过超载方式来提高地基的压缩模量,进而降低路面等荷载作用下路基的沉降量,是解决采用常规排水固结法处理的软土地基工后沉降的最合适的办法。如果工后沉降量不满足规范要求,就需要进行超载预压加速地基的固结,从而保证工后沉降量不超过规范容许值。有些桥头地段,因软土分布厚度大,其工程累计沉降与设计沉降相差较大,按照积累的工程的经验,需要采用超载预压等措施消除其在工期要求时间内的工后沉降。可概括为:超载越大,堆载时间越长,则卸载后地基残余沉降越小。但受到实际工程中条件限制,采用超大荷载与长期堆载不符合实际,而较小的超载甚至不超载或短期的预压可能达不到预期的目的。对超载预压的合理设计与卸载时间进行探讨,无论是在理论上还是在实际上都具有现实意义。

6.2.1　超载预压机理及设计计算

超载预压是将超过原设计荷载 P_f 的过量荷载 P_s 加载在地基上,P_f/P_s 称为超载系数。经超载预压一段时间后再移去 P_s,经过超载预压后,如受压土层各点的竖向有效应力大于设计荷载引起的相应点的附加总应力,则今后在设计荷载作用下地基土将不会再发生主固结沉降,同时次固结沉降推迟发生,次固结沉降量变小,如图 6-11 所示。

Aldrich(1965)和 Johnson(1970)讨论了超载预压所产生的主固结问题。当设计荷载 P_f 单独作用时,其沉降-时间曲线如图 6-12 中虚线 a 所示,最终固结沉降量为 S_f。在超载 $P_f + P_s$ 作用下,其沉降-时间曲线为图 6-12 中实线 b 所示,最终固结沉降量为 S_{f+s}。由图可见,在 t_{sr} 时刻,超载预压的沉降量达到 S_f,即可移去过量荷载 P_s。这样既可以缩短预压期,还可以在受压土层各点的竖向有效应力大于设计荷载引起的相应点附加总应力时,今后在设计荷载作用下地基土将不会再发生主固结沉降。

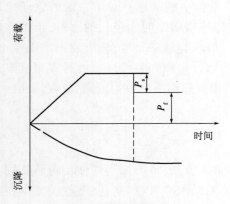

图 6-11　超载预压

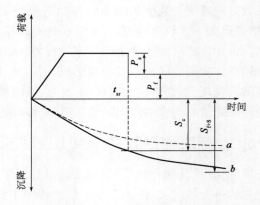

图 6-12　超载预压引起的主固结沉降

　　超载卸除后,土体由原来的正常固结状态变为超固结状态,次固结系数减小,而且 P_s 越大,超载卸除后,发生次固结沉降的时间越推迟,土的次固结系数越小。因此,超载预压应用到实际工程中时需要解决如下两个方面的问题:①确定所需超载压力值 P_s ,以保证设计荷载作用下预期的总沉降在预计的时间内完成;②确定在 $P_f + P_s$ 荷载下达到预定沉降量所需的时间。

　　在预压过程中任意时刻地基的沉降量可以表示为:

$$S_t = S_d + U_t S_c + S_s \tag{6-59}$$

式中:S_t——t 时刻地基沉降量;

　　　S_d——由剪切变形引起的瞬时沉降量;

　　　U_t——t 时刻地基的平均固结度;

　　　S_c——最终固结沉降量;

　　　S_s——次固结沉降量。

　　根据上式即可解决上面两个问题,具体叙述如下:

　　1)考虑主固结沉降的情况

　　正常固结土在设计荷载 P_f 以及在设计荷载加超载 $P_f + P_s$ 作用下最终固结沉降按分层总和法计算,如图 6-25 所示。

$$S_f = \frac{2H}{1 + e_0} C_c \lg\left(\frac{P_0 + P_f}{P_0}\right) \tag{6-60}$$

$$S_{f+s} = \frac{2H}{1 + e_0} C_c \lg\left(\frac{P_0 + P_f + P_s}{P_0}\right) \tag{6-61}$$

式中:$2H$——双面排水黏土层厚度;

　　　e_0——初始空虚比;

　　　C_c——压缩指数;

　　　P_0——地基中初始平均有效应力。

　　在 $P_f + P_s$ 作用时间 t_{sr} 时,黏土层的平均固结度为 U_{f+s},若满足下式则仅在 P_f 作用下不会发生进一步固结沉降。

$$S_f = U_{f+s} S_{f+s} \tag{6-62}$$

将式(6-60)、式(6-61)带入式(6-62),则得到:

$$U_{f+s} = \frac{\lg\left(1 + \dfrac{P_f}{P_0}\right)}{\lg\left[1 + \left(\dfrac{P_f}{P_0}\right)\left(1 + \dfrac{P_s}{P_f}\right)\right]} \tag{6-63}$$

根据式(6-63)和固结理论就可确定在 $P_f + P_s$ 作用下达到 U_{f+s} 所需时间 t_{sr}。同样也可求得在规定时间,达到沉降量 S_f 所需的超载 P_s。

只有当现有平均上覆压力 P_0 超过过去的最大应力 P_c,即 $P_s + P_f + P_0 > P_c$ 时式(6-63)才会成立。对于更普遍的情况,推导如下:

任意一点处的固结度可由下式表示:

$$U_z = 1 - \frac{U_e(z)}{U_{eo}} \tag{6-64}$$

式中:$U_e(z)$——任意时间、深度 z 处的超孔隙水压力;

$\quad\quad U_{eo}$——在表面荷载作用下的初始孔隙水压力。

当超载 P_s 在时间 t_{sr} 被移去时不再产生进一步的沉降,必须满足黏土层中心处的有效应力 σ'_v 肯定超过设计荷载 P_f,即下式:

$$\sigma'_v(H) = U_{e0} - U_e(H) \geqslant P_f \tag{6-65}$$

由于 $U_{eo} = P_f + P_s$ 代入上式,可得:

$$U_e(H) \leqslant P_s \tag{6-66}$$

将式(6-66)代入式(6-65),可得:

$$U_{f+s}(H) = \frac{P_f}{P_f + P_s} \tag{6-67}$$

应当注意,此法要求将超载保持在 P_f 作用下所有的点都完全固结为止,这时大部分土层将处于超固结状态。所以,该方法是偏于保守的,它所预估的 P_s 值及超载时间均大于实际值。

2)考虑次固结沉降的情况

超载预压法对减小设计荷载下的次固结沉降有很好的效果。将 P_f 作用下的总沉降看作主固结沉降和次固结沉降之和作为计算依据。对于正常固结土的次固结作用可按照 Johnson(1970)的两个假设进行近似计算:

(1)荷载 P_s 作用下主固结沉降 P_f 在时间 t_p 内完成。

(2)主固结沉降完成后,在时间 t_s 内产生的次固结沉降 S_{sr} 符合以下规律:

$$S_s = C_\alpha H_p \lg \frac{t_s}{t_p} \tag{6-68}$$

式中:H_p——时间 t_p 时的土层厚度;

$\quad\quad C_\alpha$——次固结系数。

荷载 P_f 和超载 $P_f + P_s$ 作用下黏土层沉降—时间曲线如图 6-13 所示。超载 $P_f + P_s$ 预压历时为 t_{sr},路基的总沉降量为 S_{sr},在使用期内设计荷载 P_s 作用下产生的主固结沉降和次固结沉降应满足下式:

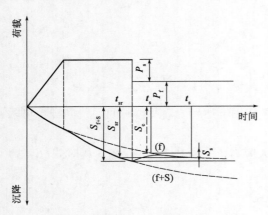

$$S_{sr} = S_f + S_s \qquad (6-69)$$

式中：S_f——P_f 作用下的主固结沉降；

S_s——P_f 作用下在设计年限内所发生的次固结沉降，可分别按下式计算：

$$S_f = \frac{2H}{1 + e_0} C_c \lg \left(\frac{P_0 + P_f}{P_0} \right) \qquad (6-70)$$

$$S_s = (H - S_f) C_a \lg \frac{t_s}{t_p} \qquad (6-71)$$

这样，预估的沉降 S_{sr} 就可通过下式于 $P_f + P_s$ 作用下的主固结沉降建立关系：

$$S_{sr} = U_{f+s} S_{f+s} \qquad (6-72)$$

将式（6-69）、式（6-70）、式（6-71）、式（6-71）代入式（6-72）就可解得：

$$U_{f+s} = \frac{\left(1 - C_a \lg \frac{t_s}{t_p} \right) \lg \left(1 + \frac{P_f}{P_s} \right) + \frac{C_a}{2C_c} (1 + e_0) \lg \frac{t_s}{t_p}}{\lg \left[1 + \left(\frac{P_f}{P_s} \right) \left(1 + \frac{P_s}{P_f} \right) \right]} \qquad (6-73)$$

图 6-13　消除设计荷载作用下的次固结沉降所需预压时间的确定方法

超载时间 t_{sr} 就能由 U_{f+s} 计算出来，同样也可确定超载 P_s。

3）设计中应注意的问题

（1）关于主固结沉降。由于土的性质不同，某一时刻，受压土层内超静孔隙水压力分布不均匀。即使受压土层的平均固结度满足式（6-67），但在使用荷载作用下，地基仍有可能发生主固结沉降。

（2）由于超载预压的设计填土高度因为路堤产生的沉降而降低，应考虑增加预压沉降的附加超载，使在超载预压过程中始终保持路堤填筑高度高于设计超载 $P_f + P_s$ 的填土高度，保证在设计超载下进行预压。

（3）超载预压时，因为超载增大了路堤的填筑高度，可能超过了地基的极限高度，因此必须分级施加预压荷载、控制加荷速率并监测地基的稳定性，以保证路堤的稳定性。

4）超载高度的反馈修正

在施工前根据地质资料等进行超载高度设计，因为受到计算方法的不完善及计算参数不确定性等因素的影响，设计结果的准确度较低。如果能对超载高度根据施工前期的实测数据进行反馈修正，可以提高设计的准确度。

工程实践经验表明，对于同一工程地点，路堤中线处的填土高度与其对应的最终沉降基本呈线性关系。刘吉福通过对路堤中线处的附加应力与填土高度的关系以及压缩实验的软土的割线模量与填土厚度的关系的研究，得出如下结论：软土压缩实验的割线模量基本不随填土高度的变化而变化，路堤中线处不同深度的附加应力与填土高度成正比例关系，从而得出路基的沉降与填土高度基本成正比例的结论。则最终沉降与填土高度的经验方程为：

$$S = \alpha (H + S) \qquad (6-74)$$

式中：S——最终沉降；

H——与 S 对应的填土高度，$H + S = T$，其中 T 为预压填土高度。

通常每级填土厚度的计算方法是两次填土碾平之后测得的地表高程的差值，由于没有考虑每次沉降导致的填土厚度增加量，因此它偏小，需要进行修正，每级填土厚度的修正方法为：实际填土厚度 = 实测地表高程差值 + 两次测量高程时间内地基沉降量。

将路面、汽车荷载换算为填土求得等效填土高度 H_e。

$$H_e = H_d - T_r + T_{re} + T_{ve} \tag{6-75}$$

式中：H_d——设计路基高度，等于路面高程与原始地面高程之差；

$\quad$ T_r——路面厚度；

$\quad$ T_{re}——路面换算为填土的厚度；

$\quad$ T_{ve}——汽车荷载换算为填土的厚度。

将 H_e 代入式(6-74)，求得 H_e 对应的最终沉降 S_e：

$$S_e = \alpha(H_e + S_e) \tag{6-76}$$

取 U 为卸载时地基的平均固结度，$U > 80\%$。

由式(6-76)计算超载厚度 T_0：

$$S_e - [S_r] = \alpha(H_e + S_e + T_0)U \tag{6-77}$$

式中：T_0——超载厚度，超载厚度 T_0 为超载前后实测地表高程差值与两次测量高程时间内地基沉降量之和。

6.2.2　超载预压卸载控制方法及卸载标准

路堤填土施工完成以后，即进入预压阶段，预压阶段的主要工作是确定合理的预压时间。在施工设计阶段对填土预压规定的预压期，只能作为一个控制依据，实际施工中不能将它作为预压结束的标准，路堤超载预压的卸载时间必须通过对现场实测沉降观测资料来确定。工后沉降值法、平均速率法以及有效应力面积比法等方法都是利用实际观测资料进行卸载控制的。

1）工后沉降值法

路基工后沉降是指道路达到设计使用年限时的沉降量与路面铺筑之前的地基已发生的沉降量的差值。超载预压预压期内地基完成的沉降量必须大于路面设计使用期限内的沉降量与容许工后沉降之差。工后沉降分析式为：

$$S_r = S_f + [S_f]_{f+s} \leqslant [S_r] \tag{6-78}$$

式中：S_r ——工后沉降量；

$\quad$ $[S_r]$ ——容许工后沉降量；

$\quad$ $[S_f]_{f+s}$ ——超载到 t 时刻的沉降量；

$\quad$ S_f ——使用荷载的最终沉降量。

工程实践和理论均表明，最终沉降与填土高度基本为正比例关系。

由 $\dfrac{S_e}{H_e} = \dfrac{S_\infty}{H_\infty}$ 可得：

$$\frac{S_e}{S_\infty} = \frac{H_e + S_e}{H_\infty + S_\infty} \tag{6-79}$$

$$H_\infty = H_t - (S_\infty - S_t) \tag{6-80}$$

式中：H_∞、S_∞（图6-14）——预压荷载下沉降完成后的填土高度（如不是均质土，则换算成均质土）和最终沉降量。S_∞ 可以根据双曲线法推算得到，按式(6-80)计算 H_∞；

H_t、S_t（图6-14）——t 时对应的路中线处填土高度和沉降。

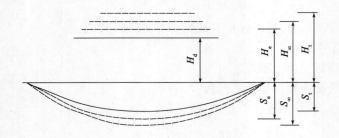

图6-14 超载时填土高度与沉降的变化示意图

实际的超载厚度为：

$$T_0 = H_\infty - H_e \tag{6-81}$$

由式(6-82)可以得到使用荷载下的最终沉降 S_e：

$$S_e = \frac{H_e}{H_\infty}S_\infty \tag{6-82}$$

剩余沉降量 S_r 为：

$$S_r = S_e - S_t \tag{6-83}$$

如果预留路面施工造成的沉降量，则当剩余沉降 S_r 小于允许工后沉降 $[S_r]$ 时，可以卸载；当 $S_r > [S_r]$ 时，需要延长预压期，预测尚需要的预压时间时，可以由上式计算出 $S_t = S_e - [S_r]$，根据所采用的沉降预测方法——双曲线法反算 t：

$$S_e - [S_r] = S_t = S_0 + \frac{t - t_0}{a + b(t - t_0)} \tag{6-84}$$

即可得到需要延长的预压时间。

2）平均速率法

平均速率法是指当荷载施加完成后，路基中心的月沉降速率或连续两个月沉降观测值不大于某一个限值时，即可卸载。杭甫高速公路建设时提出的沉降速率卸载标准：一般路段不大于 $2\sim3\text{mm}$/月，桥头路段不大于 1mm/月。由郑启瑞等人提出的广佛高速公路建设沉降速率卸载标准为沉降速率连续 3 个月不大于 5mm/月。该标准广泛应用在京珠高速公路、深汕高速公路等多条高速公路上。

刘吉福推导证明出在恒载阶段，t 时刻的沉降速率 V_s 与剩余沉降 S_r 存在如下关系：

$$V_s = \beta S_r \tag{6-85}$$

因此，根据允许工后沉降 $[S_r]$ 可以确定沉降速率卸载标准 $[V_s]$。当实测沉降速率小于沉降速率卸载标准 $[V_s]$ 时，可以卸载。

3）有效应力面积比法

朱向荣（1988）对超载卸除后地基残余变形的研究结果表明,超载卸除后土层的残余应变与卸载时土层的平均固结度及超载比有关,当卸载量一定时,土层的残余应变随平均固结度的降低而增大,当固结度相同时,土层的残余应变随卸载量的减小而增大。

一般认为,只要将超载保持到堆载作用下的固结与次固结变形等于使用荷载下的最终沉降,就可以消除永久性荷载下地基的固结与次固结变形,即当压缩土层的平均固结度达到以下要求时方可卸载:

$$\bar{U}_t = \frac{S_f + S_{sc}}{S_{f+s}} \tag{6-86}$$

作用在双面排水的黏土层上的超载卸除后,在使用荷载作用下的土层会继续固结,土层虽达到了平均固结度 $\bar{U}_t$,但土层中间部位相当大的一部分土层由于孔隙水压力没有消散而处于欠固结状态,而靠近上下边界的土层则处于卸载状态,所以为了消除超载卸除后继续发生的主固结沉降,超载应维持到使土层中间部位的固结度达到设计值,再进行卸载。

对于正常固结土的次固结变形,浙江大学潘秋元、朱向荣等研究和总结了其次固结变形规律,主要归纳为如下几点:

（1）正常固结软土的次固结系数随固结压力的变化几乎不做改变。

（2）黏性土的次固结变形所占的比例一般小于 10% 。

（3）次固结系数不因排水距离长短而改变。

土体在超载卸除后的变形特征主要表现为:

（1）卸载大小和卸载时间的影响:土的次固结系数 C_α 随着超载的卸除而减小,且 C_α 减小量随着卸载增大而大,发生次固结的时间随着卸载增大而推迟。

（2）超载卸除后土体的变形和时间关系:超载卸除后,土体发生回胀变形,回胀变形随卸载的增大而增大。对整个变形过程的三个阶段进行分析:①在卸载瞬间,土样中产生负的孔隙水压力,土样吸水产生膨胀变形;②当负孔压基本消失后,土颗粒蠕动引起土样产生次回胀变形;③一段时间以后土体的次固结变形逐渐占主导地位,土体将继续产生次固结变形,并且卸载量越大,发生次固结的时间越迟。当卸载量足够大时,在相当长的一段时间内土体仍以回胀变形为主。

（3）土体中总应力面积与卸载前土体中的有效应力面积之比影响土体卸载后的残余变形。土体的有效应力面积比减小,次固结系数也随之减小,即有效应力面积比的减小导致残余变形随之减小。根据有效力原理,持荷时间确定,卸载后土的前期固结压力一定,也即土在超载作用下的有效应力为定值,则土的超固结比随着卸载增大而增大,土的有效应力面积比随着卸载增大而减小。当堆载与超载大小一定时,堆载时间与持荷时间越长,卸载后土的前期固结压力与土的有效应力面积越大,当使用荷载一定,卸载后土体的超固结比就越大,卸载后土样的有效应力面积就越小。但超固结比越大,次固结系数减小越多,发生次固结的时间也越迟。

有效应力面积比的计算式（潘秋元）可以表示为:

$$\text{有效应力面积比 } R = \frac{\text{使用荷载下地基中的总应力面积}}{\text{卸载前地基中达到的有效应力面积}} = \frac{\int_0^H \sigma_z \, dz}{\int_0^H \sigma_{11} \, dz} \tag{6-87}$$

式中: H——压缩土层的厚度;

σ_z——地基中深度 z 处使用荷载 P_f 作用下的应力,包括土体自重应力和使用荷载引起的附加应力;

σ_{11}——卸载前地基中深度 z 处在荷载 $P_f + P_s$ 作用下的有效应力。

考虑到地基达到的平均固结度和超载比时,卸除超载 P_s 对地基残余变形的影响,超载预压设计和卸载控制以有效应力面积比 R 作为标准是比较合理的。当 $R < 1$ 时,如 $R < 0.75$ 时,地基在使用期的工后沉降是很小的;当 $R = 1$ 时,在路堤荷载作用下的土层虽然会产生一定的次固结变形,但不会产生主固结变形;一般控制有效应力比卸载标准为 $R \leq 0.75 \sim 0.80$。

刘吉福参照固结度的概念提出了有效应力系数的概念,定义为:

$$U_e = \frac{\sigma_t - (U_t - U_0)}{\sigma_f} \tag{6-88}$$

式中: σ_t——t 时路中线处平均总应力;

σ_f——使用荷载下路中线处的平均总应力面积;

U_t——t 时路中线处平均孔压;

U_0——路中线处平均初始孔压。

与固结度定义相类似,有效应力系数实质上与有效面积比成反比例关系。采用有效应力系数时,取 $[U_e] \geq 1.25$。

假设预压时填土高度为 T,预压荷载对应的 H_∞ 可以根据预压期观测资料计算得到,使用荷载对应的填土厚度 T_e 可以由式(6-89)计算得出:

$$T_e = \frac{H_e}{H_\infty}T \tag{6-89}$$

根据 T、T_e 可以计算得出路中线处的 σ_t 和 σ_f:

$$\sigma_t = TK_z \tag{6-90}$$
$$\sigma_f = T_eK_z \tag{6-91}$$

通过计算可知,当软土层厚度小于路堤底宽的一半时,可以取 $K_z = 1$。结合孔压观测资料,由式(6-90)、式(6-91)可以计算出有效应力系数和有效应力比。

土层总应力等于附加应力与自重应力之和,附加应力可以利用附加应力与填土高度的关系式计算得出;自重应力在土层参数未知的情况下计算比较困难。此时可计算有效应力系数,它与有效应力面积比成正比关系。计算有效应力面积比时需要计算使用荷载下的总应力面积和卸载前的有效应力面积。

地基处理规范规定以卸载前受压土层的平均固结度必须达到80%以上作为卸载标准。对于地基的固结度,目前还存在按应力定义的平均固结度和按地基沉降定义的平均固结度两种观点。

6.2.3 工程实例分析

选取焦巩黄河大桥及连接线工程软弱地基试验工程监测数据为例进行分析。

1)利用工后沉降法进行卸载判断

选择 K17 +400 断面作为卸载判断示例,该断面设计高程 5.67m,地面高程 1.18m,路基设计高度 H_d 为 4.89m。路面厚度为 0.72m,换算为填土厚度为 1.08m。实测沉降及计算值见表 6-7,利用星野法对超载实测的沉降曲线进行拟合,得到超载后的 S_∞ 为 394.7mm。

K17 + 400 断面实测沉降与计算值比较　　　　　　　　　　　　　　　表 6-7

时间 (d)	实测沉降 (cm)	星　野　法	
		计算值(cm)	误差(%)
280	33.91	—	—
306	36.31	36.3009	0.03
318	36.78	36.6843	0.26
336	37.09	37.0950	−0.01
348	37.18	37.3023	−0.33
444	38.22	38.1741	0.12
464	38.26	38.2726	−0.03
相关指数		0.9941	
相关系数		0.9970	
最终沉降(cm)		39.47	

$H_e = 4.89 - 0.72 + 1.08 = 5.25\text{m}$, $H_t = 5.39\text{m}$(超载时填土的高度)

由公式 $H_\infty = H_t - (S_\infty - S_t)$,可得: $H_\infty = 5.39 - (0.3947 - 0.3826) = 5.3779(\text{m})$。

可以得到使用荷载作用下的最终沉降量 $S_e = 5.25/5.3779 \times 394.7 = 385.17(\text{mm})$。

由公式 $S_r = S_e - S_t$,可得: $S_r = 385.17 - 382.6 = 2.57(\text{mm}) < [S_r] = 30(\text{cm})$。

满足规范要求可以卸载。

2)利用沉降速率进行卸载判断

K17 + 200、K17 + 400、K17 + 950 各断面预压期的沉降速率见表 6-8 ~ 表 6-10。

K17 + 200 断面预压期沉降速率　　　　　　　　　　　　　　　表 6-8

预压天数(d)	8	27	39	55	68	86	165	182
沉降速率(mm/d)	1.21	0.29	0.23	0.07	0.08	0.10	0.05	0.01

K17 + 400 断面预压期沉降速率　　　　　　　　　　　　　　　表 6-9

预压天数(d)	19	23	49	61	78	90	184	204
沉降速率(mm/d)	2.48	1.62	0.92	0.39	0.18	0.08	0.11	0.02

K17 + 950 断面预压期沉降速率　　　　　　　　　　　　　　　表 6-10

预压天数(d)	8	40	56	69	86	98	117	195	212
沉降速率(mm/d)	4.00	1.68	0.83	0.17	0.31	0.24	0.13	0.12	0.02

从表 6-8 ~ 表 6-10 看出,在卸载时,路基的沉降速率为 0.01 ~ 0.02mm/d,远小于沉降速率控制标准 5mm/月,满足规范要求可卸载。

3)利用有效应力系数法进行卸载判断

选择断面 K17 + 400 作为卸载判断示例。

$H_e = 5.25\text{m}$, $H_\infty = 5.3779\text{m}$, $T = 5.39\text{m}$

由式 $T_e = \dfrac{H_e}{H_\infty}T$,可得 $T_e = (5.25/5.3779) \times 5.39 = 5.26(\text{m})$。

取 $K_z = 1$,可得:$\sigma_t = TK_z = 5.39$,$\sigma_f = T_eK_z = 5.26$,加载完成时:深度 3m 处 $U_0 = 20.814$ kPa,深度 6m 处 $U_0 = 19.462$ kPa,深度 9m 处 $U_0 = 25.358$ kPa,平均孔压 $\overline{U}_0 = 21.878$ kPa。卸载时:深度 3m 处 $U_t = 13.645$ kPa,深度 6m 处 $U_t = 10.605$ kPa,深度 9m 处 $U_t = 10.678$ kPa,平均孔压 $\overline{U}_t = 11.642$ kPa。

由式 $U_e = \dfrac{\sigma_t - (\overline{U}_t - \overline{U}_0)}{\sigma_f}$ 可得:$U_e = \dfrac{5.39 - (11.642 - 21.878)}{5.26} = 2.97$,大于有效应力系数 1.25 值,可以卸载。

通过对上述三种方法进行比较可知:最终沉降预测法结果较为理想,但操作较为麻烦,最终沉降量预测的准确性对计算结果影响较大。平均速率法比较直观,完全符合其控制标准(平均沉降速率连续 3 个月小于 5mm/月)。有效应力面积比法的使用受一定条件的限制。在这里可以结合最终沉降法和沉降速率法对其他路段的卸载时机进行判定,即最终沉降预测法与沉降速率相结合,通过最终沉降法判定卸载时机,再用进行沉降速率的检验:当工后沉降达到规范要求,同时平均沉降速率连续 3 个月小于 5mm/月,便可以卸载。

6.3 路堤稳定控制

6.3.1 稳定控制方法

控制软土地基路堤施工期稳定性的方法可以分为以下三种:

(1)经验值法。如控制坡脚水平位移速率、控制地面沉降速率、控制孔隙水压力消散程度。

(2)控制图法。如孔压增量与荷载增量控制图、水平位移与路中心沉降控制图。

(3)设计计算校核法。如承载力计算校核法、稳定计算校核法、塑性区限制开展深度法。

以上三种方法中以第一种方法最为常用,它以某一经验值作为稳定与否的判断标准,较为直观且使用方便。

《公路软土地基路堤设计与施工技术细则》(JTG/T D31-02—2013)采用边桩位移速率和控制地面沉降速率的方法,其控制标准为:路堤中心线地面沉降速率每昼夜不大于 10mm,坡脚水平位移速率每昼夜不大于 5mm。当沉降或位移超过标准时,应立即停止路堤填筑。但在具体工程中,由于现场实际情况的差异,要准确判断地基处于稳定状态或者不稳定状态,并不是一件容易的事情。下面介绍的是工程中常用的一些路堤稳定性判别方法。

1)根据沉降量的测定结果判别

如图 6-15a)所示,如果软土地基处于稳定状态,则路堤中心附近的沉降随时间的变化收敛于某一数值。如果地基接近破坏,则沉降随时间的变化,如图 6-15b)所示,沉降速率将会急剧增大。

2)根据位移量的测定结果判别

当地基处于稳定状态时,如图 6-16a)所示,水平位移几乎看不出随时间发生变化,或者略向受载的另一边偏移。如果地基的变形很大,则水平位移急剧增大,如图 6-16b)所示,向受载的另一边急剧偏移。

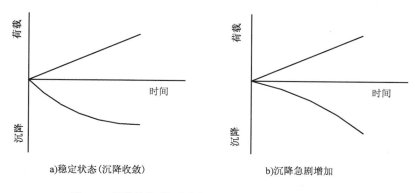

a)稳定状态(沉降收敛)　　　　b)沉降急剧增加

图 6-15　沉降量随时间变化与基础稳定状态关系(路堤中心)

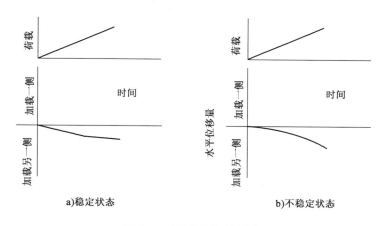

a)稳定状态　　　　b)不稳定状态

图 6-16　水平位移随时间变化

　　当地基处于稳定状态时,如图 6-17a)所示,垂直位移量几乎看不出随时间发生变化,或者有沉降的趋势。但是,如果基地基处于不稳定状态,变形很大,则位移有隆起的趋势,即使停止加载,位移仍继续进行,如图 6-17b)所示。

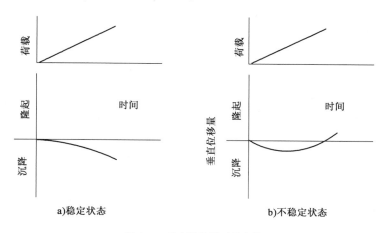

a)稳定状态　　　　b)不稳定状态

图 6-17　垂直位移随时间变化

3）根据沉降量和侧向位移判别

（1）利用 S 和 δ_H 的关系，即路堤中部沉降量 S 和坡趾侧向位移 δ_H。日本富永和桥本指出：当 δ_H/S 值急剧增加时，意味着地基接近破坏。当预压荷载较小时，S-δ_H 曲线应与 S 轴有个夹角 θ，测点在 E 线上移动。预压荷载接近破坏荷载时，δ_H 增加要比 S 增加显著，如图6-18中的Ⅰ、Ⅱ所示。

（2）尽管影响地基稳定的因素很复杂，条件不相同，但地基破坏时 S 和 δ_H/S 关系大致在一条曲线上，如图6-19中 q/q_f =1.0 曲线（ q - 任意时刻的荷载，q_f - 地基破坏时的荷载），该曲线称为破坏基准线。将填土过程中实测得到的变形值绘制在 S-δ_H/S 图上，视其规律是接近还是远离破坏基准线，如接近破坏基准线，则表示接近破坏；远离则表示安全稳定。根据国内外工程实例，路堤各位置上出现裂缝时，其 q/q_f 值大多为 $0.8\sim0.9$。

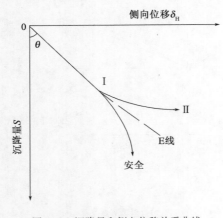

图6-18　沉降量和侧向位移关系曲线

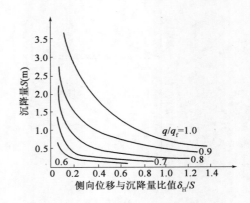

图6-19　判别堆载的安全图

4）根据荷载增量与沉降速率、侧向位移速、孔隙水压力关系判别

（1）荷载增量与对应孔隙水压力增量曲线

利用荷载压力增量 $\sum\Delta P$ 与对应孔隙水压力增量 $\sum\Delta u$ 的关系曲线（图6-20），来判别测点部位地基土的剪切变形及剪切破坏的性质，进一步判断路堤地基的稳定性。当测点的荷载压力 $P_0 + \sum\Delta P > P_c$ 时，$\sum\Delta P$-$\sum\Delta u$ 曲线呈线性变化，则该测点部位地基处于弹性平衡状态；当 $\sum\Delta P$-$\sum\Delta u$ 曲线呈非线性向上转折，则该测点地基土出现塑性剪切屈服，并迅速出现剪切破坏。当软土地基中2个以上（含2个）测点出现塑性剪切屈服时，则路堤地基将在短期内（$3\sim5d$）有剪切破坏的可能。

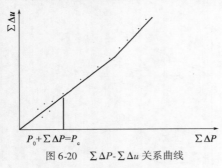

图6-20　$\sum\Delta P$-$\sum\Delta u$ 关系曲线

（2）荷载与沉降速率曲线

当 $\sum\Delta P$-$\sum S_v$ 关系曲线（ $\sum\Delta P$ 为累计填土荷载，$\sum S_v$ 为累计日最大表面沉降速率与该级填土前的沉降速率之差）的曲线斜率突然增大，出现明显向上非线性转折拐点时，则意味着该监测点附近的土体出现塑性破坏，路基存在失稳的可能性。

（3）荷载（或填土高）与侧向位移速率曲线

当 $\sum \Delta P$-$\sum V_{h}$ 关系曲线（$\sum \Delta P$ 为累计填土荷载，$\sum V_{h}$ 为累计日最大侧向位移速率）的曲线斜率突然增大，出现明显向上的非线性转折点时，则意味着该监测点附近的土体出现塑性破坏，路基存在失稳的可能性。

5）根据加速度判断

地基是否处于稳定状态可以通过分析加载过程中沉降加速度或侧向位移加速度（沉降速率的变化率或位移速率的变化率）来进行判别。当地基处于稳定状态时，在填土分级加载的过程中，地基的沉降和侧向位移随着时间的流逝而不断增大并趋于一个稳定值，地基的沉降速率的总趋势和侧向位移速率是逐渐减小的，所以沉降加速度总趋势或侧向位移加速度都应小于零并趋向于零。而当地基处于不稳状态时，在一层土填完以后、下一层土将要开始填筑之前，如果地基的沉降加速度或侧向位移加速度全部大于零，则在下一层土的填筑之前，需要采取必要的措施使沉降加速度或侧向位移加速度降到低于零才可进行填筑。

（1）路堤中心沉降加速度法

$$
\begin{cases}
a_{S} = \dfrac{v_{S(m+1)} - v_{S(m)}}{\Delta t} \\[2mm]
v_{S(m+1)} = \dfrac{\Delta S_{(m+1)}}{\Delta t} \\[2mm]
v_{S(m)} = \dfrac{\Delta S_{(m)}}{\Delta t} \\[2mm]
a_{S} < 0 \quad 处于稳定状态 \\[1mm]
a_{S} \geq 0 \quad 可能处于不稳定状态
\end{cases}
\tag{6-92}
$$

式中：Δt ——时间间隔，d；

a_{S} ——路堤中心沉降加速度 mm/d^{2}，当 $a_{s} \geq 0$ 时，地基沉降不稳定，必须缩短观测时间间隔，增加观测次数，对数据及时分析处理；

$v_{S(m)}$ ——第 m 个时间段的路堤中心沉降平均速率，d；

$v_{S(m+1)}$ ——第 $m+1$ 个时间段的路堤中心沉降平均速率，d；

$\Delta S_{(m)}$ ——第 m 个时间段的路堤中心沉降，mm；

$\Delta S_{(m+1)}$ ——第 $m+1$ 个时间段的路堤中心沉降，mm。

（2）侧向位移加速度法

$$
\begin{cases}
a_{D} = \dfrac{v_{D(m+1)} - v_{D(m)}}{\Delta t} \\[2mm]
v_{D(m+1)} = \dfrac{\Delta D_{(m+1)}}{\Delta t} \\[2mm]
v_{D(m)} = \dfrac{\Delta D_{(m)}}{\Delta t} \\[2mm]
a_{D} < 0 \quad 处于稳定状态 \\[1mm]
a_{D} \geq 0 \quad 可能处于不稳定状态
\end{cases}
\tag{6-93}
$$

式中：Δt ——时间间隔，d；

$\quad a_D$ ——侧向位移加速度，mm/d^2，当 $a_D \geq 0$ 时，地基沉降不稳定，需要缩短观测时间间

$\qquad$ 隔，加强观测，对数据及时分析处理；

$\quad v_{D(m)}$ ——第 m 个时间段的侧向位移平均速率，d；

$\quad v_{D(m+1)}$ ——第 $m+1$ 个时间段的侧向位移平均速率，d；

$\quad \Delta D_{(m)}$ ——第 m 个时间段的最大侧向位移，mm；

$\quad \Delta D_{(m+1)}$ ——第 $m+1$ 个时间段的最大侧向位移，mm。

在以上判别公式中，用路堤侧向位移加速度法进行主要判别，路堤中心沉降加速度法作为辅助判别。在路堤填筑过程中，即使路堤中心沉降加速度 $a_s \geq 0$，但只要侧向位移加速度 $a_D < 0$，仍可继续填筑，但要加强施工监控。因为侧向位移的加速不是路堤中心沉降的加速主要原因，大部分是由于地基加速排水固结所引起。所以由地基的排水固结的加速进行所引起沉降是偏于安全的。

有时候由于地基受到硬壳层和加筋土工布等多种因素的影响，其最大侧向位移并不会在荷载施加的瞬间发生，而是有时间延迟效应，所以侧向位移速率是缓慢增长的。所以在土层的填筑周期内，侧向位移加速度 a_D 要经历一个由小到大再逐步趋于零的过程，这属于正常现象。只要在侧向位移加速度 a_D 增加过程中加强现场监控即可。但是在下一层土填筑之前，必须保证侧向位移加速度 $a_D < 0$ 时才可进行施工。

6.3.2 工程实例分析

1) 工程概况

焦作至巩义黄河公路大桥，位于黄河中游郑州黄河公路大桥和洛阳黄河公路大桥之间，连接线起点位于新建的新孟公路上，沿温县城市规划的西环线南下，跨老新孟公路，进入蟒河滩地平原，跨新蟒河、老蟒河、黄河北大堤，进入大桥主线工程，跨邙岭、过伊洛河大桥与已建的开封至洛阳高速公路相接并跨越，终点接到巩义至站街的已改建公路上。伊洛河河滩相软土地基位于河南焦作至巩义黄河大桥连接线 K13 +650 ~ K18 +502.5 内。

软弱地基试验场位于地形平坦的伊洛河河谷平原，属伊洛河冲积平原，主要为第四系全新统上段新近沉积物，土性为软塑和流塑状的淤泥质低液限黏土（亚黏土）夹低液限粉土（亚砂土）、粉细砂透镜体，大部分为河流漫流及黄河水倒灌等形成的静水环境下的沉积。由于该试验路段所处地质环境复杂，其间穿插各土层粗细颗粒，在纵向与横向上时常发生变化。

试验场软弱地基工程地质如下：Ⅰ-Ⅲ层为第四系全新统新近沉积物。其中，Ⅰ层为低液限粉土（亚砂土）。Ⅱ层为淤泥质低液限黏土-低液限粉土（亚黏土-亚砂土），该层工程性质极差，土层自伊洛河向两岸逐渐加厚，厚度 2.4 ~ 10.5m。Ⅲ层为细砂，仅在伊洛河河谷及右岸 400m 范围内呈透镜状分布，最大厚度为 12m。Ⅲ-1 层为低液限黏土（亚黏土）-低液限粉土（亚砂土），呈楔状穿插于伊洛河左岸的Ⅲ层之中，最大厚度为 10.5m。Ⅳ-Ⅵ层为第四系全新统下段冲洪积物，土性分别为低液限粉土（亚砂土）、含卵石细砂及含漂石卵石层。第Ⅱ层低液限黏土及第Ⅲ-1 层低液限黏土，多呈流塑状，工程性质很差。标准贯入试验结果：第Ⅱ层均小于 2 击，部分地段钻具自重即可下沉 0.5m 左右，第Ⅲ-1 层也只有 3 ~ 5 击。天然含水率一般在 27% ~ 36%，最大为 38%；静力触探 P_s 值多小于 1000kPa，最小值仅

650kPa;十字板抗剪强度平均值为 20kPa,最小值 l0kPa;平均塑性指数为 10.6;液性指数介于 1.01 ~ 1.34;压缩系数 a_{1-2} 介于 0.20 ~ 0.50MPa^{-1},渗透系数 k 多在 10^{-6}cm/s 数量级。

2) 监测结果分析

选取焦巩黄河大桥及连接线工程软弱地基试验工程袋装砂井处理段若干断面的实测沉降、侧向位移,采用上述方法中的 S_t-δ_h 法、拐点法和加速度法进行分析。

(1) 根据荷载增量与沉降速率、侧向位移速关系判别

①荷载与沉降速率曲线拐点分析法

图 6-21 ~ 图 6-23 是各断面实测 $\sum\Delta P$-$\sum S_v$ 关系图。图中的曲线存在拐点,初始段斜率较小,地基大约在 50kPa 荷载作用下开始沉降。中间段斜率增长明显,说明地基开始进入变形的第二阶段,这个阶段需要控制填土速率;后一段斜率再次变小,说明地基通过排水固结强度得到增加。这种变化规律与地基的变形阶段很好地吻合。

②荷载与侧向位移速率曲线拐点分析法

图 6-24 ~ 图 6-26 为 $\sum\Delta P$-$\sum V_h$ 关系图,图中 K17 + 100 断面的曲线在 $\sum\Delta P$ 达到 90kPa 时出现了一次拐点;K17 + 575 断面的曲线在 $\sum\Delta P$ 达到 80kPa 时出现了一次拐点;K17 + 800 断面的曲线在 $\sum\Delta P$ 达到 100kPa 时出现了一次拐点。这时应该减小填筑速率,使曲线的斜率不再继续增大。

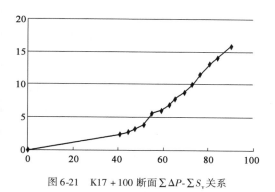

图 6-21　K17 + 100 断面 $\sum\Delta P$-$\sum S_v$ 关系

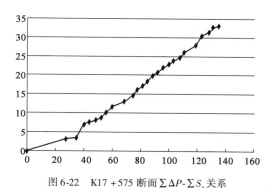

图 6-22　K17 + 575 断面 $\sum\Delta P$-$\sum S_v$ 关系

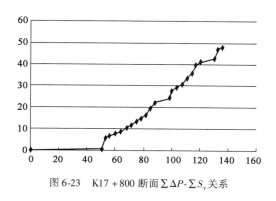

图 6-23　K17 + 800 断面 $\sum\Delta P$-$\sum S_v$ 关系

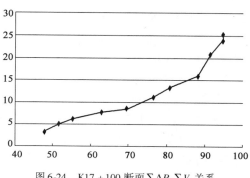

图 6-24　K17 + 100 断面 $\sum\Delta P$-$\sum V_h$ 关系

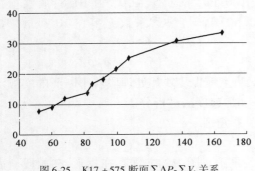

图 6-25　K17 + 575 断面 $\sum \Delta P$-$\sum V_h$ 关系　　　　图 6-26　K17 + 800 断面 $\sum \Delta P$-$\sum V_h$ 关系

（2）加速度法

表 6-11 为预压期各断面路堤中心地表沉降速度及加速度，从中可以看出，在预压期沉降速率逐渐减小，沉降加速度一直小于等于零，说明地基在逐渐固结稳定。

表 6-11

各断面路堤中心地表沉降速度及加速度

K17 + 100			K17 + 575			K17 + 800		
沉降 （mm）	沉降速率 （mm/d）	加速度 （mm/d²）	沉降 （mm）	沉降速率 （mm/d）	加速度 （mm/d²）	沉降 （mm）	沉降速率 （mm/d）	加速度 （mm/d²）
9.7	1.21		9.90	2.48		24.9	8.30	
5.6	0.29	− 0.05	24.00	0.92	− 0.06	32	4.00	− 0.54
2.7	0.23	− 0.01	4.70	0.39	− 0.04	53.8	1.68	− 0.07
1.06	0.07	− 0.01	3.08	0.18	− 0.01	13.2	0.83	− 0.05
1.09	0.08	0.00	0.95	0.08	− 0.01	2.2	0.17	− 0.05
4.14	0.05	0.00	0.38	0.02	0.00	2.87	0.24	− 0.01
1.16	0.01	0.00				2.54	0.13	− 0.01
						9.535	0.12	− 0.01
						0.41	0.02	− 0.01

从上述分析可知，荷载增量与沉降速率曲线（$\sum \Delta P$-$\sum S_v$）拐点分析法与荷载与侧向位移速率曲线（$\sum \Delta P$-$\sum V_h$）拐点分析法，能较好地反映荷载增量与沉降速率、侧向位移速率之间的变化情况，也就能够很好地掌握地基的稳定情况和控制填筑速率，当监测数据关系曲线斜率骤然增大，即曲线出现明显向上非线性转折点时，则意味着该监测点附近的软基已经出现了塑性破坏，地基可能处于失稳的状态。加速度法不需要考虑侧向位移速率和沉降速率的大小，避开了不同地基处理侧向位移速率和沉降速率不同的弊端，只需要通过沉降加速度或侧向位移加速度小于零即可判断地基处于稳定的状态。

工程实例表明，上述方法优于传统的单一指标的经验值法，对内陆河湖相软弱地基路堤施工期稳定性判断是有效的。对单一类型的监测数据进行分析，往往只能得出软弱地基变形、应力等部分信息，对于分析路基稳定性是欠缺的。因此，应综合分析各类监测数据，对路基的稳定性做出及时、正确的判断。

参 考 文 献

[1] 中华人民共和国行业标准.JTJ 051—1985 公路土工试验规程[S].北京:人民交通出版社,1985.

[2] 中华人民共和国行业标准.JTJ 051—1993 公路土工试验规程[S].北京:人民交通出版社,1993.

[3] 中华人民共和国行业标准.JTJ 017—1996 公路软土地基路堤设计与施工技术规范[S].北京:人民交通出版社,1997.

[4] 中华人民共和国标准.GB 50021—1994 岩土工程勘察规范[S].北京:中国建筑工业出版社,1994.

[5] 中华人民共和国行业标准.JTJ 064—1998 公路工程地质勘察规范[S].北京:人民交通出版社,1999.

[6] 中华人民共和国标准.GB 50021—2001 岩土工程勘察规范[S].北京:中国建筑工业出版社,2001.

[7] 中华人民共和国行业标准.JTG/T D31-02—2013 公路软土地基路堤设计与施工技术细则[S].北京:人民交通出版社,2013.

[8] 江苏宁沪高速公路股份有限公司,河海大学.交通土建软土地基工程手册[M].北京:人民交通出版社,2001.

[9] 张留俊.公路软土地基处理专家系统研究[D].南京:东南大学,2007.

[10] 冯守中.公路软基处理新技术[M].北京:人民交通出版社,2008.

[11] E. W. Brand, R. P. Brenner.软黏土工程学[M].叶书麟,宰金璋,等,译.北京:中国铁道出版社,1991.

[12] 刘玉卓.公路工程软基处理[M].北京:人民交通出版社,2002.

[13] 王铁宏,译.DIN 4084 德国地基基础规范[S].1991.

[14] 张咸恭,王思敬,张倬元.中国工程地质学[M].北京:科学出版社,2000.

[15] 黄绍铭,高大钊.软土地基与地下工程[M].2 版.北京:中国建筑工业出版社,2005.

[16] 尹利华.公路软土地基处理关键技术智能信息化研究[D].西安:长安大学,2011.

[17] 铁道部第一勘测设计院.铁路工程地质手册[M].北京:中国铁道出版社,1999.

[18] 白冰,肖宏彬.软土工程若干理论与应用[M].北京:中国水利水电出版社,2002.

[19] 中华人民共和国行业标准.JGJ 83—1991 软土地区工程地质勘察规范[S].北京:中国建筑工业出版社,1992.

[20] 中华人民共和国行业标准.TB 10012—2001 铁路工程地质勘察规范[S].北京:中国铁道出版社,2001.

[21] 常士骠.工程地质手册[M].北京:中国建筑工业出版社,1992.

[22] 中华人民共和国行业标准.JTJ 240—1997 港口工程地质勘察规范[S].北京：人民交通出版社，1997.

[23] 中华人民共和国行业标准.JTJ 002—1987 公路工程名词术语[S].北京：人民交通出版社，1987.

[24] 谢守穆.国外建筑区划简介[R].中国建筑气候区划标准研究报告，1990.

[25] 国家科委国家计委国家经贸委自然研究组.中国自然灾害区划研究的进展[M].北京：海洋出版社，1998.

[26] 徐强，陈忠达，黄杰.关于河南省公路三级自然区划的探讨[J].河南交通科技，2000(6)：31-33.

[27] 张汉舟，张小荣.甘肃省公路三级自然区划研究[J].公路交通科技，2004(9)：37-39.

[28] 杨发相，雷加强.新疆公路自然区划探讨[J].干旱区地理，2007(4)：614-619.

[29] 李斌.试论中国公路自然区划[J].汽车与公路，1975(2)：72-109.

[30] 中华人民共和国国家标准.GB 18306—2001 中国地震动参数区划图[S].北京：中国标准出版社，1990.

[31] 魏汝龙.软黏土的强度与变形[M].北京：人民交通出版社，1997.

[32] 交通部第一公路勘察设计院.京津塘高速公路软基试验工程报告[R].1993.

[33] 交通部第一公路勘察设计院.石(家庄)安(阳)高速公路详细工程地质勘察报告[R].1996.

[34] 交通部第一公路勘察设计院.连霍国道主干线连徐高速公路工程地质详细勘察报告[R].1997.

[35] 中交第一公路勘察设计研究院.淮安至盐城高速公路详细工程地质勘察报告[R].2003.

[36] 中交第一公路勘察设计研究院.沪苏浙高速公路(江苏段)详细工程地质勘察报告[R].2005.

[37] 湖南省岳阳市交通局.湖南省岳阳港城陵矶区(松洋湖)一期工程可行性研究报告[R].2008.

[38] 陈天翔.岳阳松阳湖港区软土地基沉降对观测及沉降预测研究[D].长沙：长沙理工大学，2009.

[39] 赵坤.贵州西部部分路基软土特征与既有路基加固分析[D].贵阳：贵州大学，2007.

[40] 张超，郑南翔，王建设.路基路面试验检测技术[M].北京，人民交通出版社，2004，62-63.

[41] 张博庭.用有限比较法进行拟合优度检验[J].岩土工程学报.1991,13(6)，84-91.

[42] 孟庆山，雷学文.土工参数的统计方法及其工程应用[J].武汉冶金科技大学学报，1999(4)：414-417.

[43] 李小勇，白晓红，谢康和.岩土参数概率分布统计意义上的优化分析[J].岩土工程技术.2000(3)：130-133.

[44] 王晓谋，袁怀宇，贾其军，等.路堤下河滩相软土地基变形研究[J].中国公路学报，2003,16(2)：22-26.

[45] 宰金珉,梅国雄.全过程的沉降量预测方法研究[J].岩土力学,2000,21(4):322-325.

[46] Asaoka A. Observational Procedure of Settlement Prediction[J]. Soils and Foundations, 1978,18(4):87-101.

[47] 石世云.多变量灰色模型MGM(1,n)在变形预测中的应用[J].测绘通报,1998(10), 9-12.

[48] 徐金明,汤永净.分层总和法计算沉降的几点改进[J].岩土力学,2008,24(4):518-521.

[49] 胡宏宇.考虑应力历史影响的一维固结理论研究[D].杭州:浙江大学,2004.

[50] Burmister, D. M. The theory of the stresses and displacements in layer system and application to design of airport runways[J]. Proc. High. Res. Board 1943. Vol. 23:126-148.

[51] Burmister, D. M. The general theory of stresses and displacements in layered soil systerms [J]. Journal of Applied Physics, 1945. Vol. 16, No. 22 39-94.

[52] Hank, R. J. and F. H. Skrivener. Some numerical solutions of stresses in two and three layered system[A]. Proc. High Res. Board, 28th Annual meeting, 1948.

[53] 唐建中.双层地基应力扩散的特性研究[J].地基处理,1993,4(2):25-31.

[54] 宋文刚,房兆祥,王晓化.含软弱下卧层双层地基内应力简便计算初步探讨[J].工程勘察,1993(6):7-12.

[55] 王晓谋,尉学勇,魏进,等.硬壳层软土地基竖向应力扩散的数值分析[J].长安大学学报(自然科学版),2007,27(3):37-41.

[56] 王晓谋.河滩相软土地基变形规律及硬壳层作用研究[D].西安:长安大学公路学院,2001.

[57] 张留俊.高路堤下软土硬壳层工程性质的研究[J].公路,1999(7):5-8.

[58] 梁永辉.上覆硬壳层软土地基的工程特性试验研究及数值分析[D].上海:同济大学,2007.

[59] 尹利华,李海潮,张留俊.软土地区公路工程地质勘察体系研究[A].第十四届中国科协年第十三分会场:软土路基工程技术研讨会论文集[C].北京:人民交通出版社,2012:306-312.

[60] 王晓谋,王超,张留俊.内陆河湖相软土区划及鉴别指标研究[A].第十四届中国科协年第十三分会场:软土路基工程技术研讨会论文集[C].北京:人民交通出版社,2012:313-318.

[61] 唐贤强,叶启民.静力触探[M].北京:中国铁道出版社,1983.

[62] 高颂东.静力触探参数与地基土物理力学指标(天津地区)相关分析研究[J].岩土工程界,2003,6(7):75-77.

[63] 林政.软土的固结和渗透特性原位测试理论研究及应用[D].杭州:浙江大学,2005.

[64] 王年香,魏汝龙.沿海软黏土取土质量的对比分析[J].工程地质学报,1994,2(2):66-75.

[65] INAVFAC. Soil Mechanics[M]. Alexandria: Naval Facilities Engineering Command, 1982,355.

[66] Kleven A, Lacasse S, Andersen K H. Soil parameters for offshore foundation design[R]. Report No. 400013-34, OSLO: Norwegian Geotechnical Institute, 1986.

[67] Mitchell J K. Fundamentals of soil behaviour[M]. New York: John Wiley, Sons, 1993, 437.

[68] 白冰,肖宏彬. 软土工程若干理论与应用[M]. 北京:中国水利水电出版社,2002.

[69] 翟静阳,冷伍明. 黏性土物理力学指标的变异性及相互关系[J]. 铁道建筑技术,2001 (1):49-51.

[70] 张留俊,尹利华,张发如. 复合地基质量检测方法及质量评定标准研究[J]. 广东公路交通,2012(4):36-39.

[71] 李相然,姚志祥. 城市岩土地基工程地质[M]. 北京:中国建材工业出版社,2002.

[72] 中华人民共和国行业标准. TB 10018—2003 铁路工程地质原位测试规程[S]. 2003.

[73] 刘松玉,吴燕开. 论我国静力触探技术(CPT)现状与发展[J]. 岩土工程学报,2004,26 (4):553-556.

[74] 中华人民共和国行业标准. JTJ 064—1998 公路工程地质勘察规范[S]. 北京:人民交通出版社,1999.

[75] 中华人民共和国石油天然气行业标准. SY/T 0058—1998 静力触探技术标准[S]. 北京:石油工业出版社,1998.

[76] Hvorslev M J. Subsurface exploration and sampling of soil for civil engineering purposes [M]. Vicksburg, Mississip, 1949. 22-100.

[77] Miehael seott Kelle. A novel apporach to perdict current srtess-strain response of cement-based materials in inrfastureture[D]. Doctor Dissertation of the University of Ariozna, 2001.

[78] 徐永福. 土体受施工扰动影响程度的定量化识别[J]. 大坝观测与土工测试,2000,24 (2):8-10.

[79] Hong Z, Onitsuka K. A method of correcting yield stress and compression index of Ariake clays for sample disturbance[J]. Soils and Foundations, 1998, 38(2):211-222.

[80] Nagaraj M, Chung S G. Analysis and assessment of sampling disturbance of soft sensitive clays[J]. Geotechnique, 2003, 53(7):679-683.

[81] Leroueil S, Magnan J P, Tavenas F. Embankments on soft clays[M]. England: Eliis Horwood Limited, 1990.

[82] 龚晓南. 高等土力学[M]. 杭州:浙江大学出版社,1996.

[83] 汪双杰,张留俊,刘松玉,等. 高速公路不良地基处理理论与方法[M]. 北京:人民交通出版社,2004.

[84] 张留俊,王福胜,刘建都. 高速公路软土地基处理技术[M]. 北京:人民交通出版社,2002.

[85] 叶书鳞,韩杰,叶官宝. 地基处理与托换技术[M]. 2版. 北京:中国建筑工业出版社,1994.

[86] 白日升. 地面位移观测法控制软土地基路堤填筑速率的位移限值选用[J]. 铁道标准设计,1992(11):4-9.

[87] 林代锐,蔡业青,李国维. 高等级公路软土路基填筑施工控制[J]. 中外公路,2002,22 (3):16-19.

[88] 沈珠江. 土体结构性的数学模型[J]. 岩土工程学报,1996,18(1):95-97.

[89] 熊传祥,周建安,龚晓南,等.软土结构性试验研究[J].工业建筑,2002,32(3):35-37.

[90] 张惠明,徐玉胜,曾巧玲.深圳软土变形特性与工后沉降[J].岩土工程学报,2002,24(4):509-514.

[91] 许水明,徐泽中.一种预测路基工后沉降量的方法[J].河海大学学报,2000,28(5):111-113.

[92] 刘吉福,陈新华.应用沉降速率法计算软土路堤剩余沉降[J].岩土工程学报,2003,25(2):233-235.

[93] 陈晓平,黄国怡,梁志松.珠江三角洲软土特性研究[J].岩石力学与工程学报,2003,22(1):37-141.

[94] 吴旭君,郑平.淤泥质土土性指标的概率模型及其应用[J].工业建筑,1999,29(4):53-57.

[95] 郭宗文,张安能.超软弱地基填筑高等级公路路堤施工工艺[J].水运工程,2001(2):41-44.

[96] 王建华,李夕兵,温世游.模糊数学优选理论评价和选择地基处理方案[J].西部探矿工程,2002,14(3):21-24.

[97] 刘国.用模糊数学方法选择软土地基加固方案[J].水文地质工程地质,2000(4):17-19.

[98] 潘军利,尹利华,张永杰.内陆河湖相软弱地基处理方法研究[J].路基工程,2016(3):11-15.

[99] 吴继敏.地质工程统计与模型[M].南京:河海大学地质及岩土工程系,2000.

[100] 孙大权.公路工程施工方法与实例[M].北京:人民交通出版社,2003.

[101] 陈逝志,陈东升.软土路基超载设计与卸载时机的确定[J].中南公路工程,2004,29(1):66-69.

[102] 中华人民共和国行业标准.HG/T 20578—1995 真空预压法加固软土地基施工技术规程[S].北京:化工部工程建设标准编辑中心,1995.

[103] 中华人民共和国行业标准.JTJ 250—1998 港口工程地基规范[S].北京:人民交通出版社,1998.

[104] 杨涛,李国维.公路软基超载预压卸荷时间确定的沉降速率法研究[J].岩土工程学报.2006,28(11):1942-1946.

[105] 张长生,张伯友,刘国楠,等.应用沉降速率推算剩余沉降及卸载时间[J].地球科学与环境学报.2005,27(4):28-32.

[106] 赵辉,李粮纲.软土地基沉降速率的分析研究及其应用[J].水文地质工程地质,2005(1):45-47.

[107] 袁怀宇,王晓谋,胡增团.河滩相软土路堤施工控制的最薄弱层法[J].路基工程,2003(3):20-22.

[108] 张留俊,王福胜,李刚.公路地基处理设计施工实用技术[M].北京:人民交通出版社,2004.

[109] 曹兴松,郑治.高填路堤沉降回归的一种改进计算方法—S曲线指数法[J].西南公路,2006(1):10-15.

[110] 黄广军.地基沉降的几种预测方法的可靠性分析[A].中国土木工程学会.地基处理理论与技术进展——第10届全国地基处理学术讨论会论文集[C].2008.516-520.

[111] 上田嘉男.软土地盘路堤设计[M].庞俊达,译.1979.

[112] 宇云飞,张文彤,张梅.泊松曲线在软土路堤沉降预测中的应用研究[J].河北农业大学学报,2004,27(4):96-99.

[113] 冯炜.MATLAB-ANN系统在高速公路软土地基沉降预测中的应用[D].西安:长安大学,2005.

[114] 李天将.软基处理沉降影响因素分析与预测研究[D].西安:长安大学,2006.

[115] 丁彪.内陆河湖相软土地基沉降计算研究[D].西安:长安大学,2012.

[116] 王超.内陆河湖相软土区划及鉴别指标研究[D].西安:长安大学,2012.

[117] 刘冰宇.内陆河湖相软弱地基路堤设计与施工控制研究[D].西安:长安大学,2012.

[118] 张微.内陆河湖相软土勘察技术适应性研究[D].西安:长安大学,2012.

[119] 杨涛,李国维.公路软基超载预压卸荷时间确定的沉降速率法研究[J].岩土工程学报,2006,28(11):1942-1946.

[120] 李国维,杨涛,殷宗泽.公路软基超载预压机理研究[J].岩土工程学报,2006,28(7):896-901.

[121] 曾国熙,卢肇钧,蒋国澄,等.地基处理手册[M].北京:中国建筑出版社,1988.

[122] 潘秋元,朱向荣,谢康和.关于砂井地基超载预压的若干问题[J].岩土工程学报,1991,13(2):1-12.

[123] 张光永,王靖涛,徐辉.超载预压法的超载比及卸载控制研究[J].华中科技大学学报(城市科学版),2003,20(4):37-39.

[124] 陈道志,陈东升.软土路基超载设计与卸载时机的确定[J].中南公路工程,2004,29(1):66-69.

[125] 陈晓瑛,戴海岳,尹利华.软土路基沉降与稳定监测异常数据的判别分析[J].路基工程,2012(2):49-52.

[126] 尹利华,陈晓瑛.黄土高路堤超载预压技术适用性研究[J].路基工程,2014(5):167-169.

[127] 尹利华,张留俊,何建华.路基沉降无线监测系统研究[J].中国公路,2012(增刊):86-90.

[128] 尹利华,王晓谋,张留俊.费尔哈斯曲线在软土地基路堤沉降预测中的应用[J].长安大学学报(自然科学版),2009,29(2):19-23.

[129] 张发如,王福胜,尹利华.吴子高速公路软弱土地基沉降观测与预测[J].路基工程,2009(3):179-181.

[130] 张留俊,丁彪,王晓谋.成层软土地基沉降实用计算方法研究[A].第十四届中国科协年第十三分会场:软土路基工程技术研讨会论文集[C].北京:人民交通出版社,2012:43-47.

[131] 尹利华,张留俊,刘军勇.曲线拟合类沉降预测方法的可靠性分析[A].中国土木工程学会土力学及岩土工程分会地基处理学术委员会.第二届全国复合地基理论与工程应用学术研讨会论文集[C].2012:343-347.